装配式建筑系统集成和部品部件使用指南

（一）

中联国际工程管理有限公司
宜居住宅产业化和绿色发展促进中心　编著

中国财富出版社

图书在版编目（CIP）数据

装配式建筑系统集成和部品部件使用指南．一／中联国际工程管理有限公司，宜居住宅产业化和绿色发展促进中心编著．—北京：中国财富出版社，2018.10

ISBN 978－7－5047－6781－3

Ⅰ. ①装…　Ⅱ. ①中…　②宜…　Ⅲ. ①建筑工程—装配式构件—指南　Ⅳ. ①TU7－62

中国版本图书馆 CIP 数据核字（2018）第 240100 号

策划编辑	惠　嬬	**责任编辑**	邢有涛　李　晗		
责任印制	尚立业	**责任校对**	杨小静	**责任发行**	敬　东

出版发行	中国财富出版社		
社　　址	北京市丰台区南四环西路 188 号 5 区 20 楼	**邮政编码**	100070
电　　话	010－52227588 转 2048/2028（发行部）		010－52227588 转 321（总编室）
	010－52227588 转 100（读者服务部）		010－52227588 转 305（质检部）
网　　址	http：//www.cfpress.com.cn		
经　　销	新华书店		
印　　刷	北京京都六环印刷厂		
书　　号	ISBN 978－7－5047－6781－3/TU·0053		
开　　本	787mm×1092mm　1/16	**版　次**	2019 年 3 月第 1 版
印　　张	18.5	**印　次**	2019 年 3 月第 1 次印刷
字　　数	405 千字	**定　价**	68.00 元

主编单位简介

中联国际工程管理有限公司

中联品牌源自财政部，创始于 1994 年，历经二十年躬耕，现已成为中国现代服务业的高端品牌。中联国际工程管理有限公司是中联控股集团成员企业、领先的全国性专业工程顾问公司。公司总部位于北京，在全国 19 个省会城市设有分（子）公司服务网络；具有建设部颁发的造价咨询甲级资质和招标代理甲级资质。

公司致力于为客户提供以价值为核心的技术服务和综合性解决方案，以专业服务为客户谋取最佳价值。服务客户包括财政部、文化和旅游部、中国民用航空局等中央政府机构，中国石化、中国铝业、中国华能等数十家中央企业以及华夏幸福基业、保利地产、信达地产等众多品牌地产公司。

中联招标网是公司旗下电子招投标第三方交易平台，为客户提供全流程电子招投标技术和咨询服务；中联招标网是全国首批与中国招标投标公共服务平台实现连接的电子招投标平台之一，具有领先的技术和优良的用户体验；同时连接建筑产业化垂直B2B 电商平台和全球优质企业资源库，构建高效协同商务网络。

公司（中联招标网）秉承"为客户创造价值，与客户共同成长"理念，以互联网技术融合专业顾问服务，云数据驱动服务创新，致力于成为工程顾问行业的科技服务公司。

宜居住宅产业化和绿色发展促进中心

宜居住宅产业化和绿色发展促进中心是中国国土经济学会房地产资源委员会的房地产、建筑产业链平台组织，是由房地产开发、金融与投资、科研院校、规划与设计、监理与造价、施工与装修、物业与运营、建材与部品企业以及各相关企事业单位等自愿结成的非官方、非营利性的组织。

1. 成立宜居住宅产业化和绿色发展促进中心的背景和目的。

1976 年，联合国召开了首届人居大会，提出"以持续发展的方式提供住房、基础设施服务"，相继成立了联合国人居委员会（CHS）和联合国人类住区委员会（UNCHS）。2005 年，在国务院批复的《北京城市总体规划》中首次出现"宜居城市"。宜居城市是指经济、社会、文化、环境协调发展，人居环境良好，能够满足居民物质和精神生活需求，适宜人类工作、生活和居住的城市。宜居住宅是宜居城市的微观层面，是体现建筑可持续发展和生态环境共生的理念。它具备以下要素：

（1）高效率的土地。可以充分利用优质土地资源，积极整治和利用地形地貌、林木植被、水系河流，而不是随意破坏它，使得私有空间和公共空间可以很好地融合。

（2）高品质的环境。住宅不光是注重室内的环境打造，更重要的是能够建造青山绿水的景观资源、完善的城市配套、和谐幸福的人际交往中心。宜居住宅的打造不仅体现传统人居文化思想，而且能满足现代人生活的需要。

（3）符合绿色健康社区要求。绿色健康社区追求全生命周期的住区建设，旨在通过建设模式更新和整体集成技术及管理创新，为人们提供绿色、生态、健康并具有丰富社会和文化内涵的高品质社区。

（4）高品位建筑。包括居住套型、功能配置、装修装饰等。住宅能体现"以人为核心"的生活理念，能表现居住的高尚、和谐、健康的生活方式。

（5）未来建筑、科技建筑。应用智慧社区、智慧家居、建筑智能化技术；大数据、AI（人工智能）、互联网、物联网等新技术；工业化、装配式技术。

（6）高水平的服务。特别是物业将以无微不至的人性化、贴心化、品质化、极致化的服务，赢得居住者的欢心、放心和舒心。

2. 宜居住宅产业化和绿色发展促进中心宗旨：在我国全面建成小康社会宏伟目标和建设生态文明宏伟目标的指导下，研究我国宜居住宅的发展，搭建宜居住宅生态链交流合作的平台，实现宜居住宅生态可持续发展和满足人民对美好生活的需求。

3. 宜居住宅产业化和绿色发展促进中心理事单位、会员单位构成：房地产开发、金融与投资、科研院校、规划与设计、监理与造价、施工与装修、物业与运营、建材与部品企业以及各相关企事业单位等。中心目前有 2600 余家会员单位，其中 600 多家地产企业会员，均为行业大中型房地产开发公司。

4. 宜居住宅产业化和绿色发展促进中心主要业务工作：

（1）开展宜居住宅科学的理论及实践研究。

（2）整合相关产业链资源，形成成熟的宜居住宅产业化开发模型。建立宜居住宅成型的住宅建筑体系，搭建宜居住宅产业化开发核心合作团队。通过将宜居住宅生产全过程的开发、设计、施工、部品生产、服务和管理等环节，连接为一个完整的产业体系，从而实现住宅生产、供给、销售和服务一体化的组织形式。中心就是要整合优质资源，上下游融合互补，形成完整链条，从规划设计、建筑施工、建筑材料、部品部件、装饰装修等都紧密相连，逐步形成成熟的产业化开发模型，搭建宜居住宅产业化开发核心合作团队。

（3）搭建宜居住宅产业链的公信力平台、资源共享平台、业务合作平台。通过组织线上信息交流、供需对接会、技术研讨会、走进会员企业等形式，推动产业链各环节单位间的业务发展。

（4）为各级政府、理事单位、会员单位和社会相关单位提供宜居住宅政策及相关技术咨询服务，并对具体项目提供全程技术指导，推广标杆项目，培育宜居住宅示范基地。

（5）举办国际、国内学术交流会、研讨会、专业展览；编辑出版专业书刊；开展宜居住宅教育及专业培训。

（6）搭建金融投资平台，推动宜居住宅可持续发展。

（7）奖励为宜居住宅发展做出贡献的企业、团体和个人。

（8）在国家相关政府部门的指导下开展其他业务工作。

参编单位

华北科技学院

北京建和社工程项目管理有限公司

北京市金龙腾装饰股份有限公司

北京朗适新风技术有限公司

广州美京家具有限公司

惠达卫浴股份有限公司

昆明群之英科技有限公司

莱芜钢铁集团有限公司

上海白蝶管业科技股份有限公司

上海深海宏添建材有限公司

苏州海鸥有巢氏整体卫浴股份有限公司

唐山富安建筑科技有限公司

维德木业（苏州）有限公司

编委会简介

徐小峥　中联国际工程管理有限公司高级合伙人；中国注册会计师；中国建设工程造价管理协会专家委员会委员；财政部PPP专家库专家；北京建设工程造价管理协会理事；易居中国联盟住宅产业化和绿色发展委员会专家；中央电视台新台址建设项目顾问；国家大剧院、北京新机场等重大项目审计和评审负责人。

于维伟　宜居住宅产业化和绿色发展促进中心主任；中国住宅产业化和绿色发展联盟副秘书长；长期从事推动住宅产业化，绿色建筑，装配式建筑工作。

陈　新　中联国际工程管理有限公司高级合伙人、中联地产事业部总经理、中联装配式建筑研究中心首席工程师；注册造价工程师；注册建造师；基建房地产领域招标、成本管控、审计内控资深专家。华夏幸福基业、信达地产等地产企业专业合作伙伴；京东商城、菜鸟网络、金山软件商业地产管理咨询顾问。

齐宏伟　华北科技学院建筑工程学院教授；建筑工程安全与防灾研究所所长；国家一级注册建造师；北京市评标专家。主要从事结构工程、工程安全领域项目研究与教学工作，主要研究领域为混凝土结构、建筑工程安全、建筑信息化。

卫赵斌　华北科技学院建筑工程学院工程管理系教师，硕士研究生，讲师职称，国家注册造价工程师。主要从事工程项目管理、管理决策优化、工程经济分析与评价等方面的科学研究工作。

其他编委会成员：杨　颖　刘宏伟　张　硕　续　慧　宋　健

专家委员会

序 一

应《装配式建筑系统集成和部品部件使用指南（一）》一书编委会之邀，提笔再发表下拙见，也是第二次为相关装配式建筑内容的书籍写序。

当前全国各级建设主管部门和相关建设企业正在全面认真贯彻落实中央城镇化工作会议与中央城市工作会议的各项部署。大力发展装配式建筑是绿色、循环与低碳发展的必然要求，是提高绿色建筑和节能建筑建造水平的重要手段，不但体现了"创新、协调、绿色、开放、共享"的发展理念，更是大力推进建设领域"供给侧结构性改革"、培育新兴产业、实现我国新型城镇化建设模式转变的重要途径。国内外的实践证明，装配式建筑优点显著，代表了当代先进建造技术的发展趋势，有利于提高生产效率、改善施工安全和工程质量，有利于提高建筑综合品质和性能，有利于减少用工、缩短工期、减少资源能源消耗、降低建筑垃圾和扬尘等。

《建筑产业化现代化发展纲要》中明确了未来 5～10 年建筑产业化的发展目标：到 2020 年基本形成适应建筑产业现代化的市场机制和发展环境，建筑产业现代化技术体系基本成熟，形成一批达到国际先进水平的关键核心技术和成套技术，建设一批示范城市、产业基地、技术研发中心，培育一批龙头企业。

在此情况下，一部介绍以装配式部品构件的指南呈现给大家具有较强的现实意义。指南的内容涵盖了装配式建筑的各个系统并收录了装配式建筑各领域的优秀企业，是国内第一本装配式建筑技术、设计、施工和部品部件集成指南。供房地产、建设单位在装配式建筑项目的建设过程中参考选用，有效地解决在开发和建设工程中遇到的材料设备、技术工艺等问题。为建设主管部门、房地产、设计、施工单位更好地了解掌握装配式建筑技术、设计、施工和部品部件提供参考，以提高装配式建筑的组织效率、生产质量和产品性能。

本书的编写单位在各自行业内具备相应的经验与实力，作者包括业内的学者、专家及资深从业人员。指南的出版反映了社会相关单位和业内人士对国家绿色发展理念的支持，也体现了社会对国家建筑行业发展战略的充分理解和贯彻执行的积极性。

目前，装配式建筑仍处于飞速发展与实践当中。因此随着理论研究的不断创新和技术的不断更新换代，若干年后指南中的部分技术或内容将被更为成熟完善的技术所替代。本书作为装配式建筑系列技术丛书之一，有很好的示范意义。

2018 年 5 月 2 日

王珏林　著名城市经济、绿色建筑、房地产政策专家，中国国土经济学会房地产资源专业委员会会长，中华人民共和国住房和城乡建设部政策研究中心原副主任、研究员、教授。

序　二

　　《装配式建筑系统集成和部品部件使用指南（一）》（以下简称《指南》）由业内专家及地产、建材部品企业相关人员共同编制完成。

　　《指南》是国内第一本装配式建筑技术、设计、施工和部品部件集成指南，供房地产、建设单位在装配式建筑项目的建设中参考选用，有效地解决在开发和建设工程中遇到的材料设备、技术工艺等问题。帮助建设主管部门、房地产、设计和施工单位更好地了解掌握装配建筑技术、设计、施工和部品部件，以提高装配式建筑的组织效率、生产质量和产品性能。

　　《指南》的出版对于全面贯彻落实国务院《国务院办公厅关于大力发展装配式建筑的指导意见》和《国务院办公厅关于促进建筑业持续健康发展的意见》起到积极的推动作用。

2018 年 4 月 25 日

前　言

　　随着国家对装配式建筑的大力推广和各地细则的出台，装配式建筑当前受到社会各界的广泛关注。我们发现，近几年，一方面关注装配式建筑的企业增多、关注度增加，另一方面很多地产公司的工作人员、技术人员对实施装配式建筑存在困惑：很多公司刚刚起步研究，缺少经验，没有可供参考的行动路线；装配式建筑增加工厂生产环节，强调协同、一体化，整体把握难度增加；更重要的是，部品部件厂家众多，产品化的部品，选择面临困惑。为此，本书编委会在走访了相关企业需求和专家意见的基础上，组织编写了本书。

　　本书由于维伟发起及协调组建编委会和专家委员会，并负责本书的编写指导工作。徐小峥负责本书的编写协调、编写思路和总体质量。陈新负责本书的汇集整理和审核修改工作。

　　上篇编写分工如下。

　　续慧：1 装配式建筑概念。

　　张硕：2 装配式建筑相关政策。

　　宋健：3 装配式建筑常用类别。

　　陈新：4 装配式建筑产业链分工。

　　下篇编写分工如下。

　　齐宏伟：5 标准化设计企业、6 装配式施工总承包企业、7 装配式装修施工企业、8 钢结构企业、12 装配式 PC 构件及设备生产厂商、13 装配式非承重墙板生产企业、14 装配式建筑部品生产设备厂商、15 装配式建筑其他部品及服务提供商。

　　卫赵斌：9 装配式木结构建筑企业、10 集成房屋、11 幕墙施工单位、16 智能家居集成企业、17 整体家具部品体系厂商、18 整体厨房、卫生间部品体系厂商、19 屋顶绿化解决方案厂商。

　　杨颖：20 门窗生产安装企业、21 装配式装修地板部品体系厂商、22 装配式装修集成吊顶部品体系厂商、23 装配式装修隔墙及墙饰面板部品体系厂商、24 密封及防水材料厂商。

刘宏伟：25 灯光设备部品体系厂商、26 新风设备部品体系厂商、27 装配式建筑排水管道系统、28 太阳能系统厂商。

下篇的企业介绍由各细分领域企业热心提供，在此予以感谢。

专家委员会对本书的整体结构和各部分细节均进行了相关指导，给出了宝贵的修改意见。

作　者

2018 年 6 月

目　录

上篇　装配式建筑技术概述

下篇　系统集成和部品部件典型企业案例

上 篇

装配式建筑技术概述

　　什么是装配式建筑？明确装配式及相关概念，是我们研究、实施装配式建筑的前提条件，也是正确理解国家、地方、行业相关政策规定及标准规范的基础。然而，装配式建筑发展过程中形成的类似概念及围绕装配式建筑的相关概念很多，概念之间既有联系又有区别、容易混淆，在此我们先对相关概念进行必要梳理。

1 装配式建筑概念

1.1 装配式建筑概念

装配式建筑：由预制部品部件在工地装配而成的建筑。（《装配式建筑评价标准》GB/T 51129—2017）

建筑工业化：指建筑业要从传统的以手工操作为主的小生产方式逐步向社会化大生产方式过渡，即以技术为先导，采用先进、适用的技术和装备，在建筑标准化的基础上，发展建筑构配件、制品和设备的生产，培育技术服务体系和市场的中介机构，使建筑业生产、经营活动逐步走上专业化、社会化道路。其基本内容是：采用先进、适用的技术、工艺和装备，科学合理地组织施工，发展施工专业化，提高机械化水平，减少繁重、复杂的手工劳动和湿作业；发展建筑构配件、制品、设备生产并形成适度的规模经营，为建筑市场提供各类建筑使用的系列化的通用建筑构配件和制品；制定统一的建筑模数和重要的基础标准（模数协调、公差与配合、合理建筑参数、连接等），合理解决标准化和多样化的关系，建立和完善产品标准、工艺标准、企业管理标准、工法等，不断提高建筑标准化水平；采用现代管理方法和手段，优化资源配置，实行科学的组织和管理，培育和发展技术市场和信息管理系统，适应发展社会主义市场经济的需要。（《建筑工业化发展纲要》建建字第 188 号）

建筑产业化：没有发现政策、标准等文件对此概念做出解释。根据相关文件对住宅产业化、建筑产业化使用的上下文看，有建筑产业的现代化含义。以下为百度百科的解释：建筑产业化是整个建筑产业链的产业化，把建筑工业化向前端的产品开发、下游的建筑材料、建筑能源甚至建筑产品的销售延伸，是整个建筑行业在产业链条内资源的更优化配置。如果说建筑工业化更强调技术的主导作用，建筑产业化则增加了技术与经济和市场的结合。

1.2 相关概念

一体化：是指多个原来相互独立的主权实体通过某种方式逐步在同一体系下彼此包容，相互合作。（百度百科）

集成设计：建筑结构系统、外围护系统、设备与管线系统、内装系统一体化的设计。（《装配式混凝土建筑技术标准》GB/T 51231—2016）

协同设计：装配式建筑设计中通过建筑、结构、设备、装修等专业相互配合，并通过信息化技术手段满足建筑设计、生产运输、施工安装等要求的一体化设计。（《装配式混凝土建筑技术标准》GB/T 51231—2016）

建筑系统集成：以装配化建造方式为基础，统筹策划、设计、生产和施工等，实现建筑结构系统、外围护系统、设备与管线系统、内装系统一体化的过程。（《装配式混凝土建筑技术标准》GB/T 51231—2016）

装配率：单体建筑室外地坪以上的主体结构、围护墙和内隔墙、装修和设备管线等采用预制部品部件的综合比例。（《装配式建筑评价标准》GB/T 51129—2017）

预制率：工业化建筑室外地坪以上主体结构和围护结构中，预制构件部分的混凝土用量占对应部分混凝土总用量的体积比。（《工业化建筑评价标准》GB/T 51129—2015）（该标准现已废止，本书引用其概念）

SI 体系：SI 体系住宅就是采用结构支撑体和填充体完全分离方法施工的住宅。"S"是 Skeleton 的缩写，就是住宅躯体、支撑体的意思，是住宅的结构体部分；"I"是 Infill 的缩写，指的是住宅里面的填充体，包括设备管线和内装修。（《装配式装修招标与合同计价》）

预制构件：在工厂或现场预先制作的结构构件。（《工业化建筑评价标准》GB/T 51129—2015）

部品：由工厂生产，构成外围护系统、设备与管线系统、内装系统的建筑单一产品或复合产品组装而成的功能单元的统称。（《装配式混凝土建筑技术标准》GB/T 51231—2016）

部件：在工厂或现场预先生产制作完成，构成建筑结构系统的结构构件及其他构件的统称。（《装配式混凝土建筑技术标准》GB/T 51231—2016）

钢筋套筒灌浆连接：在金属套筒中插入单根带肋钢筋并注入灌浆料拌合物，通过拌合物硬化形成整体并实现传力的钢筋对接连接方式。（《装配式混凝土建筑技术标准》GB/T 51231—2016）

钢筋浆锚搭接连接：在预制混凝土构件中预留孔道，在孔道中插入需搭接的钢筋，并灌注水泥基浆料而实现的钢筋搭接连接方式。（《装配式混凝土建筑技术标准》GB/T 51231—2016）

水平锚环灌浆连接：同一楼层预制墙板拼接处设置后浇段，预制墙板侧边甩出钢筋锚环并在后浇段内相互交叠而实现的预制墙板竖缝连接方式。（《装配式混凝土建筑技术标准》GB/T 51231—2016）

全装修：建筑功能空间的固定面装修和设备设施安装全部完成，达到建筑使用功能和性能的基本要求。（《装配式建筑评价标准》GB/T 51129—2017）

装配式装修：采用干式工法，将工厂生产的内装部品在现场进行组合安装的装修方法。（《装配式混凝土建筑技术标准》GB/T 51231—2016）

模块：建筑中相对独立，具有特定功能，能够通用互换的单元。（《装配式混凝土建筑技术标准》GB/T 51231—2016）

集成厨房：地面、吊顶、墙面、厨柜、厨房设备及管线等通过设计集成、工厂生产，在工地主要采用干式工法装配而成的厨房。（《装配式建筑评价标准》GB/T 51129—2017）

集成卫生间：地面、吊顶、墙面和洁具设备及管线等通过设计集成、工厂生产，在工地主要采用干式工法装配而成的卫生间。（《装配式建筑评价标准》GB/T 51129—2017）

整体收纳：由工厂生产、现场装配、满足储藏需求的模块化部品。（《装配式混凝土建筑技术标准》GB/T 51231—2016）

管线分离：将设备与管线设置在结构系统之外的方式。（《装配式混凝土建筑技术标准》GB/T 51231—2016）

同层排水：在建筑排水系统中，器具排水管及排水支管不穿越本层结构楼板到下层空间、与卫生器具同层敷设并接入排水立管的排水方式。（《装配式混凝土建筑技术标准》GB/T 51231—2016）

2 装配式建筑相关政策

装配式建筑相关政策既是行业发展引导和推进，也是企业实施装配式建筑决策阶段的行为准则和可行性研究财务评价的重要依据。

2.1 国家政策

国家层面政策主要包括国务院办公厅文件、国务院主管部门两个层次的文件。

国家装配式建筑相关政策，如表 2-1 所示。

表 2-1 国家装配式建筑相关政策

序号	文件名称	文号	生效时间	相关政策摘要
1	建筑工业化发展纲要	建建字第188号	1995-04-06	（一）建筑工业化的基本内容 1. 建筑工业化是指建筑业要从传统的以手工操作为主的小生产方式逐步向社会化大生产方式过渡，即以技术为先导，采用先进、适用的技术和装备，在建筑标准化的基础上，发展建筑构配件、制品和设备的生产，培育技术服务体系和市场的中介机构，使建筑业生产、经营活动逐步走上专业化、社会化道路。 …… （四）发展建筑配件和制品生产，提高生产社会化、商品化水平
2	关于推进住宅产业现代化提高住宅质量若干意见	国办发〔1999〕72号	1999-08-20	指导思想：（五）促进住宅建筑材料、部品的集约化、标准化生产，加快住宅产业发展。要十分重视产业布局和规模效益，统筹规划，合理布点，防止重复建设。住宅

序号	文件名称	文号	生效时间	相关政策摘要
2	关于推进住宅产业现代化提高住宅质量若干意见	国办发〔1999〕72号	1999－08－20	建筑材料、部品的生产企业要走强强联合、优势互补的道路，发挥现代工业生产的规模效应，形成行业中的支柱企业，切实提高住宅建筑材料、部品的质量和企业的经济效益。 主要目标：（二）到2005年初步建立住宅及材料、部品的工业化和标准化生产体系；到2010年初步形成系列的住宅建筑体系，基本实现住宅部品通用化和生产、供应的社会化。积极开发和推广新材料、新技术，完善住宅的建筑和部品体系。 …… （四）要树立厨房、卫生间整体设计观念，在完善、提高厨房、卫生间功能的基础上，推行厨房、卫生间装备系列化、多档次的定型设计，确保产品与产品、建筑与产品之间合理的连接与配合。 …… （六）积极发展通用部品，逐步形成系列开发、规模生产、配套供应的标准住宅部品体系。重点推广并进一步完善已开发的新型墙体材料、防水保温隔热材料、轻质隔断、节能门窗、节水便器、新型高效散热器、经济型电梯和厨房、卫生间成套设备
3	国务院办公厅关于转发发展改革委住房城乡建设部绿色建筑行动方案的通知	国办发〔2013〕1号	2013－01－01	（八）推动建筑工业化。 住房城乡建设等部门要加快建立促进建筑工业化的设计、施工、部品生产等环节的标准体系，推动结构件、部品、部件的标准化，丰富标准件的种类，提高通用性和可置换性。推广适合工业化生产的预制装配式混凝土、钢结构等建筑体系，加快发展建设工程的预制和装配技术，提高建筑工业化技术集成水平。支持集设计、生产、施工于一体的工业化基地建设，开展工业化建筑示范试点。积极推行住宅全装修，鼓励新建住宅一次装修到位或菜单式装修，促进个性化装修和产业化装修相统一

续 表

序号	文件名称	文号	生效时间	相关政策摘要
4	住房城乡建设部关于推进建筑业发展和改革的若干意见	建市〔2014〕92 号	2014－07－01	四、促进建筑业发展方式转变 （十六）推动建筑产业现代化。统筹规划建筑产业现代化发展目标和路径。推动建筑产业现代化结构体系、建筑设计、部品构件配件生产、施工、主体装修集成等方面的关键技术研究与应用。制定完善有关设计、施工和验收标准，组织编制相应标准设计图集，指导建立标准化部品构件体系。建立适应建筑产业现代化发展的工程质量安全监管制度。鼓励各地制定建筑产业现代化发展规划以及财政、金融、税收、土地等方面激励政策，培育建筑产业现代化龙头企业，鼓励建设、勘察、设计、施工、构件生产和科研等单位建立产业联盟。进一步发挥政府投资项目的试点示范引导作用并适时扩大试点范围，积极稳妥推进建筑产业现代化
5	促进绿色建材生产和应用行动方案	工信部联原〔2015〕309 号	2015－09－01	（九）大力发展装配式混凝土建筑及构配件。积极推广成熟的预制装配式混凝土结构体系，优化完善现有预制框架、剪力墙、框架－剪力墙结构等装配式混凝土结构体系。完善混凝土预制构配件的通用体系，推进叠合楼板、内外墙板、楼梯阳台、厨卫装饰等工厂化生产，引导构配件产业系列化开发、规模化生产、配套化供应 …… （十六）新型墙体材料革新。重点发展本质安全和节能环保、轻质高强的墙体和屋面材料，引导利用可再生资源制备新型墙体材料。推广预拌砂浆，研发推广钢结构等装配式建筑应用的配套墙体材料
6	中共中央 国务院关于进一步加强城市规划建设管理工作的若干意见	—	2016－02－06	四、提升城市建筑水平 （十一）发展新型建造方式。大力推广装配式建筑，减少建筑垃圾和扬尘污染，缩短建造工期，提升工程质量。制定装配式建筑设计、施工和验收规范。完善部品部件标准，实现建筑部品部件工厂化生产。鼓励建筑企业装配式施工，现场装配。建设国家级装配式建筑生产基地。加大政策支持力度，力争用10年左右时间，使装配式建筑占新建建筑的比例达到30%。积极稳妥推广钢结构建筑。在具备条件的地方，倡导发展现代木结构建筑

序号	文件名称	文号	生效时间	相关政策摘要
7	国务院办公厅关于大力发展装配式建筑的指导意见	国办发〔2016〕71号	2016-09-30	（三）工作目标 以京津冀、长三角、珠三角三大城市群为重点推进地区，常住人口超过300万的其他城市为积极推进地区，其余城市为鼓励推进地区，因地制宜发展装配式混凝土结构、钢结构和现代木结构等装配式建筑。力争用10年左右的时间，使装配式建筑占新建建筑面积的比例达到30%。同时，逐步完善法律法规、技术标准和监管体系，推动形成一批设计、施工、部品部件规模化生产企业，具有现代装配建造水平的工程总承包企业以及与之相适应的专业化技能队伍 二、重点任务 （四）健全标准规范体系。 （五）创新装配式建筑设计。 （六）优化部品部件生产。 （七）提升装配施工水平。 （八）推进建筑全装修。 （九）推广绿色建材。 （十）推行工程总承包。 （十一）确保工程质量安全
8	"十三五"节能减排综合工作方案	国发〔2016〕74号	2016-12-20	（七）强化建筑节能。实施建筑节能先进标准领跑行动，开展超低能耗及近零能耗建筑建设试点，推广建筑屋顶分布式光伏发电。编制绿色建筑建设标准，开展绿色生态城区建设示范，到2020年，城镇绿色建筑面积占新建建筑面积比重提高到50%。实施绿色建筑全产业链发展计划，推行绿色施工方式，推广节能绿色建材、装配式和钢结构建筑。强化既有居住建筑节能改造，实施改造面积5亿平方米以上，2020年前基本完成北方采暖地区有改造价值城镇居住建筑的节能改造。推动建筑节能宜居综合改造试点城市建设，鼓励老旧住宅节能改造与抗震加固改造、加装电梯等适老化改造同步实施，完成公共建筑节能改造面积1亿平方米以上。推进利用太阳能、浅层地热能、空气热能、工业余热等解决建筑用能需求。（牵头单位：住房城乡建设部，参加单位：国家发展改革委、工业和信息化部、国家林业局、国管局、中直管理局等）

续　表

序号	文件名称	文号	生效时间	相关政策摘要
9	国务院办公厅关于促进建筑业持续健康发展的意见	国办发〔2017〕19号	2017-02-21	七、推进建筑产业现代化 （十四）推广智能和装配式建筑。坚持标准化设计、工厂化生产、装配化施工、一体化装修、信息化管理、智能化应用，推动建造方式创新，大力发展装配式混凝土和钢结构建筑，在具备条件的地方倡导发展现代木结构建筑，不断提高装配式建筑在新建建筑中的比例。力争用10年左右的时间，使装配式建筑占新建建筑面积的比例达到30%。在新建建筑和既有建筑改造中推广普及智能化应用，完善智能化系统运行维护机制，实现建筑舒适安全、节能高效
10	住房城乡建设部关于印发《装配式建筑工程消耗量定额》的通知	建标〔2016〕291号	2017-03-01	《装配式建筑工程消耗量定额》与《房屋建筑与装饰工程消耗量定额》（TY01-31—2015）配套使用，原《房屋建筑与装饰工程消耗量定额》（TY01-31—2015）中的相关装配式建筑构件安装子目（定额编号5-356～5-373）同时废止
11	住房城乡建设部关于印发建筑节能与绿色建筑发展"十三五"规划的通知	建科〔2017〕53号	2017-03-01	"十三五"时期，建筑节能与绿色建筑发展的总体目标是：…… 具体目标是：到2020年，城镇新建建筑能效水平比2015年提升20%，部分地区及建筑门窗等关键部位建筑节能标准达到或接近国际现阶段先进水平。城镇新建建筑中绿色建筑面积比重超过50%，绿色建材应用比重超过40%。完成既有居住建筑节能改造面积5亿平方米以上，公共建筑节能改造1亿平方米，全国城镇既有居住建筑中节能建筑所占比例超过60%。城镇可再生能源替代民用建筑常规能源消耗比重超过6%。经济发达地区及重点发展区域农村建筑节能取得突破，采用节能措施比例超过10%。 实施建筑全产业链绿色供给行动……大力发展装配式建筑，加快建设装配式建筑生产基地，培育设计、生产、施工一体化龙头企业，完善装配式建筑相关政策、标准及技术体系。积极发展钢结构、现代木结构等建筑结构体系

序号	文件名称	文号	生效时间	相关政策摘要
12	住房城乡建设部建筑节能与科技司关于印发2017年工作要点的通知	建科综函〔2017〕17号	2017－03－01	全面推进装配式建筑： 1. 制定发展规划； 2. 完善技术标准体系； 3. 提升装配式建筑产业配套能力； 4. 加强装配式建筑队伍建设
13	住房城乡建设部关于印发《"十三五"装配式建筑行动方案》《装配式建筑示范城市管理办法》《装配式建筑产业基地管理办法》的通知	建科〔2017〕77号	2017－03－23	1. 《"十三五"装配式建筑行动方案》到2020年，全国装配式建筑占新建建筑的比例达到15%以上，其中重点推进地区达到20%以上，积极推进地区达到15%以上，鼓励推进地区达到10%以上。…… 到2020年，培育50个以上装配式建筑示范城市，200个以上装配式建筑产业基地，500个以上装配式建筑示范工程，建设30个以上装配式建筑科技创新基地，充分发挥示范引领和带动作用。 2. 《装配式建筑产业基地管理办法》产业基地优先享受住房城乡建设部和所在地住房城乡建设管理部门的相关支持政策。 3. 《装配式建筑示范城市管理办法》各地在制定实施相关优惠支持政策时，应向示范城市倾斜
14	住房城乡建设部办公厅关于开展2017年度建筑节能、绿色建筑与装配式建筑实施情况专项检查的通知	建办科函〔2018〕36号	2018－01－18	一、检查内容 …… (三) 关于装配式建筑。重点检查《国务院办公厅关于大力发展装配式建筑的指导意见》(国办发〔2016〕71号) 印发以来各地装配式建筑推进情况，包括政策措施及目标任务情况、标准规范编制情况、项目落实情况、省级示范城市和产业基地情况、生产产能情况等。 注：2016年进行了同样检查
15	住房城乡建设部关于印发《建筑工程设计文件编制深度规定（2016年版）》的通知	建质函〔2016〕247号	2017－01－01	1.0.5 各阶段设计文件编制深度应按以下原则进行（具体应执行第2、3、4章条款）： 1. 方案设计文件，应满足编制初步设计文件的需要，应满足方案审批或报批的需要。 注：本规定仅适用于报批方案设计文件编制深度。对于投标方案设计文件的编制深度，应执行住房和城乡建设部颁发的相关规定。

续　表

序号	文件名称	文号	生效时间	相关政策摘要
15	住房城乡建设部关于印发《建筑工程设计文件编制深度规定（2016年版）》的通知	建质函〔2016〕247号	2017-01-01	2. 初步设计文件，应满足编制施工图设计文件的需要，应满足初步设计审批的需要。 3. 施工图设计文件，应满足设备材料采购、非标准设备制作和施工的需要。 注：对于将项目分别发包给几个设计单位或实施设计分包的情况，设计文件相互关联处的深度应满足各承包或分包单位设计的需要。 …… 1.0.10 设计单位在设计文件中选用的建筑材料、建筑构配件和设备，应当注明规格、性能等技术指标，其质量要求必须符合国家规定的标准。 1.0.11 当建设单位另行委托相关单位承担项目专项设计（包括二次设计）时，主体建筑设计单位应提出专项设计的技术要求并对主体结构和整体安全负责。专项设计单位应依据本规定相关章节的要求以及主体建筑设计单位提出的技术要求进行专项设计并对设计内容负责。 1.0.12 装配式建筑工程设计中宜在方案阶段进行"技术策划"，其深度应符合本规定相关章节的要求。预制构件生产之前应进行装配式建筑专项设计，包括预制混凝土构件加工详图设计。主体建筑设计单位应对预制构件深化设计进行会签，确保其荷载、连接以及对主体结构的影响均符合主体结构设计的要求。 ……
16	装配式建筑评价标准	GB/T 51129—2017	2018-02-01	3.0.2 装配式建筑评价应符合下列规定： 1. 设计阶段宜进行预评价，并应按设计文件计算装配率； 2. 项目评价应在项目竣工验收后进行，并应按竣工验收资料计算装配率和确定评价等级。 3.2.3 装配式建筑应同时满足下列要求： 1. 主体结构部分的评价分值不低于20分； 2. 围护墙和内隔墙部分的评价分值不低于10分；

序号	文件名称	文号	生效时间	相关政策摘要
16	装配式建筑评价标准	GB/T 51129—2017	2018-02-01	3. 采用全装修； 4. 装配率不低于50%。 3.0.4 装配式建筑宜采用装配化装修。 4.0.1 装配率应根据表4.0.1（见表2-2）中评价项分值按下列式计算： $$P = \frac{Q_1 + Q_2 + Q_3}{100 - Q_4} \times 100\%$$ 式中：P——装配率 　　　Q_1——主体结构指标实际得分值 　　　Q_2——围护墙和内隔墙指标实际得分值 　　　Q_3——装修和设备管线指标实际得分值 　　　Q_4——评价项目中缺少的评价项分值总和

注：各指标分值见表2-2。

表 2-2　　　　　　　　《装配式建筑评价标准》中"表 4.0.1"

评价项		评价要求	评价分值	最低分值
主体结构（50分）	柱、支撑、承重墙、延性墙板等竖向构件	35%≤比例≤80%	20~30*	20
	梁、板、楼梯、阳台、空调板等构件	70%≤比例≤80%	10~20*	
围护墙和内隔墙（20分）	非承重围护墙非砌筑	比例≥80%	5	10
	围护墙与保温、隔热、装饰一体化	50%≤比例≤80%	2~5*	
	内隔墙非砌筑	比例≥50%	5	
	内隔墙与管线、装修一体化	50%≤比例≤80%	2~5*	
装饰装修和设备管线（30分）	全装修	—	6	6
	干式工法楼面、地面	比例≥70%	6	—
	集成厨房	70%≤比例≤90%	3~6*	
	集成卫生间	70%≤比例≤90%	3~6*	
	管线分离	50%≤比例≤70%	4~6*	

注：表中带"＊"项的分值采用"内插法"计算，计算结果取小数点后1位。

2.2　各地方政策中的推广措施

目前，各地实施装配式建筑的相关政策规定见表2－3，供读者参考。由于政策更新较快，请读者注意核实当地最新政策。

表中主要列示各地政策中的时间目标、强制性规定、奖励性政策。强制性政策一般有土地招拍挂或规定区域内保障房、财政投资项目等强制要求采用装配式原则而采用工程总承包模式、强制要求装配式装修或全装修等。其中，明确区域要求、保障房、财政投资项目的规定较为明确；土地招拍挂作为前置条件的，要以具体拍卖要求为准；很多地方一般规定装配式建筑"原则上应采用工程总承包"，这要看地方在实际执行时的尺度和具体要求；对于装配式装修和全装修的相关规定，应注意大多地方规定保障房、装配式建筑必须采用，我们认为这也要看地方具体的政策落实过程中的尺度把握。

2.3　政策推广组织

宜居住宅产业化和绿色促进中心简介（见主编单位简介）。

表 2－3　各地方政策装配式建筑推广措施

地区	时间目标	强制规定	奖励政策	文件来源
安徽省	到 2020 年，装配式施工能力大幅提升，力争装配式建筑占新建建筑面积的比例达到 15%。到 2025 年，力争装配式建筑占新建建筑面积的比例达到 30%。（皖政办秘〔2016〕240 号）	（四）大力实施住宅全装修。加快推进新建住宅全装修，在主体结构设计阶段统筹完成室内装修设计，大力推广住宅装修成套技术和通用化部品体系，减少建筑垃圾和粉尘污染。引导房地产企业以市场需求为导向，提高全装修住宅的市场供应比重。推广菜单式装修模式，推出不同价位的装修清单，满足消费者个性化需求。合理确定不同类型保障性住房装修标准，保障性住房，建筑应全装修代化示范项目全部实施全装修。房地产开发项目未按土地出让合同要求手续的，不予办理竣工备案收制度，实施住宅全装修实施分户验收制度，落实保障消费者利益、切实保障消费者利益。（皖政办〔2014〕36 号）四、推行工程总承包。装配式建筑原则上应采用工程总承包模式，可按照技术复杂类工程项目招投标。工程总承包企业对工程质量、安全、进度、造价负总责，实现全与装配式建筑总承包相适应的发包承包、施工许可、施工图设计、质量安全监督、竣工验收制度，质量工程造价、部品部件生产、施工及采购的统一管理和深度融合。（皖政办秘〔2016〕240 号）	八、推进建筑产业现代化（二十二）推广装配式建筑。推进建造方式转变，加快培育设计、生产、施工全产业链的装配式建筑业企业，提高产业化建筑在新建建筑中的比例。到 2020 年，力争全省装配式建筑占城镇新建建筑面积的比例达到 15%。装配率超过 50% 的装配式建筑，在推广试点示范阶段可采用招标的方式，各级国土资源部门要优先保证装配式建筑发展合理用地；各级财政政策积极根据当地经济发展水平，对装配式建筑技术创新、产业基地和装配式建筑项目给予支持；各级科技研发、生产、支持装配式建企业申报高新技术企业、享受高新技术企业及科技创新相关税收优惠政策。房地产开发项目采用装配式建造的，外墙预制部分建筑面积（不超过总建筑面积的 3%）可不计入成交地块的容积率核算。（皖政办〔2017〕97 号）	安徽省人民政府办公厅关于加快推进建筑产业现代化的指导意见（皖政办〔2014〕36 号）安徽省人民政府办公厅关于大力发展装配式建筑的通知（皖政办秘〔2016〕240 号）安徽省人民政府办公厅关于推进工程建设管理改革促进建筑业持续健康发展的实施意见（皖政办〔2017〕97 号）

续 表

地区	时间目标	强制规定和标准	奖励政策	文件来源
北京市	到2018年，实现装配式建筑占新建建筑面积的比例达到20%以上，基本形成适应装配式建筑发展的政策和技术保障体系。到2020年，实现装配式建筑占新建建筑面积的比例达到30%以上	（三）实施范围和标准 1. 自2017年3月15日起，新纳入本市保障性住房建设计划和新立项的项目和政府投资的新建建筑应采用装配式建筑。 2. 自2017年3月15日起，对以招拍挂方式取得相关文件设定要求，对以招拍挂方式取得城六区和通州区地上建筑规模5万平方米（含）以上国有土地使用权取得的商品房开发项目应采用装配式建筑；在其他区以上国有土地使用权的商品房规模10万平方米（含）以上国有土地使用权的商品房开发项目应采用装配式建筑。 3. 采用装配式混凝土建筑、钢结构建筑的项目应符合国家及本市的相关标准。采用装配式混凝土建筑的项目，其装配率应不低于50%；且建筑高度在60米（含）以下时，其单体建筑预制率应不低于40%，建筑高度在60米以上时，其单体建筑预制率应不低于20%。鼓励学校、医院、体育馆、商场、写字楼等新建公共建筑优先采用钢结构建筑，其中政府投资的单体地上建筑面积1万平方米（含）以上的新建公共建筑应采用钢结构建筑	一是对于实施范围内的装配式建筑项目，在计算建筑面积时，建筑外墙厚度参照同类型建筑的外墙厚度。建筑外墙采用夹心保温墙型墙体的，其夹心保温墙体外叶板水平投影面积不计入建筑面积。对于未在实施范围内的非政府投资项目，凡自愿采用装配式建筑并符合实施标准的，给予实施项目不超过3%的面积奖励。 二是由财政部门研究制定装配式建筑项目专项奖励政策，对于实施范围内的预制率达到50%以上、装配率达到70%以上的非政府投资项目予以财政奖励；对于未在实施范围内的非政府投资项目，凡自愿采用装配式建筑并符合实施标准的，按增量成本给予一定比例的财政奖励。鼓励金融机构加大对装配式建筑项目的信贷支持力度。 三是对符合新型墙体材料目录的部品部件生产企业，可按规定退税即征即退优惠政策。符合高新技术企业条件的装配式建筑部品部件生产企业，经认定后可依法享受相关税收优惠政策。 四是在本市建筑行业相关评价优评奖中，增加装配式建筑方面的指标要求。采用装配式建筑的商品房开发项目在办理房屋预售时，可不受项目建设形象进度要求的限制	北京市人民政府办公厅关于加快发展装配式建筑的实施意见（京政办发[2017]8号）

续表

地区	时间目标	强制规定	奖励政策	文件来源
重庆市	按照分区推进、逐步推广的原则，明确主城各区及涪陵区、永川区、南川区、綦江区、荣昌区、黔江区、长寿区、万州区、合川区、大足区、江津区、潼南区、其他区县发展区域为重点发展区域，积极发展装配式混凝土结构、钢结构及现代木结构建筑，力争到2020年全市装配式建筑面积占新建建筑面积的比例达到15%以上，到2025年达到30%以上。璧山区、铜梁区、其他区县（自治县，以下统称区县）为鼓励发展区域，大力发展装配式混凝土结构、钢结构及现代木结构建筑，力争到2025年达到30%以上。 （一）重点发展区域从2018年3月1日起，积极发展区域从2019年1月1日起，鼓励发展区域从2020年1月1日起，以下项目应为装配式建筑或主导采用装配式建造方式： 1. 保障性住房和政府投资、主导建设的建筑工程项目；	（五）推行工程总承包模式。装配式建筑原则上应采用以设计施工一体化为核心的工程总承包模式（生产采购），可按照技术复杂类工程项目招投标。工程总承包企业对工程质量、安全、进度、造价总负责。健全与装配式建筑工程总承包相适应的发包承包、施工许可、分包管理、工程造价、质量安全监管、竣工验收等制度，实现建设、部品部件生产、施工及采购的统一管理和深度融合。支持大型设计、施工和部品部件生产企业调整组织架构，健全管理体系，向具有工程管理、设计、生产、采购能力的工程总承包企业转型。	（一）加强政府引导。充分发挥政府投资项目的带动作用，对保障性住房和政府投资、主导建设的建筑工程及本市政府投资、投资主管部门按投资估算建设或装配式建造方式核准投资的装配式建设或装配式建造方式的要求纳入初步设计审批和施工图审查。 （二）加强规划引领。市城乡建委牵头编制主城区装配式建筑发展专业规划，其他区县城乡建设部门牵头编制本行政区域的装配式建筑发展专业规划，明确装配式建筑实施范围、实施目标、规划控制性指标等，将要将装配式建筑专业规划设计有关要求纳入规划设计条件。 （三）加强用地保障。国土房管部门要根据规划设计条件，将装配式建筑发展专业规划方案，落实到土地出让条件中。各区县政府要根据土地利用总体规划、城市（镇）总体规划和装配式建筑发展目标任务，每年在建设用地计划中重点保障部品部件生产企业（生产基地）建设用地和装配式建筑项目建设用地。	重庆市人民政府办公厅关于大力发展装配式建筑的实施意见（渝府办发〔2017〕185号）

续表

地区	时间目标	强制规定	奖励政策	文件来源
重庆市	2. 装配式建筑发展专业规划中的建筑工程项目； 3. 噪声敏感区域的建筑工程项目； 4. 桥梁、综合管廊、人行天桥等市政设施工程项目。 （二）力争到 2020 年，初步形成与装配式建筑发展相适应的政策体系、标准体系、产品体系和监管体系，培育一批装配式建筑设计、施工、部品部件生产等龙头企业。到 2025 年，培育形成千亿级建筑工业集群和技术先进、配套完善的现代建筑产业体系，构建形成市场主体积极参与、装配式建筑有序发展的工作格局		（四）加强财税扶持。统筹用好各级财政现有相关资金，对装配式建筑示范工程、产业基地给予适当资金补助，支持装配式建筑发展。各区县要加大资金保障力度。对符合条件的装配式建筑项目建设。对符合条件的装配式建筑部品部件生产企业，经认定为高新技术企业的，按规定享受相关优惠政策，享受增值税即征即退优惠政策。对规定的新型墙体材料，对符合规定的装配式建筑项目，污染物浓度值低于国家和地方规定的污染物排放标准 30% 的装配式建筑项目，对排放大气污染物排放标准，减按 75% 征收环境保护税；对排放大气污染物的浓度值低于国家和地方规定的污染物排放值低于标准 50% 的装配式建筑项目，减按 50% 征收环境保护税。 （五）优化商品房预售。凡是装配式建筑的商品房项目，国土房管部门在办理商品房预售许可时，允许将装配式预制构件投资计入工程建设总投资，允许将预制构件生产纳入工程进度衡量。 （六）加强装配式建筑科技创新扶持。科技部门将发展装配式建筑纳入市级科技计划项目支持方向，从科技攻关计划中安排专项科研经费，用于支持关键技术攻关以及设计、标准、施工工法等技术	

续 表

地区	时间目标	强制规定	奖励政策	文件来源
重庆市			研究。落实好促进科研成果转化相关政策，对高等院校、科研院所、企业等开展装配式建筑相关研究工作给予支持。 （七）加大交通物流支持。交通运输部门、公安交通管理部门对运输装配式预制混凝土构件、钢构件等超大、超宽部品部件的车辆，在物流运输、交通保障方面给予支持	福建省政府办公厅关于大力发展装配式建筑的实施意见（闽政办〔2017〕59号）
福建省	一、工作目标。……到2020年，全省实现装配式建筑占新建建筑的建筑面积比例达到20%以上。其中，福州、厦门市为国家装配式建筑积极推进地区，比例要达到25%以上，争创国家装配式建筑示范城市；泉州、漳州、三明市为省内装配式建筑积极推进地区，比例要达到20%以上，争创国家装配式建筑试点城市；其他地区为装配式建筑鼓励推进地区，比例要达到15%以上。到2025年，全省实现装配式建筑占新建建筑的建筑面积比例达到35%以上。	（一）加强用地保障。各地应根据装配式建筑发展的目标任务和土地利用总体规划、城市（镇）总体规划、重点保障装配式建筑产业基地（园区）建设用地需要，支持依法开采生产所需的普通建筑用石料（含机制砂）。在土地供应中，各地应将发展装配式建筑的相关要求纳入规划设计条件和供地方案，并落实到土地使用合同中	（一）加强用地保障。……对自主采用装配式建造的商品房项目，其预制部分建筑面积或置换合外墙的预制外墙可不计入该容积率核算，但不超过该栋建筑地上建筑面积的3%（含）。对采用装配式建造的商品房项目，将省级装配式预制构件投资计入工程建设总投资额，在单体装配式建筑完成基础工程进度并已确定交付日期的情况下，可申请办理预售许可。 （二）加强金融服务。对装配式建造的商品房，鼓励金融机构对该项目的开发贷款、消费贷款优先配置资源，加大贷款额度、简化审批手续，降低贷款利率，支持住房公积金贷款购买装配式建造的商品房，可采用公积金	

续　表

地区	时间目标	强制规定	奖励政策	文件来源
福建省	（一）落实装配式建筑项目。2017 年，全省新开工装配式建筑总建筑面积不少于 300 万平方米。2018 年，全省新开工装配式建筑总建筑面积不少于 600 万平方米。2019 年，全省装配式建筑占新建建筑的建筑面积比例达到 15%，并从 2019 年起，福州、厦门、泉州、漳州市国有投资（含国有资金投资占控股或者主导地位的）的新开工保障性住房、医疗、教育、办公综合楼项目采用装配式建造，其他设区市应达到合 50%。装配式建筑应当符合国家和我省建筑的相关认定标准		贷款额度最高可上浮 20%，住房公积金优先放贷，降低住房公积金贷款首付比例等鼓励措施，具体比例由各地确定。 （三）落实税费政策。各地要结合节能减排、产业发展、科技创新、污染防治等方面政策，加大对装配式建筑的支持力度。部品部件生产企业享受我省出台的工业企业相关扶持政策，符合高新技术企业条件的新型墙体材料的部品部件生产企业，新型墙体材料属于《享受增值税即征即退政策的新型墙体材料目录》范围的，可按规定享受增值税即征即退优惠政策。对采用装配式建造的工程项目，预制混凝土墙体部分和非砌筑类的内外墙体列入新型墙体材料。 对符合装配式建筑发展的新材料、新技术、新产品的研发、生产和使用单位收到的技术研发资金补助，符合税法规定的，可以按不征税收入处理。为开发新技术、新产品、新工艺发生的符合规定的研发费用，未形成无形资产计入当期损益的，在按规定据实扣除的基础上，再按照实际发生额的 50% 加计扣除；形成无形资产的，按照无形资产成本的 150% 摊销。	

续 表

地区	时间目标	强制规定	奖励政策	文件来源
福建省	到2020年建成一批装配式建筑试点项目,以试点项目带动产业发展,初步建成全省产业布局合理的装配式建筑产业基地,逐步形成全产业链协作的产业集群;积极争创国家装配式建筑示范城市和产业基地。到2025年,基本形成较为完善的技术标准体系、科技支撑体系、产业配套体系、监督管理体系和市场推广体系。在逐年提高	装配式建筑原则上应采用工程总承包模式,可按照技术复杂类工程项目招投标。工程总承包企业对工程质量、安全、进度、造价投资工程应带头采用工程总承包。引导设计、施工和部品部件生产企业向工程总承包企业转型	(四)加大行业扶持。支持部品部件生产企业申报施工资质、设计资质,打造部品部件生产、设计、施工一体化企业。优先推荐装配式建筑参与评优。对于政府投融资的装配式建筑,施工企业缴纳的质量保证金以合同总价扣除预制构件总价作为基数乘以2%费率计取。支持培育专业化的物流企业,实施部品部件的统一配送,减少中间环节,降低成本。各地各有关部门对运输预制混凝土构件及钢构件等超大、超宽部品部件的运输车辆,在物流运输、交通通畅方面予以支持。	
甘肃省			(一)强化用地政策保障。各市州政府要优先保障装配式建筑项目、部品部件生产企业和产业基地、研发中心建设用地。在此土地供应中,可将发展装配式建筑的相关要求纳入供地方案。按照装配式方式建造的相关实到土地使用合同中,并落实到土地使用合同中。其外墙预制部分建筑面积可不计入面积核算,但不应超过总建筑面积的3%。(二)加强产业政策扶持。支持生产企业加快技术改造及转型升级,积极发展适用于装配式建筑的部品部件,创	甘肃省人民政府办公厅关于大力发展装配式建筑的实施意见(甘政办发〔2017〕132号)

续　表

地区	时间目标	强制规定	奖励政策	文件来源
	新建建筑中装配式建筑面积比例的基础上，力争装配式建筑占新建建筑面积的比例达到30%以上		新合作模式，不断提高服务型制造的能力。对符合条件的项目，给予一定的资金支持。采用装配式建筑的商品房开发项目在办理房屋预售时，可不受项目建设形象进度要求的限制。对装配式建筑项目在建设领域商品住房和成品住房政策、制定工程建设装配式建筑项目按照差别化住房信贷政策积极给予支持。对购买装配式商品住房和施工企业，优先办理住房公积金管理机构按照差别化住房信贷政策积极给予支持。对装配式建筑骨干企业，积极协调落实招商引资优惠政策。对采用装配式建造方式的项目，优先支持评奖评优评先。对运输超大、超宽的预制混凝土构件、钢结构构件、钢筋加工制品等的运输车辆，在物流运输、交通畅通方面给予支持。 （三）加大财政金融扶持。各市州政府应积极整合资金，创新投入方式，支持装配式建筑发展，对采用装配式方式建造的示范项目、产业基地和研发中心通过先建后补，以奖代补等方式给予支持。发挥建设行业社会组织的作用，对符合条件的企业加大信贷支持力度。鼓励社会发展的各类基金促进装配式建筑发展与装配式建筑产业发展。	
甘肃省				

续表

地区	时间目标	强制规定	奖励政策	文件来源
甘肃省			（四）实施税收优惠减免。符合《享受增值税即征即退的资源综合利用产品和劳务增值税税收优惠目录》和《资源综合利用的新型墙体材料品目录》的墙体材料和部品部件生产企业，按规定享受税收优惠政策。对投资建设装配式建筑产业基地的企业，符合条件的，可认定为高新技术企业，享受相关税收优惠政策。装配式成品在税前发生的实际装修成本按规定在房价前扣除。企业为开发装配式建筑的研究开发费用，新技术、新产品、新工艺发生的研究开发费用，符合条件的除可以在税前据实列支外，并可按相关优惠政策加计扣除。涉及装配式建筑的技术转让、开发、咨询、服务取得的收入，免征增值税。	
石家庄市	2018年起，桥西区、裕华区、长安区、新华区、鹿泉区、栾城区、藁城区、高新区、正定县（含正定新区）、平山县政府投资项目50%以上采用装配式建造方式建设，非政府投资建设项目10%以上采用装配式建造方式建设。其他县（市、区）要积极探索试点装配式建筑工作，逐步推进项目落实。	装配式建筑的各项技术要求应满足消防规范的规定。建立全过程质量追溯制度，加大抽查抽测力度，严肃查处质量安全违法违规行为。装配式建筑原则上采用工程总承包模式。支持按照技术复杂类工程项目招投标上采用工程总承包模式，向大型设计、施工和部件生产企业通过调整组织架构、健全管理体系，向具有工程管理、设计、生产、施工、采购能力的工程总承包企业转型，培育一	（一）将装配式建筑产业基地建设纳入相关规划，列入战略性新兴产业，对装配式建筑产业基地和采用装配式方式建设的商品房项目，优先保障用地。（二）在办理规划审批（验收）时，对采用装配式建设方式且装配率达到50%（含）以上的商品房建设项目，其地上建筑面积按容积率计入项目容积率，不计入项目容积率。达到装配式评价等级A级及以上的商品房建筑，按其地上建筑面积4%给予奖励，	石家庄市人民政府关于大力发展装配式建筑的实施意见（石政规〔2018〕5号）

续　表

地区	时间目标	强制规定	奖励政策	文件来源
石家庄市	2020年起，桥西区、裕华区、新华区、高新区、长安区、新华区新建区建筑面积40%以上采用装配式建造，鹿泉区、栾城区、正定县（含正定新区）、平山县新建建筑面积30%以上采用装配式建造，其他县（市、区）新建建筑面积20%以上采用装配式建造。 到2025年，桥西区、裕华区、长安区、新华区新建区新建凡适合装配式建造的，全部采用装配式建设。全市政府投资项目100%采用装配式方式建设，非政府投资项目60%以上采用装配式方式建造。石家庄市装配式建筑的发展环境、市场机制和服务体系基本形成，技术体系基本完善、管理制度相对完善、人才队伍培育机制基本建立、关键技术和成套技术应用逐步成熟、形成能够服务于京津冀地区的装配式建筑生产和服务体系、装配式建造方式成为主要建	批工程总承包骨干企业。健全与装配式建筑总承包相适应的发包承包、施工许可、分包管理、工程造价、质量安全监管、竣工验收等制度，实现工程设计、部品部件生产、施工及采购的统一管理和深度融合	不计入项目容积率。奖励的不计入容积率面积，不再缴收土地价款及建设配套费用。 （三）在施工当地没有或只有少数几家装配式生产、施工企业的，政府投资项目招投标时可以采用邀请招标方式进行。 （四）对采用装配式方式建设的商品房建筑，投入开发建设资金达到工程量建设总投资的25%以上和施工进度达到主体施工图设计（已取得《建筑工程施工许可证》），可申请办理《商品房预售许可证》；装配式建筑在办理商品房房价格备案时，可上浮30%。 （五）2020年年底前，对新开工建设（以取得《建筑工程施工许可证》时间为准）和农村居民自建装配式住房项目（以竣工时间为准），由项目所在地县（市、区）政府按照50～100元/平方米以上补贴，单个项目补贴不超过100万元，具体办法由各县（市、区）制定。桥西区、裕华区、长安区、新华区的项目补贴，市、区财政各负担50%。 （六）公安和交通运输部门在职能范围内，在确保安全的基础上，对运输超高、超宽部品部件（预制混凝土构件、	

续　表

地区	时间目标	强制规定	奖励政策	文件来源
石家庄市	造方式之一，不断提高装配式建筑在新建建筑中的比例。积极推广农村装配式低层住宅。各县（市、区）要结合美丽乡村和特色小城镇建设，大力推动农村住宅转变建造方式，在村民自建住房项目中开展装配式混凝土结构、钢结构建筑试点，提高建筑品质和居住舒适度。同时，结合旅游景区建设，倡导发展现代木结构建筑		钢构件等）运输车辆，在运输、交通畅方面给予支持。 （七）在《石家庄市建设领域重污染天气应急预案》Ⅰ级应急响应措施发布时，装配式建筑施工工地可不停工，但不得从事土方挖掘、石材切割、渣土运输、喷涂粉刷、砂浆现场搅拌等作业	
广东省	（一）将珠三角城市群列为重点推进地区，要求到2020年底前，装配式建筑占新建建筑面积比例达到15%以上，其中政府投资工程装配式建筑面积占比达到50%以上；到2025年底前，装配式建筑占新建建筑面积比例达到35%以上，其中政府投资工程装配式建筑面积占比达到70%以上。 将东西北地区中心城区列为积极推进地区，要求到常住人口超过300万的粤	二、重点任务 （三）编制专项规划。各地级以上市、县（市、区）要在2017年8月底前完成装配式建筑专项规划编制工作，专项规划制定年度实施计划和年度专项规划及年度实施计划的内容要纳入报省住房城乡建设厅备案。 专项实施计划要明确新建装配式建筑占城乡建设面积的有关要求纳入相关规划计划中。实施规划规定要明确装配式建筑面积比例、分布区域等控制性指标，各地编制或修改控制性详细规划时，要将控制性指标纳入控制性详细规划。 （六）推行工程总承包。装配式建筑原则上采用工程项目招投标，民间投资的装配式建筑工程，可按照技术复杂类工程总承包模式。其中，政府投资项目招投标，探索由建设单位自	（九）强化规划引领。城乡规划主管部门要将装配式建筑规划条件的有关内容纳入规划条件，各地在编制城市更新规划及年度实施规划的内容，要将装配式建筑有关要求纳入相关规划计划中。实施装配式建造方式，且满足装配式建筑要求的建设项目，其装配式建筑建设部分的建筑面积可按一定比例（不超过3%）不计入地块的容积率核算，具体由各地级以上市地块的容积率修改。 （十）加强用地政策支持。已制订实施装配式建筑专项规划的地市、国土资	广东省人民政府办公厅关于大力发展装配式建筑的实施意见（粤府办[2017]28号）

续 表

地区	时间目标	强制规定	奖励政策	文件来源
广东省	2020年年底前，装配式建筑占新建建筑面积比例达到15%以上，其中政府投资工程装配式建筑面积占比达到30%以上；到2025年年底前，装配式建筑占新建建筑面积比例达到30%以上，其中政府投资工程装配式建筑面积占比达到50%以上。全省其他地区为鼓励推进地区，要求到2020年年底前，装配式建筑占新建建筑面积比例达到10%以上，其中政府投资工程装配式建筑面积占比达到20%以上；到2025年年底前，装配式建筑占新建建筑面积比例达到20%以上，其中政府投资工程装配式建筑面积占比达到50%以上	主确定发包方式，具体由省住房城乡建设厅根据国家有关规定提出指导意见，各地结合实际情况实施	源主管部门要将装配式建筑专项规划的有关内容或装配式建筑发展的有关要求纳入供地方案，落实到土地使用合同中。尚未制订实施装配式建筑专项规划的地市，国土资源主管部门在土地出让或划拨前，要征求同级住房城乡建设、城市规划主管部门的意见。各地要根据土地利用总体规划、城市（镇）总体规划和装配式建筑发展目标任务，在每年用地计划中，优先安排项目用地指标，重点保障部品部件生产企业、生产基地建设用地和装配式建筑项目建设用地。对列入省重点项目计划的部品部件生产企业、生产基地用地，各地要优先安排用地计划指标。 （十一）加强财税扶持。统筹用好各级财政现有渠道资金，支持装配式建筑发展。各地政府要加大对装配式建筑工作的资金保障力度，支持符合条件的部品部件生产项目发展。有条件的地区要将装配式建筑示范项目、装配式建筑产业招商引资重点行业，对符合条件的装配式建筑部品部件生产企业，经认定为高新技术企业的，可按规定享受相关优惠政策。符合新型	

续 表

地区	时间目标	强制规定	奖励政策	文件来源
广东省			墙体材料目录的部品部件生产企业，可按规定享受增值税即征即退优惠政策。将符合条件的部品部件生产基地纳入省产业园扩能增效项目库，享受省级产业园扩能增效专项资金支持。在省、市级有关节能增效设支持装配式建筑技术研发、示范基地、部品部件生产示范基地、装配式建筑示范城市、建筑信息模型技术应用等相关要求。对已开展建筑施工扬尘排污费征收工作的城市，重新核定放放系数，对该项目可以减征。对满足装配式建筑要求的农村住房整村或连片改造建设项目，各地可给予适当的资金补助。 （十二）加大金融支持。鼓励省内金融机构对部品部件生产企业、生产基地和装配式建筑开发项目给予综合金融支持，对购买已认定为装配式建筑项目的消费者优先给予信贷支持。使用住房公积金贷款购买已认定为装配式建筑项目的商品住房，公积金贷款额度最高可上浮20%，具体比例由各地政府确定	

续表

地区	时间目标	强制规定	奖励政策	文件来源
广西壮族自治区	1. 试点示范期（2016—2018年）。加强建筑产业现代化技术标准、造价定额和监督服务体系建设，初步形成系统性产业政策环境和符合建筑产业现代化发展要求的标准技术体系、造价定额体系、质量安全监管体系和检测评价体系。到2018年年底，培育2~3个自治区级建筑产业现代化综合试点城市，初步建成2~3个自治区级建筑产业现代化基地。综合试点城市新建产业化建筑占新建建筑的比例达到8%以上，城市建成区新建保障性安居工程和政府投资公共工程采用装配式建造的比例达到10%以上；创建1~2个国家级建筑产业现代化综合试点城市，培育3~5个自治区级装配式建筑发展示范城市及其他地区建设现代化建筑产业现代化均取得一定突破。 2. 推广发展期（2019—2025年）。进一步完善我区建筑产业现代化的建造体系、技术标准体系和标准规范体系，初步	（七）推进住宅全装修。倡导工业化装修方式，实施土建和装修一体化，鼓励采用单元式集成装修和装修方式进行装修，促进个性化装修委托和产业现代化装修相统一。引导房地产企业以市场需求为导向，提高全装修住宅的市场供应比重，推进商品住宅全装修。建筑产业现代化项目实行一次性交付使用时所有的房住宅全装修到位，在交付使用时所有功能空间的固定面全部铺装或装饰，管线及终端安装完成，厨房和卫生间的基本设备全部安装完成，卫生间同等落后构造方式。 三，政策支持 （一）提供用地支持。建筑产业现代化方式建造和实施住宅全装修的项目，应在项目土地出让公告中予以明确，并将预制装配率、住宅全装修等内容列入土地出让和设计施工招标条件	三，政策支持 （一）提供用地支持。将建筑产业现代化园区和基地建设纳入相关规划，由自治区和各地按照"分级管理，分级保障"原则，优先安排建设用地。各地要根据发展目标要求，加强对建筑产业现代化项目建设的用地保障，对主动采用建筑产业现代化方式建设项目预制装配率达到30%的商品住房，优先保障（含配建的保障性住房，下同）用地。…… （二）加大财政支持。采用建筑产业现代化方式建设的保障性住房等国有投资项目，建造增量成本纳入建设成本。争取自治区产业投资引导基金支持，通过市场化方式加快推动我区建筑产业现代化发展。新型墙体材料专项资金、节能专项资金，优先支持建筑产业现代化发展，优化自治区科技创新项目在建筑产业现代化领域的布局，鼓励以建筑产业现代化方式建设的商品住房项目绿色建筑，国家康居示范工程和国家A级住宅性能认定项目。非住宅范围商品住房和国有建筑，对关方向的工程（重点）实验室及工程（技术）研究中心建设。支持建筑产业	广西壮族自治区住房城乡建设厅等十二部门印发于关推广装配式建筑力推广装配式建筑促进我区建筑产业现代化发展的指导意见的通知（桂建管〔2016〕64号）

续 表

地区	时间目标	强制规定	奖励政策	文件来源
广西壮族自治区	化综合试点城市，建成 3～5 个自治区级建筑产业现代化基地。到 2020 年年底，综合试点城市装配式建筑占新建建筑的比例达到 20% 以上，城市新建保障性安居工程和政府投资公共工程采用装配式建造的比例达到 20% 以上，新建全装修成品房面积比率达到 20% 以上；其他设区市装配式建筑占新建建筑的比例达到 5% 以上，新建保障性安居工程和政府投资公共工程采用装配式建造的比例达到 10% 以上，新建全装修成品房面积比率达到 10% 以上。到 2025 年年底，全区装配式建筑占新建建筑的比例力争达到 30%		现代化标准编制工作，对参与国家标准、行业标准和地方标准编制的标准化技术委员会、企业和高校给予资金支持。鼓励知识产权转化应用，将符合条件的发明专利成果转化项目纳入自治区有关科技计划予以统筹支持。 （三）加大金融支持。对建设建筑产业现代化园区、基地，项目及从事技术研发等工作且符合条件的企业，金融机构要加大信贷支持力度，满足合理融资需求，提升金融服务水平。对购买建筑产业现代化项目或全装修住房目属于首套普通商品住房的家庭，按照现代化信贷政策积极给予支持，落实首付比例和利率优惠政策，合理降低置业成本。 （四）落实税费优惠。对采用建筑产业现代化方式的企业，符合条件的认定为高新技术企业，按规定享受相应税收优惠政策。房地产企业开发建成的符合条件的实际装修成品住房按现代规定在税前扣除。对采用建筑产业现代化方式的优质诚信领域保证金时，在收取国家建设的工程建设领域保证金时，各地可施行相应的减免政策。	

续　表

地区	时间目标	强制规定	奖励政策	文件来源
广西壮族自治区			（五）优化市场环境。按照行政审批制度改革要求，优化建筑产业现代化发展环境。在保障性住房等国有投资项目中明确一定比例的项目采用建筑产业现代化方式建设。对主动采用建筑产业现代化建设方式的房地产项目，规划管理部门在办理规划审批时，依据住房城乡建设管理部门出具的意见，对该栋住宅地上建筑面积达到30%的商品住房项目，其外墙预制部分可不计入建筑面积，但不超过该栋住宅地上建筑面积的3%。报建手续在办理规划绿色通道，可以采用平方米包干价方式确定工程总造价预算进行施工图备案。投入开发建设资金达到工程建设总投资的25%以上，施工进度达到正负零，可申请办理《商品房预售许可证》。优先安排基础设施和公共设施配套工程。 （六）培养专业人才。引进和培养一批建筑产业现代化高端人才。通过校企合作等多种形式，培养适用建筑产业现代化发展需求的技术和管理人才。开展多层次建筑产业现代化知识培训，专业技术人员、企业负责人、企业管理领导干部、经营管理人员的管理技能力和技术水平，依托职业培训机构、职业院校、建筑业企业和实训基地培提高行业各层次建筑产业现代化能	

续 表

地区	时间目标	强制规定	奖励政策	文件来源
广西壮族自治区			育紧缺技能人才，持续开展专业技术人才教育。强化岗位建设，深入实施现场专业人员职业标准统一考评价工作。建立有利于现代建筑产业工人队伍的长效机制，扶持建筑劳务企业发展，着力建设规模化、专业化的建筑产业工人队伍。（七）加强行业引导。在各类工程建设、房地产开发领域的评选、评优、国家绿色建筑、康居示范工程、广厦奖项目以及各级政府质量奖等申报中，优先考虑采用建筑产业现代化方式建造的企业和项目。在建设产业领域综合实力排序中，将建筑产业现代化发展情况作为一项重要指标。对具备建筑产业现代化条件的企业，优先安排国有投资项目进行试点	
贵州省	（一）2017—2020年，为试点示范期。全省以贵阳市、遵义市、安顺市中心城区和贵安新区直管区为装配式建筑发展积极推进地区，其他地区为鼓励推进地区。其中，黔东南州重点推进现代建筑结构装配式建筑发展。前期，全省大力推进政府投资项目采用装配式建造，积极培育发	（七）着力推行工程总承包。装配式建筑原则上采用工程总承包模式，可按照技术复杂类工程项目招投标。工程总承包企业对工程质量、安全、进度、造价负总责。及时健全与装配式建筑总承包相适应的发包承包、施工许可、分包管理、工程造价、质量安全监管、竣工验收等工程管理，实现工程设计、部品部件生产、施工及采购的统一管理和深度融合，切实优化项目管理方式。政府投资工程应	（一）加大资金支持。鼓励各级政府制定政策，对创建装配式建筑示范城市、示范基地、示范项目的地区，以及装配式建筑技术创新有重大贡献的企业和机构给予资金支持。将装配式建筑设计、施工、部品部件等企业列入我省高新技术产业和战略性新兴产业目录，依法享受相关资金扶持政策。（责任单位：省住房城乡建设厅，省经济和信息化委、省发	省人民政府办公厅关于大力发展装配式建筑的实施意见（黔府办发〔2017〕54号）

续　表

地区	时间目标	强制规定	奖励政策	文件来源
贵州省	展装配式建筑产业基地、示范项目。从2018年10月1日起，积极推进地区建筑规模2万平方米以上的棚户区改造（货币化安置的除外）、公共建筑和政府投资的办公建筑、学校、医院等建设项目，广泛采用装配方式取得地上建造；对以招标采购方式取得地上建造的新建项目，建筑规模10万平方米以上的新建项目，不少于建筑规模30%的目，积极采用装配式建造。积极支持鼓励推进地区政府投资的办公建筑、学校、医院等项目采用装配式建造。在全省合理布局建设装配式建筑生产基地。到2020年年底，全省培育10个以上国家级装配式建筑示范项目，20个以上省级装配式建筑示范项目，建成5个以上国家级装配式建筑生产基地，10个以上省级装配式建筑生产基地，3个以上装配式建筑生产科研创新基地，培育一批龙头骨干企业形成产业联盟，培育1个以上国家级装配式建	优先采用工程总承包模式。设计、施工等企业可单独组织或联合体承接装配式建筑工程总承包项目，实施具体的设计、施工任务时应由相应资质的单位承担。（责任单位：省住房城乡建设厅、省发展改革委，各市〔州〕人民政府、贵安新区管委会） （三）加大用地支持。……在土地供应中，可将规划设计条件通知书中明确的发展装配式建筑的相关要求纳入供地方案，并落实到土地使用的保障性住房，政府投资以划拨方式供地的保障性住房、政府投资的公共建筑项目，应提高项目的装配率和全装修成品住宅比例。（责任单位：省住房城乡建设厅、省发展改革委、省国土资源厅，各市〔州〕人民政府、贵安新区管委会）	展改革委、省科技厅、省财政厅，各市〔州〕人民政府、贵安新区管委会） （二）加大金融支持。金融机构要对符合条件的装配式建筑企业、基地和项目加大信贷支持力度。住房公积金管理机构对按相关规定缴纳住房公积金的居民购买装配式商品住房和全装修成品住房的，按照住房公积金贷款政策积极给予支持。鼓励社会资本发起组建促进装配式建筑发展的各类股权投资基金，引导各类社会资本参与装配式建筑发展。鼓励符合条件的装配式建筑优质诚资信企业通过发行各类债券，积极拓宽融资渠道。（责任单位：省政府金融办、省发展改革委、省住房城乡建设厅、省经济和信息化委、人行贵阳中心支行、贵州银监局、贵州证监局，各市〔州〕人民政府、贵安新区管委会） （三）加大用地支持。各地要优先支持装配式建筑项目用地，基地和项目建设的用地保障。……（责任单位：省国土资源厅、省发展改革委、省住房城乡建设厅、各市〔州〕人民政府、贵安新区管委会） （四）落实税费优惠。积极探索符合条件的装配式建筑项目农民工工资保证金、履约保证金等保证金可予以减免政策。施工企业缴纳的工程质量保证	

续 表

地区	时间目标	强制规定	奖励政策	文件来源
贵州省	筑示范城市;全省采用装配式建造的项目建筑面积不少于500万平方米,装配式建筑占新建建筑面积的比例达到10%以上,积极推进地区达到15%以上,鼓励推进地区10%以上。 (二)2021—2023年,为推广应用期。在全省范围内统筹规划建设装配式建筑生产基地,对以招标拍卖方式取得地上建筑规模10万平方米以上的新建项目,全部可采用装配式建造。到2023年底,全省培育一批以优势企业为核心、全产业链协作的产业集群;全省装配式建筑占新建建筑面积的比例达到20%以上,积极推进地区达到25%以上,鼓励推进地区达到15%以上,基本形成覆盖装配式建筑设计、生产、施工、监管和验收等全过程的标准体系。 (三)2024—2025年,为积极发展期。力争到2025年底,全省装配式建筑占新建		金按扣除预制构件总价作为基数减半计取,支持符合高新技术企业条件的装配式建筑部品部件生产高新技术企业享受相关优惠政策。企业开发装配式建筑新技术、新产品、新工艺的研发费用,符合条件的可在计算应纳税所得额时加计扣除。采用装配式建筑技术开发建设的项目及产业化项目,在符合相关政策规定范围内,可分期交纳土地出让金。符合新型墙体材料目录的部品部件生产企业,可按规定享受增值税即征即退优惠政策。对合合西部大开发税收优惠政策条件的装配式建筑部品部件生产企业以及相关仓储、加工、配送一体化服务企业,依法按税率缴纳企业所得税。(责任单位:省人力地税局、省国税局、省发展改革委、省科技厅、省经济和信息化委、省国土资源厅、省商务厅、各市[州]人民政府、贵安新区管委会) (五)技术创新支持。成立由行业主管部门、企业、高等院校、科研机构,检验检测机构组成的发展装配式建筑专家委员会,并分行业设立设计、部品、施工等专家小组,负责标准编制宣传贯彻、项目咨询和服务指导。	

续 表

地区	时间目标	强制规定	奖励政策	文件来源
贵州省	建筑面积的比例达到30%，形成一批以骨干龙头企业、技术研发中心、产业基地为依托，特色明显的产业聚集区，装配式建筑技术水平得到长足进步，自主创新能力明显增强		结合绿色建筑、产业发展、科技创新与成果转化、外经外贸、人才引进与培训等专项资金，支持装配式建筑发展。从科技攻关计划中安排科研经费，支持装配式建筑关键技术攻关以及设计、标准、造价、施工工法、建筑技术研究。落实促进科研成果转化相关政策，对高等院校、科研院所、企业等开展装配式建筑关键科研研究根据行业需求纳入年度科技计划项目申报指南，在同等条件下优先支持。（责任单位：省科技厅、省发展改革委、省经济和信息化委、省人力资源社会保障厅、省住房城乡建设厅、各市〔州〕人民政府、贵安新区管委会） （六）实行面积奖励。满足装配式建筑要求的商品房项目，墙体预制部分的建筑面积（不超过规划总建筑面积的3%～5%）可不计入成交地块的容积率核算；同时满足装配式建筑和住宅全装修要求的商品房面积（不超过规划总建筑面积的5%）可不计入成交地块的容积率核算；因采用墙体保温技术增加的建筑面积，不计入容积率核算的建筑面积。对装配率达到30%以上的项目，	

续　表

地区	时间目标	强制规定	奖励政策	文件来源
贵州省			可纳入绿色建筑统计范畴。（责任单位：省住房城乡建设厅，省发展改革委、省国土资源厅，各市〔州〕人民政府，贵安新区管委会） （七）优化监管服务。建立装配式建筑项目绿色通道审批制度，对相关项目开发和资质资质升级、预售许可等相关手续予以优先办理。装配式建筑施工相关阶段工程质量验收可实施分段验收。采用装配式建筑的商品房项目，其预售监管资金比例可凭已建装配式建筑生产供应等额预算监管资金。鼓励和支持装配式建筑生产企业的相关收付凭证予以核拨释放等额预算监管资金。对装配式建筑总承包或专业承包建筑业企业，在资质升级、增项等方面予以支持。公安、交通运输主管部门应按照各自职责，优化超大、超宽装配部品部件（预制混凝土及钢构件等）运输审批服务，研究制定相关措施。探索创建装配式构件运行费优惠政策和数据平台。（责任单位：省住房城乡建设厅、省科技厅、省交通运输厅、省工商局、省质监局、省政府政务服务中心，各市〔州〕人民政府，贵安新区管委会）	

续 表

地区	时间目标	强制规定	奖励政策	文件来源
海南省	从2018年起，省政府每年对各市县装配式建筑发展工作提出要求，要求一定规模的新建建筑采用装配式外墙板、内墙板、叠合楼板、楼梯、阳台板等一定类别的部品部件，将推进装配式建造方式与工程招标投标、施工图审查、施工许可、竣工验收备案相结合。2018年，选择不同地区、不同类型、不同规模的项目进行装配式建筑试点示范。面向全国积极主动引进在装配式建筑领域有实践经验的设计企业、施工企业和科研团队，在全省全面推进技术能力、生产能力和示范项目建设，建立装配式建筑关键技术审核把关机制，引进国内建筑业权威科研机构联合组建海南装配式建筑工程技术审核、实验检测权威技术中心，全面开展包括积极引进国内装配式建筑部品部件生产项目，引进和培养相关工程技术人员、管理人员以及关键岗位	（一）制定装配式建筑专项规划。省住房城乡建设厅牵头编制《海南省装配式建筑发展规划》。各市县政府要根据装配式建筑发展规划并结合实际，编制本市县的装配式建筑专项规划，落实好主要目标和重点任务要求，分区域明确装配式建筑面积占比、新建建筑面积比例等控制性指标，将推进装配式建筑发展要求将控制性指标纳入土地供应计划和控制性详细规划，并根据专项规划拟定可操作的年度建设计划；各市县政府项目规划和年度建设计划要向社会公布。各市县政府抄送省住房城乡建设厅备查。省府要在2018年3月底前完成专项规划编制工作。市县年度建设计划要在每年3月初向社会公布，列入城市规划建设管理工作监督考核指标	（一）强化用地保障。省国土资源部门应督促、指导各市县国土资源主管部门将装配式建筑专项规划的有关内容或发展装配式建筑等建设要求列入土地出让公告，并在土地出让合同或土地划拨决定书中予以载明。（二）加强财政支持。为推进装配式建筑发展，省财政及各市县政府要加大对装配式建筑资金支持力度，将推广装配式建筑和开展装配式建筑人员培训技术改关、专项课题研究和重大能力建设资金列入年度财政预算优先予以保障。（三）加大金融支持。鼓励金融机构对部品部件企业、生产基地和装配式建筑开发项目给予综合金融支持，对购买装配式商品住房的、农民自建房采用装配式建造的，优先给予信贷支持。使用住房公积金贷款的，优先放贷。（四）实施税费优惠。鼓励和支持企业、高等院校、研发机构研究开发装配式建筑新技术、新工艺、新材料和新设备。强化科技创新扶持。将装配式建筑关键技术研究纳入海南省重点研发计划和重点科技支撑项目，在同等条件下优先支持。开发装配式建筑新	海南省人民政府关于大力发展装配式建筑的实施意见（琼府〔2017〕100号）

续　表

地区	时间目标	强制规定	奖励政策	文件来源
海南省	的产业工人，有针对性地开展大规模、多层次的技术业务培训等系列能力建设工作，培养一批熟悉装配式建筑和建筑信息模型（BIM）技术的人才队伍。 2018年，政府投资的机关办公、学校、医院、车站、港口、机场、图书馆、博物馆、科技馆等公共建筑项目，具备条件的全部采用装配式建造。 从2019年起，大幅度提高新建建筑部品部件的使用比例，海口、三亚等城市要争取创建国家装配式建筑示范城市。建立符合海南地方特点的装配式建筑技术、标准、质量和计价体系。自主创新能力增强，形成一批装配式建筑龙头骨干企业，技术力量雄厚的研发中心、特色鲜明的产业基地。 到2020年，政府投资的新建公共建筑以及社会投资的、总建筑面积10万平方米以上		技术、新工艺、新材料和新设备发生的研究开发费用，按照国家有关规定享受税前加计扣除等优惠政策。鼓励符合条件的企业积极申报高新技术企业和海南省技术先进型服务企业，按规定享受相应的财政补助或减税优惠政策。对于装配式建筑项目，施工企业缴纳的质量保证金以合同总价中扣除预制构件总价价作为基数乘以2%费率计取。 （五）推行工程总承包。装配式建筑项目原则上应采用工程总承包模式，除以暂估价形式进行招标的项目外，工程总承包范围内中涵盖的其他专业业务。政府投资（含使用国有资金）的装配式建筑项目，应当公开招标，但技术复杂、有特殊要求或者受自然环境限制，只有少量潜在投标人可供选择的，可以采用邀请招标方式。需要采用不可替代的专利或专有技术建造的装配式建筑，按《中华人民共和国招标投标法实施条例》规定，可以依法不进行招标。 （六）优化审批服务。对满足装配式建筑要求的商品房项目，八层以上房屋建筑施工进度达到三分之二以上楼层即可	

续表

地区	时间目标	强制规定	奖励政策	文件来源
	的新建商品住宅项目和总建筑面积3万平方米以上或单体建筑面积2万平方米以上的新建商业、办公等公共建筑项目，具备条件的全部采用装配式方式建造。到2022年，具备条件的新建建筑原则上全部采用装配式方式进行建造		向当地房地产主管部门办理预售登记，领取《商品房预售许可证》。在办理《商品房预售许可证》时，允许将装配式预制构件投资计入工程建设投资总额，纳入进度衡量。十层以上的装配式建筑项目，建设单位可申请主体结构分段验收。支持培育专业化的物流企业，实施预制构件的统一配送，减少中间环节，降低成本。各市县公安、交通运输部门对运输预制混凝土构件及钢构件等超大、超宽部品部件的运输车辆，在物流运输、交通运输畅通方面予以支持。将装配式建筑项目列为设计、施工和监理等企业诚信评价的重要内容，并与招投标、评奖评先、工程担保等挂钩，给予从事装配式建筑业绩优良的相关企业优先承担工程项目，参与工程奖项评选等支持。 （七）积极鼓励社会项目应用。为鼓励采用装配式建筑，到2020年年底前，按装配式方式建造的商品房项目，且满足国家装配式建筑认定标准的，其满足国家装配式建筑要求部分的建筑面积可按一定比例（不超过规划地上建筑面积的3%）不计入容积率核算，具体由市县住房城乡建设部门会同规划部门共同制定	
海南省				

续 表

地区	时间目标	强制规定	奖励政策	文件来源
河北省	力争用10年左右的时间，使全省装配式建筑占新建建筑面积的比例达到30%以上，形成适应装配式建筑发展的市场机制和环境，建立完善的法规、标准和监管制度，培育一大批设计、施工、部品部件规模化生产企业，具备现代装配式建造技术水平的工程总承包企业以及与之相适应的专业化技能队伍。张家口、石家庄、唐山、保定、邯郸、沧州市和环京津县（市、区）率先发展，其他市、县加快发展	（八）推行工程总承包。装配式建筑原则上采用工程总承包模式，可按照技术复杂类工程项目招投标。支持大型设计、施工和部品部件生产企业通过调整组织架构，健全工程管理体系，向具有工程管理、设计、生产、施工、采购能力的工程总承包企业转型。健全一批工程总承包相适应的发包承包、施工许可、分包管理、工程造价、质量安全监管、竣工验收等制度，实现工程设计、部品部件生产、施工及采购的统一管理和深度融合	（一）用地支持政策。将装配式建筑园区和基地建设纳入相关规划，优先安排建设用地。住房城乡建设部门要依据有关规定，明确装配式建造方式的具体要求或面积比例，并提供给城乡规划部门在编制和修改控制性详细规划时，应增加建造方式的控制内容；在规划实施管理过程中，应将建造方式纳入该规划条件。国土资源部门应当落实该规划条件，在用地上予以保障。 （二）财政支持政策。符合条件的装配式建筑企业享受战略性新兴产业、高新技术企业和创新性企业扶持政策。政府投资或主导的项目采用装配式建造方式的，增量成本纳入建设成本。在2020年底前，对新开工建设的城镇装配式商品住宅和农村居民自建装配式住房项目，由项目所在地政府予以补贴，具体办法由各市（含定州、辛集市）制定。 扩大科技创新项目扶持资金支持范围，将装配式建筑发展列入各级科技计划，指南重点支持装配式建设领域。鼓励以装配式绿色建筑生产研究为重点技术攻关方向以及绿色建材生产骨干企业联合高等学校、科研院所，申报省级以上重点（工程）	河北省人民政府办公厅关于大力发展装配式建筑的实施意见（冀政办字〔2017〕3号）

续表

地区	时间目标	强制规定	奖励政策	文件来源
河北省			实验室或工程（技术）研究中心。支持钢铁生产企业进行钢结构建筑生产技术改造，优先列入省工业企业技术改造项目库，对符合条件的项目，给予一定的技改资金支持。支持装配式建筑标准编制工作，对参与编制省级及以上标准的给予资金支持。 （三）税费优惠政策。对引进大型专用先进设备的装配式建筑生产企业，按照规定落实进口技术装备免征关税，重大技术装备进口关键原材料和零部件免征进口关税及进口环节增值税，企业销售自产的装配式建筑所用机器设备折旧政策。固定资产加速折旧政策。企业自产的经认证列入《享受增值税即征即退政策的新型墙体材料目录》的装配式预制复合墙板（体）材料，按规定享受增值税即征即退50%的政策。 （四）金融支持政策。对建设装配式建筑园区、基地、项目及从事技术研发等工作目符合条件的企业，金融机构要积极开辟绿色通道，加大信贷支持力度，提升金融服务水平。 （五）行业引导政策。装配式建筑鼓励国家鼓励类建筑墙体材料生产企业达到相关规定的，优先列入省新型墙体材料产品和相关材料生产示范项目，预制部品	

续 表

地区	时间目标	强制规定	奖励政策	文件来源
河北省			部件纳入《河北省建设工程材料设备推广使用产品目录》。将建装配式建筑企业情况，纳入省建筑业企业承信用评价指标体系。在入居环境奖评选、生态园林城市评估、绿色建筑评价等工作中增加装配式建筑方面的指标要求。在评选优质工程、优秀工程设计和考核文明工地时，优先考虑装配式建筑。 （六）优化发展环境。各级公安和交通运输部门在职能范围内，对运输超高、超宽部品部件（预制混凝土构件、钢构件等）运载车辆，在运输、交通畅方面给予支持。在《河北省重污染天气应急措施》Ⅰ级应急措施发布时，装配式建筑施工工地可不停工，但不得从事土石方挖掘、石材切割、渣土运输、喷涂粉刷等作业。采用装配式建造方式的商品住宅项目，在办理规划审批手续时，其外墙预制部分的建筑面积（不超过规划总建筑面积的3%）可不计入成交地块的容积率；允许将预制构件投资计入工程建设投资额，纳入进度衡量	

续　表

地区	时间目标	强制规定	奖励政策	文件来源
河南省	（四）发展目标。到 2020 年年底，全省装配式建筑（装配率不低于 50%，下同）占新建建筑面积的比例达到 20%，政府投资或主导的项目目达到 50%，其中郑州市装配式建筑面积占新建建筑面积的比例达到 30% 以上，政府投资或主导的项目达到 60% 以上；支持郑州市郑东新区象湖片区建设装配式建筑示范区。到 2025 年年底，全省装配式建筑占新建建筑面积的比例力争达到 40%，符合条件的政府投资项目全部采用装配式施工，其中郑州市装配式建筑面积占新建建筑面积的比例达到 50% 以上，政府投资或主导的项目原则上达到 100%	（十七）用地保障。各地要将装配式建筑产业基地（园区）和项目建设用地，按照当地装配式建筑规划，优先安排建设用地，落实年度建设用地供应面积比例；对名录内的项目，在土地供应时，将发展装配式建筑的相关要求列入各地建设用地规划条件中明确采用装配式建造方式建设的商品住房项目优先保障用地。（责任单位：省国土资源厅，省住房城乡建设厅）	（十八）财政支持。积极拓展专项资金引导支持范围，统筹节能减排补助专项、科技推广专项、重大科技专项等相关专项资金，重点支持装配式建筑发展；对绿色装配式建筑项目，按照省级绿色建筑资金奖励标准予以奖补；对获得省级装配式建筑生产基地的项目，纳入省能环保重大技术装备产业化示范工程予以支持。各地要对财政支持政策，结合实际对新开工建设的财政投资的城镇装配式商品住宅和农村地区集中连片装配式农房项目予以奖补。（责任单位：省财政厅，发展改革委，住房城乡建设厅）（十九）金融服务。鼓励金融机构对建设装配式建筑产业基地（园区），项目及从事技术研发等工作符合条件的企业，开辟"绿色"通道，加大信贷支持力度，拓宽抵押质押物种类和范围，并在贷额度、贷款期限及贷款利率等方面予以倾斜。对使用住房公积金贷款购买装配式商品住房的，按照差别化住房信贷政策给予支持，贷款额度最高可上浮 20%，具体比例由各地政府确定。（责任单位：省政府金融办、省工业和信息化委、财政厅、国税局，住房城乡建设局）	河南省人民政府办公厅关于大力发展装配式建筑的实施意见（豫政办〔2017〕153 号）

续表

地区	时间目标	强制规定	奖励政策	文件来源
河南省			（二十）税费优惠。研究探索符合条件的装配式建筑项目农民工工资保证金、履约保证金减免政策。施工企业缴纳的工程质量保证金按扣除预制构件总价作为基数减半计取。将符合条件的装配式建筑新技术、新材料、新产品、新工艺的研发生产单位认定为高新技术企业，享受相应税收优惠政策。装配式建筑预制部品部件生产企业集聚区，享受产业集聚区优先进入产业集聚区、享受产业集聚区优惠政策。装配式成品房发生的实际装修成本可按规定在税前扣除。纳税人生产的装配式墙体材料部品部件列入新型墙材目录的，该装配式墙体材料享受增值税即征即退优惠政策。（责任单位：省国税局、地税局、科技厅、住房城乡建设厅） （二十一）科技支持。扩大科技创新项目扶持资金支持范围，将装配式建筑发展列入各级科技计划指南重点支持领域。支持河南省建筑科学研究院等科研机构联合高等院校、大型企业组建以装配式建筑技术为重点研究，开展以装配式建筑技术为重点的综合技术（工程）实验室或工程技术研究中心。申报省级以上重点（技术）研究中心。将装配式建筑发展列为省科技创新体系重点内容，支持	

续 表

地区	时间目标	强制规定	奖励政策	文件来源
河南省			符合条件的装配式建筑企业申报高新技术企业。（责任单位：省科技厅、住房城乡建设厅） （二十二）行业引导。对装配式建筑工程参照重点工程报建流程开辟工程审批"绿色"通道。对采用装配式建造方式的商品住宅项目，在办理规划审批手续时，其外墙预制部分的建筑面积（不超过规划地上总建筑面积的3%）不计入成交地块的容积率；对装配式低能耗、超低能耗建筑增加的外墙保温部分，不计入容积率核算的建筑面积；投入开发建设资金达到规定工程建设总投资的25%以上并已确定施工进度和竣工交付日期的，可向当地房地产管理部门申请预售许可、领取商品房预售许可证（法律、法规另有规定的除外）。政府投资或主导采用的项目，将配式建造方式建设的项目，增量成本计入建造成本。将采用装配式建筑技术列入《河南省绿色建筑评价标准》。《河南省建设新技术新产品推广目录》。对装配式建筑新技术优先推荐中国人居环境奖、鲁班奖、国家绿色创新奖等国家级奖项；加大中州杯、省绿色建筑创	

续 表

地区	时间目标	强制规定	奖励政策	文件来源
河南省	到2017年年末，试点城市编制完成装配式建筑发展规划，明确推进装配式建筑发展的目标和政策措施；其他市地要研究启动装配式建筑发展规划工作。到2020年年末，全省装配式建筑占新建建筑面积的比例不低于10%；试点城市装配式建筑占新建建筑	（三）着力完善建设管理体系。1. 积极推行工程总承包模式。装配式建筑应积极采用工程总承包模式（设计—采购—施工、设计—施工等），建立健全与之相适应的组织形式，从可研立项、规划设计、生产运输、现场组装、质量监管到竣工验收等全过程对工程质量、安全、进度、造价负总责。	新奖、省优质工程奖中装配式建筑项目评分分值。绿色建筑奖励资金优先支持绿色装配式建筑项目。（责任单位：省住房城乡建设厅、财政厅）（二十三）招标支持。研究制定有利于推进装配式建筑发展的招标投标政策，鼓励大型企业集团或联合体参与装配式建筑项目建设，推广总承包等多种一体化招标承包模式。装配式建筑项目可按照技术复杂类工程招投标，对只有少数采用招标投标方式，对需采用不可替代的专利或有技术建造的项目，不可替代专利代的专利或有技术建造的，按《中华人民共和国招投标投标法实施条例》（国务院令第613号）第九条第一款规定，设计施工可不进行招标。（责任单位：省发展改革委、住房城乡建设厅）	
黑龙江省			（三）着力完善建设管理体系。3. 改进招标投标方式。坚持依法依规招投标。装配式建筑可采取工程总承包方案招标或综合评标，不再采取工程造价包方式，分行业招标专业、分行业招标；对于采取政府与社会资本合作（PPP）模式的，通过合作方式，政府采购确定社会资本合作方，生产能够提供服务的，可以不再进行招标；对于私有投	黑龙江省人民政府办公厅关于推进装配式建筑发展的实施意见（黑政办规〔2017〕66号）

续 表

地区	时间目标	强制规定	奖励政策	文件来源
	面积的比例不低于 30%。到 2025 年年末，全省装配式建筑占新建建筑面积的比例力争达到 30%	三、支持政策 （一）土地保障。全省各级国土资源部门要优先支持装配式建筑产业和示范项目用地。在土地供应中，可将发展装配式建筑的相关要求纳入供地方案，并落实到土地使用合同中	资或企业自投自建自建的装配式建筑，可由企业自主决定是否招标。 三、支持政策 （一）土地保障。全省各级国土资源部门要优先支持装配式建筑产业和示范项目用地。在土地供应中，可将发展装配式建筑的相关要求纳入供地方案，并落实到土地使用合同中。 （二）招商优惠。各地应将装配式建筑产业招商引资重点行业，并落实招商引资各项优惠政策。 （三）科技扶持。根据行业需求，将装配式建筑关键技术相关研究纳入年度科技计划项目申报指南，并在同等条件下优先支持。符合条件的装配式建筑生产企业应认定为高新技术企业，按规定享受相应税收优惠政策。 （四）财政奖补。各市县政府对创建建国家级和省级装配式建筑产业基地、技术创新和省有重大贡献的企业和机构可给予适当的资金奖励。 （五）税费优惠。装配式建筑示范项目符合国家现行有关税收优惠政策、可享受现行的新产品、新工艺所发生的研究开发费用，可按规定在计算应纳税所得额时加计扣除。	
黑龙江省				

续 表

地区	时间目标	强制规定	奖励政策	文件来源
黑龙江省			（六）金融服务。鼓励金融机构加大对装配式建筑产业的信贷支持力度，拓宽抵押物的种类和范围。支持鼓励符合条件的装配式建筑生产企业通过发行各类债券融资，积极拓宽融资渠道。使用住房公积金贷款购买已认定为装配式建筑项目的商品住房，公积金贷款额度最高可上浮20%，具体比例由各地政府确定。 （七）行业支持。鼓励施工企业缴纳的工程质量保证金按扣除预制构件总价作为基数减半计取。采用装配式施工方式建造的商品房项目，符合条件的优先办理《商品房预售许可证》。对装配式建筑突出的建筑企业，在资质晋升、评奖评优等方面予以支持和政策倾斜。获得鲁班奖、国家优质工程奖和龙江杯奖等奖项的装配式建筑、工程所在地政府可予适当奖励或补助。 （八）交通支持。各市地交通运输主管部门在所辖区域或职能范围内，对符合相关法律法规的运输预制钢混及钢结构部件等超大、超宽货品部件的运输车辆，在物流运输、交通畅通方面予以支持。	

续　表

地区	时间目标	强制规定	奖励政策	文件来源
黑龙江省			（九）技术服务。组建由企业、高等院校、科研机构专家组成的省装配式建筑专家委员会，负责我省装配式建筑相关规范编制，项目评审、技术论证、性能认定等方面的技术把关和服务指导	
湖北省	到2020年，武汉市装配式建筑面积占新建建筑面积比例达到35%以上，襄阳市、宜昌市和荆门市达到20%以上，直昌市和荆门市达到20%以上，其他设区城市、恩施州、直管市和神农架林区达到15%以上。到2025年，全省装配式建筑占新建建筑面积的比例达到30%以上	各地应明确装配式建筑的实施范围和标准。积极推进装配式建筑发展。武汉市、襄阳市、宜昌市和荆门市应在2017年底前明确重点实施范围和标准，孝感市、黄冈市和仙桃市应在2018年6月底前确定重点实施范围和标准，其他设区城市、恩施州、直管市和神农架林区应在2019年6月底前确定重点实施范围和标准。各地根据装配式建筑发展情况，可适时对实施区域、范围和标准进行动态调整。装配式建筑应优先采用设计、生产、采购、施工一体化的工程总承包（EPC）模式，工程总承包企业对工程质量、安全、进度、造价负总责。各地应结合建筑业改革发展需要，支持大型设计、施工和部品部件生产企业向工程总承包企业转型，推动实现工程设计、部品部件生产、优化项目管理方式，鼓励建筑设计、部品生产、施工企业组成联合体，共同参与装配式建筑工程总承包	（一）制定落实优惠支持政策。以装配式建设项目落地为重点，在土地出让条件中要明确省装配式建筑面积比例，装配率等指标要求。要落实装配套资金补贴、容积率奖励，商品住宅预售许可、降低预售资金比例等激励政策。以重点项目带动，在城市中心区域和生态示范区及重点功能区全面推行装配式建筑。政府投资新建的公共建筑以及保障性住房项目、"三旧"改造项目，符合装配式建造技术条件和要求的，应采用装配式建筑，积极开展市政基础设施（包括综合管廊）工程装配式建造试点示范，形成有利于装配式建筑发展的体制机制和市场环境	湖北省人民政府办公厅关于大力发展装配式建筑的实施意见（鄂政办发〔2017〕17号）

续　表

地区	时间目标	强制规定	奖励政策	文件来源
湖南省	（一）扩大装配式建筑覆盖面。加快推进装配式混凝土（PC）结构、钢结构、现代木结构建筑的应用，到2020年，全省市州中心城市装配式建筑占新建建筑比例达到30%以上，其中：长沙市、株洲市、湘潭市三市中心城区达到50%以上。（责任单位：省住房城乡建设厅、省国土资源厅） 1. 尚未建成装配式建筑生产基地的市州中心城市（株洲、益阳、娄底、永州）要按照《湖南省住宅产业化生产基地（2015—2020年）》的要求，在2017年年底前建设好装配式建筑生产基地，或愿意向其他城市的装配式建筑生产基地建立合作关系。 2. 各市州中心城市下列项目应当采用装配式建筑： （1）政府投资建设的新建保障性住房、学校、医院、科	（八）大力推进钢结构、木结构装配式建筑发展。政府投资的机场、车站、影剧院、体育馆、展览馆等大空间大跨度公共建筑、工业厂房和市政桥梁等应采用装配式钢结构建筑。社会投资的单体建筑面积超过2万平方米且适合采用装配式钢结构建筑建设等公共建筑的文化、体育、教育、医疗等公共建筑以及100米以上的超高层建筑应优先采用装配式钢结构建筑。各地要结合新农村建设、特别是在全省易地扶贫搬迁、危房改造集中安置等建设项目中推广应用装配式建筑，按照物美价廉、经久耐用的原则，大力推进以轻型钢结构为主的农村装配式建筑发展，风景名胜旅游区和少数民族地区要发展现代木结构装配式建筑。（责任单位：省住房城乡建设厅、省财政厅、省扶贫办、省发改委、省经信委、省质监局、各市州人民政府）	（十二）加强财政支持。整合省级新型城镇化建设等相关专项资金，适当支持装配式建筑发展。其中对符合省级支持装配式建筑产业基地给予规划要求的装配式建筑可根据当地经济发展水平。各市州人民政府重点支持。对装配式建筑技术创新、产业基地和农村装配式建筑项目给予财政奖补。对易地扶贫搬迁和农村危房改造中推广应用的易地扶贫搬迁、农村危房改造的装配式建筑面积等情况，由省、市、县财政给予一定的奖励。具体奖励办法由省财政厅会同有关部门制定。（责任单位：省财政厅、省发改委、省住房城乡建设厅） （十三）强化规划落地。各级国土资源、城乡规划主管部门要根据土地利用总体规划、装配式建筑专项规划和各市州装配式建筑发展相关要求将用地供地方案，并落实到土地使用合同中。装配式建筑工程报建流程、纳入工程审批绿色通道。各地要在政府投资和社会投资工程项目中，将落实装配式建筑年度目标任务，将装	湖南省人民政府办公厅关于加快推进装配式建筑发展的实施意见（湘政办发〔2017〕28号）

续　表

地区	时间目标	强制规定	奖励政策	文件来源
湖南省	研、办公、酒店、综合楼、工业厂房等建筑。 （2）适合于工厂预制的城市地铁管片、地下综合管廊、城市道路和园林绿化的辅助设施等市政公用设施工程。 （3）长沙市区二环线以内，长沙高新区、长沙经开区，以及其他市州中心城市中心城区社会资本投资的适合采用装配式建筑的工程项目。 （二）提升信息化管理水平。到2018年年底，全省实现装配式建筑设计、生产、储运、施工、装修、验收全过程的信息化动态监控，建立装配式建筑全质量跟踪追溯体系。（责任单位：省住房城乡建设厅、省经信委、省质监局） （三）实现建筑业转型升级。大力推进装配式建筑"设计—生产—管理—服务"全产业链建设，打造一批以"互联网＋"和"云计算"为基础，以BIM（建筑信息模型）为核心的装配式建设		配式建筑工作细化为具体的工程项目，建立装配式建筑项目库，于每年一季度向社会发布当年项目的名称、位置、类别、规模、开工时间和竣工时间等信息。（责任单位：各市州人民政府、省住房城乡建设厅、省国土资源厅等有关部门） （十四）加大金融支持。消费者购买装配式建筑的商品房，在贷款利率方面可相应当适当给予优惠，符合条件者可异地申请公积金贷款。购买装配式住宅全装修住宅的购房者，可以成品住宅成交总价作为基数确定贷款额度。（责任单位：人民银行长沙中心支行、省住房城乡建设厅） （十五）实施税费优惠。鼓励和支持企业、高等学校、研发机构研究开发装配式建筑新技术、新工艺、新材料和新设备，符合条件的研究开发费用可以按照国家有关规定享受费前加计扣除等优惠政策。对装配式建筑产业基地（住宅产业化基地）企业、经相关职能部门认定为高新技术企业的，享受高新技术企业相应税收优惠政策。（责任单位：省国税局、省地税局） （十六）实行容积率奖励。对房地产开发项目，主动采用装配式建造、	

续　表

地区	时间目标	强制规定	奖励政策	文件来源
湖南省	工程设计集团和规模以上生产、施工建筑龙头企业，促进传统建筑产业转型升级，到2020年，建成全省千亿级装配式建筑产业集群。（责任单位：省发改委、省住房城乡建设厅、省经信委）		目其装配率大于50%的，经报相关职能部门批准，其项目总建筑面积的3%～5%可不计入成交地块的容积率核算。具体办法由各市州人民政府另行制定。（责任单位：各市州人民政府、省住房城乡建设厅、省国土资源厅） （十七）优先办理商品房预售。对满足装配式建筑要求并以出让方式取得土地使用权，领取土地使用证和建设工程规划许可证的商品房项目，投入开发建设的资金达到工程建设总投资的25%以上，或完成基础施工达到正负零的标准，在已确定施工进度和竣工交付日期的前提下，可向当地房地产管理部门办理预售登记，领取商品房预售许可证，法律法规另有规定的除外。在办理《商品房预售许可证》时，允许将装配式预制构件投资计入工程建设投资额，纳入进度衡量。（责任单位：省住房城乡建设厅、各市州人民政府） （十八）优化工程招投标程序。装配式建筑原则上应采用工程总承包模式，可按照技术复杂类工程项目招投标，装配式建筑项目工程总承包招标后，总包范围内涵盖的勘察、设计、采购、施工可不再通过招标形式确定分包单	

续　表

地区	时间目标	强制规定	奖励政策	文件来源
湖南省			位。工程总承包企业要对工程质量、安全、进度、造价负总责。装配式建筑工程项目，符合法定不招标条件的，经建筑工程招投标主管部门认定后，按《湖南省人民政府办公厅关于印发〈湖南省推进住宅产业化实施细则〉的通知》（湘政办发〔2014〕111号）要求，可直接进入项目报建审批程序。（责任单位：省住房城乡建设厅）	
吉林省	以长春、吉林两市为积极推进地区，其余城市为鼓励推进地区，因地制宜发展装配式混凝土结构、钢结构和现代木结构等装配式建筑。同时，逐步完善法规、技术标准和监管体系，推动形成一批集设计、施工于一体的，具有现代装配式建造水平的工程总承包企业以及与之相适应的专业化技能队伍。（一）试点示范期（2017—2018年）。在长春、吉林等地先行试点示范，到2018年，全省建成5个以上装配式建筑产业基地，培育一批装配式建筑优势企业；全省装配	三、重点任务（八）推行工程总承包。创新项目管理模式，装配式建筑原则上应采用工程总承包模式。政府投资工程应带头推行工程总承包。木结构公共建筑应采用以设计为龙头的工程总承包模式，探索建立建筑师负责制。装配式建筑可按照办法有关要求采用复杂类工程项目招投标，评标办法宜采用综合评估法。工程总承包企业要形成协同的管理体系，并对工程质量、安全、进度、造价负总责。健全与装配式建筑相适应的发包承包、施工许可、部品部件生产、施工及采购管理和深度融合，施工及采购管理方式。鼓励建立装配式建筑产业技术创新联盟，支持大	三、重点任务（七）大力发展全装修。在长春、吉林两市加快推广全装修，实行装配式建筑装饰装修与主体结构、机电设备协同施工。积极推进传统装修方式向一体化、标准化、集成化装修。推进整体厨卫、模块化装修，模块化集成墙体、轻质隔墙等材料，产品和设备管线集成化技术应用，提高装配化装修水平。鼓励菜单式全装修，满足装修个性化需求。装配式全装修部品部件全部实现全装修交付。对实施全装修、采用整体厨房、整体卫浴的，分别按一定比例全装修交付直接计入单体建筑建设配率。（责任单位：省房城乡建设厅、省工业和信息化厅、省质监局）四、政策措施（一）加大资金支持。鼓励有条件的地	吉林省人民政府办公厅关于大力发展装配式建筑的实施意见（吉政办发〔2017〕55号）

续 表

地区	时间目标	强制规定	奖励政策	文件来源
吉林省	式建筑面积不少于200万平方米；初步建立装配式建筑技术、标准、质量、计价体系。 (二)推广发展期（2019—2020年）。在全省统筹规划建设装配式建筑产业基地，加快发展装配式建筑。建立完善适合装配式建筑发展的市场环境，建立装配式建筑技术、标准、质量、计价建造设计、施工、部件规模化生产企业为核心，全产业链协作的产业集群，创建2～3家国家级装配式建筑产业基地；全省装配式建筑面积不少于500万平方米；长春、吉林两市装配式建筑占新建建筑面积比例达到20%以上，其他设区城市达到10%以上。 (三)普及应用期（2021—2025年）。自主创新能力增强，形成一批具有较强综合实力的装配式建筑龙头骨干企业、技术力量雄厚的研发	型设计、施工和部品部件生产企业兼并重组，通过调整组织架构，健全管理体系，向具有工程管理、设计、施工、生产、采购能力的工程总承包企业转型。（责任单位：省住房城乡建设厅、省工业和信息化厅、省质监局）	区出台促进装配式建筑发展的支持政策，将装配式建筑部件纳入吉林省新型墙体材料目录。利用省级现有专项资金，支持推广装配式建筑、装配式建筑产业基地（园区）技术研发中心建设。（责任单位：省财政厅、省发展改革委、省工业和信息化厅、省人力资源社会保障厅、省住房城乡建设厅） (二)加大金融支持。通过组织银企对接会，提供企业名录等多种形式向金融机构推介，争取金融机构支持。鼓励各类金融机构对符合条件的企业积极开拓绿色通道，加大信贷支持力度，提升金融服务水平。鼓励住房公积金管理机构、金融机构对购买装配式建筑商品房和成品住房信贷政策给予支持。鼓励各类股权投资基金、引导各类社会资本参与装配式建筑发展，鼓励符合条件的优质企业通过发行各类债券，积极拓宽融资渠道。（责任单位：省住房城乡建设厅、省工业和信息化厅、省金融办、中国人民银行长春中心支行、吉林银监局） (三)实施费税优惠。支持符合高新技术	

续　表

地区	时间目标	强制规定	奖励政策	文件来源
吉林省	中心、特色鲜明的产业基地，使新型建造方式成为主要建造方式之一，并由建筑工程、市政公用等领域拓展。建筑品质、工程质量全面提升，节能减排、绿色发展成效明显，全省装配式建筑占新建建筑面积的比例达到30%以上		本企业条件的装配式建筑部品部件生产企业享受相关优惠政策。符合新型墙体材料目录的部品部件生产企业，可按规定享受增值税即征即退优惠政策。企业为开发装配式建筑配套的新技术、新产品、新工艺发生的研究开发费用，符合条件的除可以在税前列支，还可享受加计扣除政策。涉及装配式建筑的技术咨询、技术服务，符合国家相关规定的免征增值税。（责任单位：省财政厅、省住房城乡建设厅、省国税局、省地税局） （四）强化用地保障。各地要优先保障装配式建筑项目（园区）、装配式建筑项目建设用地。对列入年度重大建设项目投资计划方安排用地指标。对以出让方式供应的建设项目用地，要明确项目的装配率、全装修成品住房比例。对符合装配率要求的建设项目，给予不超过和3%的面积奖励。（责任单位：省国土资源厅、省住房城乡建设厅） （五）创新服务机制。对采用装配式建设方式建设的项目，通过绿色通道，依法提供审批、审核、审查等相关事项快	

续　表

地区	时间目标	强制规定	奖励政策	文件来源
吉林省	四、推广装配式建筑 加快完善装配式建筑技术标准体系、市场推广体系、质量监督和监测评价体系。在大力发展装配式混凝土建筑的同时，积极推广装配式钢结构建筑和装配式木结构建筑，积极探索农村装配式低层住房建设。着力培育装配式建筑市场需求，政府投资建设项目率先实现装配式建造，		捷服务。对参与装配式建筑项目建设的开发和施工单位，可优先办理相关手续的升级、续期，预售许可等相关资质。优先推荐装配式建筑参与评优评奖。（责任单位：省住房城乡建设厅、省发展改革委、省国土资源厅、省环保厅） （六）给予交通支持。公安、市政和交通运输管理部门对符合国家有关法律法规、规章规定标准的运输超大、超宽的预制混凝土制品、木结构建筑部品部件、钢筋加工制品，在物流运输、交通畅通方面依法依规给予支持。（责任单位：省公安厅、省住房城乡建设厅、省交通运输厅）	
江苏省	八、推行工程总承包 在全面推行施工总承包的基础上，加快推行工程总承包模式，鼓励综合实力强的大型工程企业开展工程总承包设计和施工总承包业务。加快建立工程总承包管理制度。除以暂估价形式包含在工程总承包范围内且依法必须招标的项目外，工程总承包单位可以直接发包总承包合同中涵盖的其他专业业务。采用固定总价的工程总承包项目，在计价结算		（十四）加大财政支持。拓展省级建筑节能专项引导资金支持范围，重点支持采用装配式建筑技术、获得绿色建筑标识的建设项目和成品住房。优化省级保障性住房资金导向建设用结构，加大对采用装配式建筑技术的保障性住房项目支持力度。符合条件的标准设计、创意设计项目，列入省级产业发展专项资金支持对象。符合条件的文化产业发展专项资金支持对象。符合条件的技术研发项目，列入省级科技支撑计划、科技成果转化	江苏省省政府关于加快推进建筑产业现代化促进建筑产业转型升级的意见（苏政发〔2014〕111号） 江苏省"十三五"住宅产业现代化发展规划（苏建房管〔2017〕367）

续表

地区	时间目标	强制规定	奖励政策	文件来源
江苏省	明确通过土地出让的建设项目装配式建筑比例要求。积极推动装配式建筑产业园区、示范基地和项目建设，形成规模化的装配式建筑产业链。对装配式建筑预制部品部件生产企业，纳入工程建设监管范围，符合政策规定的可申请享受新型墙体材料增值税收优惠；取得新型墙体材料认定证书的，可申请节能减排专项资金资助。至2020年，全省装配式建筑占新建建筑面积比例达30%。 六、扩大全装修成品住房比例 大力推进住房设计、施工和装修一体化，推广标准化、模块化和干法作业的装配化装修，促进整体厨卫、轻质隔墙等材料、产品和设备管线集成化技术应用，实现房屋交付时套内所有功能空间的固定面铺装装修或饰面，及终端端安装、门窗、厨房和卫生间基本设施设备等全部完成，并具备使用功能。倡	和审计时，重点对约定的变更调整部分和暂估价进行审核。各地每年都要明确不少于20%的国有资金投资占主导的项目实施全部采用装配式建筑原则上应全部采用工程总承包模式。至2020年，全省培育工程总承包骨干企业100家。（苏政发〔2017〕151号） （十七）提供用地支持。……以招拍挂方式供地的建设项目，各地应根据建筑产业现代化发展规划，在规划条件中明确项目的预制装配率、成品住房比例，并作为土地出让合同的内容。对以划拨方式供地的保障性住房，政府投资的公共建筑项目，各地应提高预制装配率和成品住房比例。（苏政发〔2014〕111号）	专项资金、产学研联合创新资金等各类科技专项资金支持对象。建筑产业现代化国家级、省级研发中心以及协同创新中心享受省科技扶持资金补贴。参照现代产业现代化工业企业诚信企业，省级规模骨干工业企业享子以财政奖励。获得"鲁班奖""扬子杯"的政府奖励，纳入省质量奖奖补范围。对主导制定国家级或省级建筑产业现代化标准的企业，鼓励其申报高新技术企业并享受财政支持政策。对建筑产业现代化人才实训园区，优先推荐申报省能重点产业专项公共实训基地，符合条件的建筑业及住宅部品研发列入省高新技术产业和战略性新兴产业省级财政扶持政策。 （十五）落实税费优惠。对采用建筑产业现代化方式生产的企业，符合条件的按规定落实相应税收优惠政策。对引进技术、设备免征关税，重大技术装备进口关键部品材料和零部件免征进口关税及进口环节增值税，企业购置研发设备抵扣增值税，固定资产加速折旧，研发费用加计扣除，技术转让免征或减半	江苏省政府关于促进建筑业改革发展的意见（苏政发〔2017〕151号）

续 表

地区	时间目标	强制规定	奖励政策	文件来源
	导菜单式装修，满足消费者个性化需求。装修成本中单独在住房价格监测体系中单独计算。至2020年，设区市新建商品房全装修比例达到50%以上，装配式投资新建建筑和政府投资实现新建成品住房全部实现成品住房住房支付。（苏政发〔2017〕151号）		征收所得税等优惠政策。鼓励建筑企业开拓境外市场，享受相关免抵税收政策。积极研究落实建筑产业营改增税收优惠政策。房地产开发企业开发成品住房发生的实际装修成本可按规定在税前扣除，对购买成品住房属于首套住房的家庭，由当地政府给予相应的优惠政策支持。修订全省扬尘排污费征收使用管理办法，将扬尘全排污费征收范围扩大至全省，征收的扬尘排污费主要用于治理工地扬尘，对装配式施工建造项目核定相应的达标削减系数。装配式现浇基金、散现行要求的，对征地基金、散装水泥企业即征即退。现代化示范项目可参照省"百项千亿"重点工业化示范园区（园区）设施行政事业性收费和政府性基金。将纳入省重点工业化示范基地（园区）范围，享受省新型工业化现代化产业相关政策。对采用建筑产业现代化方式建设的优质诚信企业，在收取国家规定的建设领域各类保证金时，各地可施行相应的减免政策。 （十六）加大金融支持。对纳入建筑产业现代化优质诚信企业名录中的企业，	
江苏省				

续　表

地区	时间目标	强制规定	奖励政策	文件来源
江苏省			有关行业主管部门应通过组织银企对接会、提供企业名录等多种形式向金融机构推介，争取金融机构支持。各类金融机构对符合条件的企业要积极开辟绿色通道，加大信贷支持力度，提升金融服务水平。住房公积金管理机构、金融机构对购买装配式商品住房和成品住房的，按照差别化住房信贷政策积极促进建筑产业现代化发展的各类股权投资基金，引导社会资本参与建筑产业现代化发展。大力发展工程质量保险和工程融资担保。鼓励符合条件的建筑产业现代化优质诚信企业通过发行各类债券融资，积极拓宽融资渠道。 （十七）提供用地支持。加强建筑产业现代化用地用地保障，对列入省级年度重大项目投资计划，符合供发条件的优先安排用地指标。各地应根据建筑产业现代化发展规划要求，加强对建筑产业现代化项目建设的用地保障。…… （十八）提供行政许可支持。按照行政审批制度改革要求，依法依规范行政许可事项，优化建筑行业企业发展环境。在符合相关法律法规和规范标	

续表

地区	时间目标	强制规定	奖励政策	文件来源
江苏省			准的前提下，对实施预制装配式建筑的项目研究制定容积率奖励政策，具体奖励事项在地块划拨条件中予以明确。土地出让时未明确开发建设单位主动采用装配式建造技术建设的房地产项目，在办理规划审批时，其外墙预制部分建筑面积（不超过交地块的建筑面积的3%）可不计入成地块的容积率核算。对采用建筑产业现代化方式建造的商品房项目，在办理《商品房预售许可证》时，允许将装配式预制构件投资计入工程建设总投资额，纳入进度衡量。 （十九）加强行业引导。将建筑产业现代化推进情况和成效作为"人居环境奖""优秀管理城市"评选的重要考核内容。评选优质工程、优秀工程设计和考核文明工地，优先考虑采用建筑产业现代化方式施工的项目。在建筑产领域企业综合实力排序中，将建筑产业现代化发展情况作为一项重要指标。建立并定期发布《江苏省建筑产业优质诚信企业名录》，对建筑产业现代化优质诚信企业在资质认定、市场准入、工程招标投标中予以倾斜。（苏政发〔2014〕111号）	

续 表

地区	时间目标	强制规定	奖励政策	文件来源
江西省	2016 年年底前，全省各地试点城市编制完成装配式建筑发展规划，明确发展目标和推进装配式建筑发展的政策措施。其他设区市要研究启动装配式建筑发展规划工作。2018 年，全省采用装配式施工的建筑占新建建筑的比例达到 10%，其中，政府投资项目达到30%。2020 年，全省采用装配式施工的建筑占同期新建建筑的比例达到30%，其中，政府投资项目达到50%。到 2025 年年底，全省采用装配式施工的建筑占同期新建建筑的比例力争达到 50%，符合条件的政府投资项目全部采用装配式施工		（一）加强土地保障。各级国土资源部门要优先支持装配式建筑产业和示范项目用地。符合条件的装配式建筑产业用地享受工业用地政策，纳入工业用地予以保障。 （二）落实招商引资政策。各地应将装配式建筑产业纳入招商引资重点行业，并落实招商引资各项优惠政策。 （三）实行容积率差别核算。实施预制装配式建筑的房地产开发项目，经规划验收合格的，其外墙预制部分建筑面积（不超过规划总建筑面积的3%）可不计入成交地块的容积率核算。 （四）加大财政支持。将装配式建筑关键技术创新研究，根据行业需求纳入年度科技计划项目申报指南，并在同等条件下优先支持。符合条件的装配式建筑生产企业应认定为高新技术企业，按规定享受相应税收优惠政策。 （五）加大财政对符合条件的装配式建筑重点示范市县、产业基地和示范项目给予一定的资金补贴。市县政府对创建国家级和省级装配式建筑产业基地和技术创新有重大贡献的企业和机构可给予适当的资金奖励。	江西省人民政府关于推进装配式建筑发展的指导意见（赣府发〔2016〕34号）

续　表

地区	时间目标	强制规定	奖励政策	文件来源
江西省			（六）落实税费优惠。符合条件的装配式建筑项目免征新型墙体材料专项基金等相关建设类行政事业性收费和政府性基金。符合条件的装配式建筑示范项目可参照重点技改工程项目，享受税费优惠政策。销售建筑配件适用17%的增值税率。提供建筑安装服务适用11%的增值税率。企业开发所发生的新技术、新产品、新工艺所发生的研究开发费用，可以在计算应纳税所得额时加计扣除。研究制定绿色装配式构配件专项财政补贴政策。 （七）加强金融服务。鼓励金融机构加大对装配式建筑产业的信贷支持力度。支持鼓励装配式建筑的种类和范围。拓宽抵质押物的装配式建筑生产各类债券融资，积极拓宽通过发行各类债券融资，积极拓宽融资渠道。对施工的房地产开发项目，反购买装配式住宅的购房者，鼓励各类金融机构、住房公积金管理机构给予优惠。 （八）加大对行业扶持力度。符合条件的装配式建筑项目免缴农民工工资保证金、履约保证金等予以减免。施工企业缴纳的工程质量保证金按预制构件总价作为基数减半计取。采用装配式施工方式建造的商品房项目，符合条	

续 表

地区	时间目标	强制规定	奖励政策	文件来源
江西省			件的优先办理《商品房预售许可证》，其项目预售资管监督资金比例减半。对装配式建筑业绩突出的建筑企业，在资质晋升、评奖评优等方面予以支持和政策倾斜。获得鲁班奖、工程所在地政府奖项的装配式建筑，工程所在地政府可给予适当奖励或补助。对绿色装配件生产和应用装配式构件评价标识信息，将绿色装配件采购、招投标、融资授信息纳入政府采购的采信系统等环节的采信系统。 （九）加强人才引进和培训。积极引进装配式建筑领域的人才，按规定享受有关优惠政策。积极开展适应装配式建筑发展需要的各类人才培训，大力引导农民工转型为建筑产业工人。将装配式建筑专业工种纳入建筑业技能培训范围，符合条件的给予培训补助。装配式建筑骨干企业可以面向全省培训行业技术人才。 （十）加强技术指导。成立由企业、高等院校、科研机构的省装配式建筑专家组成的省装配式建筑专家委员会，负责我省装配式建筑相关规范编制，项目评审、技术论证、性能认定等方面的技术把关和服务指导。 （十一）保障运输通畅。各设区市及交	

续 表

地区	时间目标	强制规定	奖励政策	文件来源
江西省	（三）工作目标。大力推广适合工业化生产的装配式混凝土建筑、钢结构建筑和现代木结构建筑，装配式建筑占新建建筑面积比例逐年提高，每年力争提高3%以上。大力推行新建住宅全装修，城市中心区域住宅原则上全部推行新建住宅全装修，逐年提高成品住房比例。	（六）积极推行工程总承包。装配式建筑原则上应采取工程总承包模式。工程总承包一般采用设计—采购—施工总承包模式。工程总承包或采用施工总承包模式。工程总承包企业要对工程质量、安全、进度、造价负责。设计、开发、施工、生产企业可单独或组成联合体，承接装配式建筑工程总承包项目。鼓励省内一定承接装配式建筑项目时，与当地有一定能力的装配式部品部件生产企业组成联合体	通运输主管部门在所辖区域职能范围内，对运输预制混凝土及钢构品部件的运输车辆，在超宽、超限运输、交通通畅方面予以支持，物流运输、研究制定高速公路通行费减免优惠政策	
辽宁省	到2020年年底，全省装配式建筑占新建建筑面积的比例争达到20%以上，其中沈阳市力争达到35%以上，大连市力争达到25%以上，其他城市力争达到10%以上。到2025年年底，全省装配式建筑占新建建筑面积比例力争达到35%以上，其中沈阳市力争达到50%以上，大连市力争达到40%以上，其他城市力争达到30%以上		三、保障措施 （二）加大政策支持。各地区可根据自身财力状况，给予装配式建筑政策。符合新型墙体材料目录受奖的部品部件的生产企业，可按规定享受增值税即征即退优惠政策。房地产开发企业开发装配式住房开发生的实际开发成本，可按规定在税前扣除。科技部门要支持符合高新技术企业条件的装配式建筑企业享受相关优惠政策。各地区要优先保障装配式建筑部品部件生产基地（园区），项目建设用地。规划部门在出让规划条件中，明确装配式建筑项目应达到30%以上比例。对装配式建筑项目比例的开发建设项目，在办理规划审批时，可根据项目规模不同，允许不超过规划总面积的5%不计入成交地块的容积率核算。具体办法由各市国土资源部门另行制定。国土资源部门在土地出让合同中	辽宁省政府办公厅关于大力发展装配式建筑的实施意见（辽政办发〔2017〕93号）

续 表

地区	时间目标	强制规定	奖励政策	文件来源
辽宁省			要明确相关计算要求。住房公积金管理机构、金融机构对装配式商品住房的，按照差别化住房信贷政策积极给予支持。公安和交通运输部门对运输超大、超宽的预制混凝土构件、钢结构构件、钢筋加工制品等运输车辆在物流运输、交通便利方面给予支持。（省财政厅、省政府金融办、省科技厅、省工业和信息化委、省国税局、省国土资源厅、省住房城乡建设厅、省公安厅、省交通运输厅，各市人民政府按职责分工负责） （三）创新服务举措。对满足装配式建筑要求的商品房项目，在投入开发建设的资金达到工程建设总投资的25%以上并已确定施工进度和竣工交付日期的情况下，可向当地房地产管理部门申请预售许可，领取《商品房预售许可证》，法律法规另有规定的除外。可将装配式预制构件投资计入工程建设总投资额，纳入进度衡量。装配式建筑项目可实行各市结构分段验收，具体办法由各市人民政府制定。（省住房城乡建设厅，各市人民政府按职责分工负责）	

续表

地区	时间目标	强制规定	奖励政策	文件来源
内蒙古自治区	1. 落实阶段发展目标。2020年，全区新开工装配式建筑占当年新建建筑面积的比例达到10%以上，其中，政府投资工程项目装配式建筑占当年新建建筑面积的比例达到50%以上，呼和浩特市、包头市、赤峰市装配式建筑占当年新建建筑面积的比例达到15%以上，呼伦贝尔市、兴安盟、通辽市、乌海市、鄂尔多斯市、巴彦淖尔市装配式建筑占当年新建建筑面积的比例达到5%以上，其余盟市新建装配式建筑的比例达到10%以上，锡林郭勒盟、阿拉善盟装配式建筑占当年新建建筑面积的比例达到5%以上。2025年，全区装配式建筑面积的比例力争达到30%以上，其中，政府投资工程项目装配式建筑占当年新建建筑面积的比例达到70%，呼和浩特市、包头市装配式建筑占当年新建建筑面积的比例达到40%以上，其余市装配式建筑面积的比例力争达到30%以上。	（八）创新建设管理模式。1. 推进装配式建筑工程总承包和部品部件专业化生产供应模式。装配式建筑项目原则上采用工程总承包模式。总承包企业和部品部件专业化生产供应商应采承担相应的工程招投标文件与建筑承百年建筑理念，以"建筑材料与建筑部品同寿命"为总纲建造装配式建筑和部品部件。健全与装配式建筑总承包相适应的发包承包、分包管理、工程计价、质量安全监管、竣工验收等制度。支持大型设计、施工、生产企业通过调整组织架构，健全工程管理体系，向具有工程管理、设计、生产、采购能力的工程总承包企业转型。（十）加大土地保障力度。......在土地供应、开发建设中，可将发展装配式建筑的相关要求纳入拟供宗地规划设计条件，编入供地方案、落实宗地土地使用合同中，作为规划建设许可、工程建设许可、商品房预售地建设项目竣工验收的重要内容。......	（八）创新建设管理模式。2. 完善工程招投标制度。推行设计、施工、生产、设备安装和建筑装修一体化的工程总承包等一体化招标模式。国有资金投资的工程项目在招投标文件中要明确把各类工程项目在招投标文件中要明确把装配式建筑要求作为内容之一，可按照技术复杂类工程项目招标，采取邀请招标方式，简化招投标程序，营造良性竞争的市场环境。（十）加大土地保障力度。各级人民政府要优先保障装配式建筑产业基地和项目建设用地。......生产制造装配式建筑材料、部品部件的产业可采取长期租赁、先租后让，租让结合及弹性出让等供应方式。列入自治区优先发展产业目录的，可以在出让土地时执行自治区工业用地出让最低价标准。（十一）落实财税激励政策。自治区财政通过调整现有相关专项转移支付（包括节能减排、产业发展、科技创新等方面）支出方向、范围，充分运用自治区产业发展基金以及鼓励采取政府和社会资本合作（PPP）模式运用方式，对装配式建筑发展进行支持和奖励。积极探索政府采取购买服务的方式，编制装配式建筑标准规范。各级	内蒙古自治区人民政府办公厅关于大力发展装配式建筑的实施意见（内政办发〔2017〕156号）

续 表

地区	时间目标	强制规定	奖励政策	文件来源
内蒙古自治区	2. 推进一批装配式建筑示范项目。在全区开展装配式建筑示范项目，以政府投资项目为示范引导，其他投资类型项目积极跟进，建成一批技术先进、质量优良、经济适用的装配式建筑示范项目。 3. 培育多个装配式建筑示范盟市。结合各地区不同资源优势，培育多个自治区装配式建筑示范盟市。到2020年，呼和浩特市、包头市成为国家级装配式建筑示范市，培育呼伦贝尔市为国家级木结构装配式建筑示范市，满洲里市建成一个特色鲜明的现代木结构示范小镇。 4. 培育一批产业基地。以包头市钢铁资源、企业为依托，力争培育成国家级钢结构产业化基地；以呼伦贝尔市木材资源、企业为依托，力争培育成国家级装配式现代木结构产业化基地，到2020年，装配式钢结构、现代木结构产业基地基本形成，乌		财政要按照事权划分，积极支持装配式建筑产业发展，有条件的地区可安排专项资金支持本地区装配式建筑产业基地的发展和装配式建筑示范项目的实施。对由企业和科研院所、高等院校等单位为主承担，利用自有资金先行投入到开展转化活动，并已取得化成果达到国内先进水平，转让良好经济效益和社会效益的科技创经评估认定，给予一定比例的后补助资金。全面落实《内蒙古自治区鼓励和支持非公有制经济加快发展若干规定》（内政发〔2016〕80号文件）等各项税收优惠政策，扶持我区装配式建筑产业发展壮大。 （十二）加强金融服务。各级金融机构对自治区内装配式建筑企业、开发项目中装配式建筑比例达到30%以上的开发企业以及装配式部品部件生产企业给予积极的信贷支持。对装配式住宅购房者在政策允许范围内可优先享受较为优惠的放贷条件。 （十三）加大行业扶持力度。装配式建筑项目的农牧民工工资保证金、履约保证金、投标保证金予以免交。各地区要严格执行国家有关商品房预售许可的政策规定，对实施装配式建筑的	

续　表

地区	时间目标	强制规定	奖励政策	文件来源
内蒙古自治区	兰察布市、鄂尔多斯市、乌海市为自治区级装配式混凝土建筑产业化基地，到 2020 年，装配式混凝土建筑基地基本形成全产业链。2025 年，实现装配业成为全区建筑业主要建造方式之一，钢结构建筑、现代木结构建筑规模化推广，现代木结构建筑比例明显提高，形成一批现代装配式建筑规模化生产施工、部品部件规模化生产企业，打造一批具有现代装配式建造水平的工程总承包龙头企业以及与之相适应的具有专业化技能的产业队伍。5. 建立完善的技术、标准规范和监管体系。到 2018 年，初步建立自治区装配式建筑技术、标准规范以及计价依据和质量安全监管依据。到 2020 年，基本形成自治区装配式建筑技术、标准规范以及计价依据和质量安全监管体系。到 2025 年，形成完善的自治区装配式建筑技术、标准规范和监管体系		房地产开发项目，不得制定严于国家的商品房预售许可条件。在相关规划条件审查中，将装配式建筑要求作为内容之一，明确装配式建筑规模，比例等要求。实施装配式建筑的房地产开发项目，实行容积率差别核算，其装配式外墙预制部分建筑面积（不超过规划总建筑面积的 3%）可不计入成交地块的容积率核算。住房城乡建设主管部门要优先推荐采用装配式建筑的工程项目申报鲁班奖、广厦奖、优秀勘察设计奖、草原杯和优质样板工程。 （十四）保障运输通畅。公安、市政和交通运输管理部门对运输超大、超宽的预制混凝土构件、钢结构构件、木结构构件和部品部件等的运输车辆，在物流运输、交通畅通方面高速公路依规给予支持，加快研究制定高速公路通行费减免优惠政策	

续　表

地区	时间目标	强制规定	奖励政策	文件来源
宁夏回族自治区	（三）总体目标 从2017年起，各级人民政府投资的总建筑面积3000平方米以上的学校、医院，养老等公益性建设项目，单体建筑面积超过10000平方米的机场、车站、机关办公楼等公共建筑和保障性安居工程，优先采用装配式方式建造。社会投资的总建筑面积超过50000平方米的住宅小区，总建筑面积（或单体）超过10000平方米的新建商业、办公等建设项目，应因地制宜推行装配式建造方式。 到2020年，全区基本形成适应装配式建筑发展的政策和技术保障体系，装配式建筑占同期新建建筑的比例达到10%。在现有基础上建成5个以上自治区级建筑产业化生产基地，创建2个国家建筑产业化生产基地，培育3家以上集设计、生产，施工为一体的工程总承包企业，或形成一批以优势企业为核心，涵盖全产业链的装配式建筑产业集群。		（九）创新建设管理模式。 1. 推行工程总承包模式。装配式建筑应优先采用工程总承包模式，对采用工程总承包模式建设的装配式建筑，可按照技术复杂类工程项目招投标。工程总承包企业要积极发挥资源和管理优势，对工程质量、安全、进度实行总负责。要健全与装配式建筑工程造价相适应的发包承包、施工许可、分包管理、工程造价，实现工程安全监管、竣工验收等制度，质量建设计、部品部件生产、施工及采购的统一管理和深度融合，优化项目管理方式。 三、政策扶持 （十）加大财政支持。自治区人民政府根据财力情况和装配式建筑示范工程发展需求，在既有财政政策支出中安排资金，用于重点支持国家和自治区级装配式建筑产业基地、装配式建筑产业化集聚区，试点示范工程及绿色建筑等。特别是在装配式建筑技术领域研究方面，要坚持自主创新，以企业为主体组建2家以上自治区级工程（技术）研发中心，增强科技创新在产业发展中的引领作用，并通过自治区	宁夏回族自治区人民政府办公厅关于大力发展装配式建筑的实施意见（宁政办发〔2017〕71号）

续　表

地区	时间目标	强制规定	奖励政策	文件来源
宁夏回族自治区	到 2025 年，基本建立装配式建筑产业制造、物流配送、设计施工、信息管理和技术培训产业链，满足全区装配式建筑的市场需求，形成一批具有较强综合实力的企业和产业体系，全区装配式建筑占同期新建建筑的比例达到 25%。建成 8 个以上自治区级建筑产业化生产基地，创建 3 个以上国家建筑产业化生产基地，培育 5 个以上具有现代建造水平的工程总承包企业或产业联盟，形成 6 个以上与之相适应的设计、施工、部品部件规模化专业生产企业。 （四）分区域实施目标。 1. 重点推进地区：宁东能源化工基地、兴庆区、金凤区、西夏区、贺兰县、永宁县、灵武市、银川市滨河新区。2017 年，装配式建筑占同期新建建筑的比例达到 5% 以上；2020 年达到 15% 以上；2025 年达到 30% 以上。 2. 积极推进地区：大武口区、		重点研发计划和科技基础条件建设项目计划，对装配式建筑技术领域研究项目和自治区工程（技术）研发中心予以扶持。对符合装配式施工的建筑项目，应按年度考核评审等级进行适当奖励，奖励资金在现有财政资金中统筹考虑。对国家和自治区认定的装配式建筑产业基地（集聚地）一次性奖励 100 万元。各市、县（区）人民政府主管部门对于符合条件的装配式建筑材料、新型墙体材料实行即征即退政策；对于符合条件的新型墙体材料生产企业，可按规定从新型墙体材料专项基金中给予奖励。自治区财政应当进一步优化财政资金投入方式，实施贴息等扶持政策，强化资金撬动作用，促进企业加快实现转型升级。 （十一）加强用地保障。各市、县（区）人民政府应根据当地装配式建筑发展规划和目标任务，按照逐年递增的原则，在每年建设用地供地面积总量中，落实一定比例的规划条件装配式建筑，并列入土地出让合同中明确，在土地供应时的装配式建设项目（或规划拨决定书）中。对以招拍挂方式供地的建设项目，在建设项目供地面积总量中保障装配	

续　表

地区	时间目标	强制规定	奖励政策	文件来源
宁夏回族自治区	惠农区、平罗县、利通区、青铜峡市、原州区、沙坡头区、中宁县。2017年，积极开展装配式建筑工程试点示范，开工建设3个以上示范项目；2020年，装配式建筑占同期新建建筑的比例达到10%以上；2025年达到25%以上。 3. 鼓励推进地区：盐池县、同心县、红寺堡区、西吉县、隆德县、泾源县、彭阳县、海原县。2017年，编制完成装配式建筑发展规划，明确发展目标和推进装配式建筑发展的政策措施；2018年，积极开展装配式建筑工程试点示范，开工建设3个以上示范项目；2020年，装配式建筑占同期新建建筑的比例达到5%以上；2025年达到20%		式建筑面积不低于20%；对以划拨方式建设、政府投资的公益性建筑、公共建筑、保障性安居工程，在建建设项目供地面积总量中保障装配式建筑面积不少于30%。 （十二）强化金融服务。各金融机构对纳入装配式建筑优质诚信企业名录的企业加大信贷支持力度，对符合装配式建筑发展政策的项目开发给予信贷支持。金融机构应拓宽建筑企业融资担保的种类和范围，支持以建筑材料、工程设备、技术研发机构优先给予信贷支持，在建工程和应收账款等作为抵（质）押担保的向金融机构融资。对购买装配式商品住房、全装修商品住房需使用住房公积金贷款的用户，住房公积金管理机构应优先放放，并适当上浮贷款额度，公积金贷款的首付比例可按照政策允许范围内的最低首付比例执行。 （十三）落实税费优惠政策。经过国家和自治区统一认定的建筑产业化生产基地、生产销售的部品部件应按销售货物征税；部品部件生产企业以自产部品部件建造建筑物、构筑物的，可按建造建筑施工税目征税，且只在最终环节征税；对采用装配式建造方式建造的项目	

地区	时间目标	强制规定	奖励政策	文件来源
宁夏回族自治区			目和有关企业可按规定享受增值税即征即退优惠政策；对利用工业固体废弃物生产的部品部件比例达到 70% 以上的，可享受增值税 70% 即征即退的政策；对符合新型墙体材料目录规定的部品部件生产企业，可按规定享受增值税即征即退 50% 的政策。对企业用于研究开发新技术、新材料、新工艺的研究开发费用，可按规定实行企业所得税税前加计扣除。 （十四）提供行业支持。各市、县（区）人民政府主管部门要加大对装配式建筑项目建设项目的支持力度。对符合条件的装配式建筑项目，施工企业缴纳的工程质量保证金按预制构件总价作为基数减半计取。允许装配式建筑项目将预制构配件、工业化部品部件投资计入投资总额，纳入人工程建设投资额，所增加的增量成本计入项目建设成本。对完成投资达到 25% 以上，施工进度达到"正负零"后，房地产管理部门应予以办理《商品房预售许可证》。对符合装配式建筑要求的开发建设项目，经规划验收合格的，实行各案别核算，其外墙预制部分建筑面积（不超过规划总建筑面积的 3%）不计入成交地块的容积率核算。	

续表

地区	时间目标	强制规定	奖励政策	文件来源
宁夏回族自治区			算。对获得"鲁班奖""西夏杯""广厦奖"等奖项的装配式建筑，工程所在地政府可给予适当奖励或补助，在评奖评优等方面对装配式建筑予以支持和政策倾斜。支持部品部件生产企业积极申请建建施工专业承包资质、设计资质，打造部品部件生产、设计、施工一体化企业，并将其纳入建筑业企业信用综合评价指标体系，在企业招投标、资质管理、业绩动态考核中予以加分。在诚信平台中予以加分。对运输预制混凝土及钢结构件等超大、超宽部品部件的运输车辆，在物流运输、合理配送、交通通畅方面予以支持、保障运输通畅	
青海省	以西宁市、海东市为装配式建筑重点推进区域，重点发展预制混凝土结构、钢结构装配式建筑，其他地区结合实际，因地制宜发展以钢结构为主的装配式建筑。到2020年，基本建立适应我省装配式建筑的技术体系、标准体系、政策体系和监管体系。全省装配式建筑占同期新建建筑的比例达到10%以	三、重点任务（三）推进装配式建筑项目建设。加强土地、技术、产业、资金、物流等要素保障，促进装配式建筑加快发展。西宁市、海东市要制定装配式建筑年度实施计划。2018年起，划定装配式建筑实施区域。西宁市、海东市装配式建筑项目供地占建筑项目招拍挂土地的比例不少于10%，新建保障性住房每年增长不低于3%，财政资金和国有企业全额投资的建筑工程优先采用装配式建造方式。	四、政策支持（一）优先保障用地。各地区应根据装配式建筑发展目标任务，优先保障装配式建筑项目和装配式产业基地用地供应。……国土部门要研究制定促进装配式建筑产业发展的差别化用地政策。装配式建筑产业基地用地应按照工业用地供地；以出让方式供地的装配式建筑项目，可按土地出让合同约定分期缴纳土地出让金，期限按照国家有关政策规定执行。	青海省人民政府办公厅关于推进装配式建筑发展的实施意见（青政办发〔2017〕141号）

续　表

地区	时间目标	强制规定	奖励政策	文件来源
	上，西宁市、海东市装配式建筑占同期新建建筑的比例达到15%以上，其他地区装配式建筑占同期新建建筑的比例达到5%以上。创建1~2个国家级装配式建筑示范城市和1~2个国家级装配式产业基地	（八）推行装配式建筑工程总承包。装配式建筑原则上应采用工程总承包模式，政府投资工程应带头采用工程总承包。健全完善与装配式建筑工程总承包相适应的发包承包、施工许可、分包管理、工程造价、质量安全监管、竣工验收等制度，实现工程建设各主体责任明确、程序规范。支持大型建筑业企业向具有工程设计、采购、施工、运营维护等能力的工程总承包企业转型。工程总承包企业对工程质量、安全、进度、造价负总责。鼓励成立包括开发、设计、部品生产、物流配送、施工、运营维护等在内的产业联盟，实现产业融合互动发展。 四、政策支持 （一）优化保障用地。……城乡规划部门在编制和修改控制性详细规划时，应增加建造方式的控制内容，在规划实施管理过程中，应将建造方式方面的控制内容纳入规划条件和选址意见书中。……	（二）落实税费优惠。符合高新技术企业条件的装配式建筑部件生产企业，企业所得税税率适用15%的优惠政策。符合新型墙体材料目录的部品部件生产企业，可按规定享受增值税即征即退政策。符合条件的装配式建筑新技术、新工艺、新材料和新设备研究开发费用，可享受加计扣除税收优惠政策。装配式建筑项目施工缴纳的工伤保险、安全生产责任保险、质量保证金以合同总价价值部分作为基数计取，履约保证金可以减半收取。农民工工资保证金、质量保证金…… （三）强化金融支持。鼓励金融机构加大对全省装配式建筑产业的信贷支持力度，拓宽抵押质押品种类和范围，并在贷款额度、期限、利率等方面给予倾斜。推进装配式建筑部件评价价标识信息纳入政府采购、招投标、融资授信等环节的采信系统。鼓励银行业金融机构对购买装配式商品住房或全装修住房的居民住房按照普通商品住房信贷政策给予支持。对购买差别化首套住房积极的家庭，按照差别化住房信贷政策予以支持。住房公积金贷款允许在政策范围内最低首付付比例执行。	
青海省				

续表

地区	时间目标	强制规定	奖励政策	文件来源
青海省			（四）加大政策扶持。装配式建筑建设项目享受绿色建筑扶持政策。采用装配式方式建造的政府投资项目，将建造增量成本纳入建设成本。发展改革部门要在立项阶段对项目申请报告或可行性研究报告对项目报告有关内容进行审查，并对采用装配式方式建造的项目予以扶持。财政部门要充分利用现有相关领域专项资金、基地和项目建设。科技部门要强化装配式建筑领域技术创新，高等院校、科研院所、高等院校和创新型企业与科研院所，支持重点对建造技术难题等以产学研方式联合攻关，符合条件的装配式建筑企业享受战略性新型产业、高新技术企业和创新型企业相关扶持政策。公安和交通运输部门在职能范围内，对合法运输的超大、超宽部品部件运载车辆，在符合有关法律法规相关前提下，尽快办理相关手续。（五）优化发展环境。装配式建筑可按照技术复杂类工程项目招投标，政府投融资的、依法必须进行招标的装配式建设项目，允许采用邀请招标，需采用不可替代的专有技术建造的，可以依法不进行招标。满足装配式建筑要求的商品房项目，墙体预制部分的	

续 表

地区	时间目标	强制规定	奖励政策	文件来源
青海省			建筑面积（不超过规划总建筑面积的3%）可不计入成交地块的容积率核算；同时满足装配式建筑和住宅全装修要求的商品房项目、墙体预制部分的建筑面积（不超过规划总建筑面积的5%）可不计入成交地块的容积率核算。对采用装配方式建设的商品房项目，在办理《商品房预售许可证》时，允许将装配式预制构件投资计入工程建设总投资额，优先建筑、纳入工程评选优秀工程、优质工程、示范工地等，优先考虑装配式建筑项目	
山东省	2017年，全省设区城市规划区内新建公共租赁住房、棚户区改造安置住房等项目全面实施装配式建造，政府投资工程应使用装配式技术进行建设，装配式建筑占新建建筑面积比例达到10%左右；到2020年，建立健全适应装配式建筑发展的技术、标准和监管体系，济南、青岛市装配式建筑占新建建筑比例达到30%以上，其他设区城市和县（市）分别达到25%、	二、重点任务 （一）编制发展规划。编制实施《山东省装配式建筑和钢筋混凝土建筑发展规划（2017—2025年）》，大力发展装配式建筑，在具备条件的地方发展现代木结构建筑，推动建设产业转型升级和绿色发展。各地要尽快开展装配式建筑专项规划编制工作，合理确定总体发展目标和技术体系，明确装配式建筑占新建建筑比例、重点实施区域、产业布局及控制性指标。 （二）完善技术标准。开展装配式混凝土建筑结构体系和预制墙板及连接件、灌浆套筒	（一）强化用地保障。各地在建设用地安排上要优先支持装配式建筑产业。在土地供应时，可将发展装配式建筑的相关项目建设用地列入建设条件意见书中，纳入供地方案，并落实到土地使用合同中。 （二）加大财税激励。各级财政要研究推动装配式建筑发展的政策，对具有示范意义的工程项目给予支持，符合条件的，可参照重点技改工程项目、享受贷款贴息等税收优惠政策。符合新型墙体材料目录的部品部件生产企业，可按规定享受增值税即征即退优	山东省关于贯彻国办发〔2016〕71号文件大力发展装配式建筑的实施意见（鲁政办发〔2017〕28号）

续　表

地区	时间目标	强制规定	奖励政策	文件来源
山东省	15%以上；到2025年，全省装配式建筑占新建建筑比例达到40%以上，形成一批以优势企业为核心，涵盖全产业链的装配式建筑产业集群	等成套关键技术产品研发。及时编制技术导则、技术指南和推广、限制、禁止使用技术产品目录。…… （六）推进一体化装修。实行装配式建筑装饰装修与主体结构、机电设备协同施工，促进整体化装修。推广标准化、集成化、模块化应用，推广菜单式全装修。2017年设区城市新建高层、小高层住宅实行全装修，2020年新建高层、小高层住宅淘汰毛坯房。 （八）推广工程总承包。装配式建筑项目原则上采用工程总承包模式，把项目设计、采购、施工、生产、采购管理、开发、设计、施工、生产、采购能力的工程总承包企业。积极推行工程项目管理或代建模式，健全与装配式建筑总承包相适应的发包承包、施工许可、分包管理、工程造价、质量安全监管、竣工验收等制度。完善招投标制度，装配式建筑可按照专业类工程项目进行招投标。对只有少数企业能够承建的项目，按规定可采用邀请招标；对需采用不可替代的专利或新技术建造的，按照规定可不进行招标。 （九）发展绿色建材，推广使用节能环保新型采用绿色建材。装配式建筑应积极	惠政策。对使用预制墙体部分、新型墙体材料专项基金按规定执行全额返还政策。 （三）完善金融服务。使用按揭贷款购买装配式住宅的，房价款计取金数包含装修费用。使用住房公积金贷款购买装配式住宅，按照差别化住房信贷政策积极给予支持，最高贷款额度可上浮20%，具体由各地确定。鼓励金融机构加大对装配式建筑产业的信贷支持力度，并在贷款额度、贷款期限类和贷款利率等方面予以倾斜，推进装配式部品部件评价标识信息纳入政府采购、招投标、融资授信等环节的采信系统。 （四）加强科技支持。将装配式建筑发展列为省科技创新体系重点内容。发挥重大科技专项和重点项目、科技创新平台对装配式建筑技术产品研发的引导作用。鼓励符合条件的装配式建筑企业申报高新技术企业，全面落实高新技术企业研发费用加计扣除、高新技术企业研发投入等政策。产业基地的企业研发投入符合条件的，按规定给予财政补助。 （五）减轻企业负担。外墙预制部分的	

续表

地区	时间目标	强制规定	奖励政策	文件来源
山东省		建筑材料和高性能节能门窗，实施太阳能建筑一体化，鼓励建筑结构、装饰与保温隔热材料一体化。加强可循环利用绿色建筑材料的研发应用。积极开展绿色建筑材料评价，禁止使用不符合节能环保要求、质量性能差的建筑材料，保证安全、绿色、环保。	建筑面积（不超过规划总建筑面积3%），可不计入成交地块的容积率核算；对符合规定的装配式商品房项目，预售资金监管比例可适当降低。装配式建设项目质量保证金可以扣除预制构件价值部分，农民工工资保证金，履约保证金可以减半征收。各地应将装配式建筑产业纳入招商引资重点行业，并落实各项优惠政策。	
山西省	（一）试点示范期（2017—2018年）。结合我省现有装配式建筑产业发展现状，以太原、大同两市为重点推进地区，鼓励其他地区结合自身实际统筹推进。2017年，太原市、大同市装配式建筑占新建建筑面积的比例达到5%以上，2018年达到15%以上。各地政府投资项目、公共建筑及桥梁，综合管廊等政府投资工程率先采用装配式建造方式，农村、景区宜发展木结构和轻钢结构装配式建筑。	装配式建筑原则上应采用工程总承包模式，可按照技术复杂类项目招投标、工程总承包企业要对工程质量、安全、进度、造价负总责。健全与装配式建筑总承包相适应的发包承包、分包管理，工程造价、质量安全管控、竣工验收等制度。鼓励有工程设计、施工、质量设计、施工、采购总承包能力的工程设计、生产、施工等企业向具有工程总承包能力的工程总承包企业转型。（责任单位：省住房城乡建设厅）	（一）加强组织领导。省人民政府成立分管副省长任组长，住房城乡建设、发展改革、经信、财政、人力资源社会保障、教育、商务、国土资源、国资、国税、地税等部门负责人组成的领导小组，并建立考核机制。领导小组办公室设在省住房城乡建设厅，各市人民政府也要成立相应领导机构，强化落实，严格考核，确保各项政策和推进措施落实到位。（责任单位：省、各市人民政府） （二）加大财政、金融支持。通过政府购买服务的形式对编制装配式建筑系列地方标准，定额给予经费支持。符	山西省人民政府办公厅关于大力发展装配式建筑的实施意见（晋政办发[2017]62号）

续 表

地区	时间目标	强制规定	奖励政策	文件来源
山西省	（二）推广发展期（2018—2020年）。形成一批以设计、施工、部品部件规模化生产企业为核心，贯通上下游产业链条的产业集群。装配式建筑产业基地数量和产能基本满足全省发展需求。到2020年年底，全省11个设区城市装配式建筑占新建建筑面积的比例达到15%以上，其中太原市、大同市力争达到25%以上。 （三）普及应用期（2021—2025年）。自2021年起，装配式建筑占新建建筑面积的比例每年每年提高3个百分点以上，到2025年年底，装配式建造成为我省主要建造方式之一，装配式建筑占新建建筑面积的比例达到30%以上		合条件，认定为高新技术企业的装配式建筑生产企业，按规定享受相应税收优惠政策。企业销售自产的符合《享受增值税即征即退政策的新型墙体材料目录》条件的新型墙体材料，按规定享受增值税即征即退50%的政策。住房公积金管理机构，金融机构对购买装配式商品住房的，按照差别化住房信贷政策积极给予支持，住房公积金贷款首付比例按照政策允许范围内最低首付比例执行。各类金融机构对符合条件的企业要积极开辟绿色通道，加大信贷支持力度，提升金融服务水平。（责任单位：省财政厅、省国税局、省地税局、省住房城乡建设厅、省经信委、省金融办） （三）强化用地、规划保障。城乡规划主管部门要将装配式建筑产业基地建设纳人相关规划，列人战略性新兴产业，优先安排建设用地。规划实施过程中，应当根据装配式建筑发展规划，将建造方式的控制性内容纳人规划条件，优先建设的保障性住房（含配建的保障性住房）优先保障用地。在不改变土地用途的情况下，现有工业用地增加装配式建筑容积率，不再增收土地价款。对主动采用装配	

续 表

地区	时间目标	强制规定	奖励政策	文件来源
山西省			式建造的住宅项目，在办理规划审批手续时，项目预制外墙可不计入建筑面积，但不超过装配式住宅±0.00以上地面面积计容建筑面积的3%。销售及办理产证时，按照现行房屋测绘规定执行。(责任单位：省国土资源厅、省住房城乡建设厅) (四) 加大行业扶持力度。鼓励开展装配式建筑共性、关键技术研究。建立并定期发布省级装配式建筑产业基地、重点企业、示范项目名录，纳入名录的，予以重点支持。评选"太行杯""汾水杯""优良工程""优秀工程设计""标准化工地""建设科技范工程""康居示范工程"等要优先考虑装配式建筑。(责任单位：省房城乡建设厅、省发展改革委、省科技厅) (五) 优化审批服务。住房城乡建设主管部门要开辟装配式建筑工程报建绿色通道，可以采用平方米包干价方式确定工程总造价预算进行施工图合同备案。在办理预售项目中拟预售单幢楼盘预制构件投资计入工程建设总投资额，纳入进度衡量。各级公安和交通运输管理部门在所辖职能范围内，要对合法运输超大、超宽、超长部品	

续表

地区	时间目标	强制规定	奖励政策	文件来源
山西省	装配式建筑的技术体系、标准体系、产业体系建立健全，形成一批设计、施工、部品部件规模化生产企业，专业技术人员能力素质大幅提高，建筑工程管理制度健全规范，建筑方式有效转变。装配式建筑占新建建筑的比例，2020年重点推进地区达到20%以上，2025年全省达到30%以上。	（二）加快推进装配式建筑项目建设。 1. 分类指导推动。按照经济、产业、自然条件和绿色建筑发展等情况，将西安市、宝鸡市、咸阳市、榆林市、延安市城区和西咸新区，作为重点推进地区，渭南市、铜川市城区、杨凌示范区、韩城市，作为积极推进地区，商洛市、汉中市、安康市城区、兴平市、户县、乾县、神木县、靖边县，作为鼓励推动地区。（省住房城乡建设厅，省工业和信息化厅，省国土资源厅按职责分别负责） 2. 明确建设进度。加强土地、资金、物流等要素保障，提高实物工作量。重点推进地区，要适时划定装配式建筑实施区域；2018年起，装配式建筑项目招拍挂土地的比例不少于10%，以后每年度稳步推进地区，装配式建筑规模要持续增长。2017年6月30日起，新建保障性住房项目和财政示范规模要达到一定规模。2017年6月30日起，国有企业全额投资的房建工程政府投资金、国有企业全额投资的房建工程	件的运载车辆，在物流运输、交通畅方面给予支持。（责任单位：省住房城乡建设厅，省公安厅，省交通运输厅） （一）产业政策。优先支持装配式建筑示范城市发展装配式建筑产业，大型建筑业企业向设计、生产、施工一体化方向发展；支持建筑业企业加快实施技改升级；鼓励品生产企业向产品生产升级，商品混凝土、墙材、钢材及钢结构等生产企业向建筑部品部件生产企业转型，实现装配部件生产企业延伸或重组，转移或重新组建各生产要素的流动，省发展筑各生产要素信息化结合。（省工业和信息化厅牵头，省发展改革委配合） （二）财政政策。省级财政对装配式建筑项目建设给予资金支持，补助奖励标准，根据技术与产业发展情况确定，并按照逐年递减原则进行调整，具体办法由省财政厅会同省住房城乡建设厅制定。各地也要出台相应财政支持办法。（省财政厅牵头，省住房城乡建设厅配合） （三）土地政策。实施差别化土地政策，优先保障装配式建筑项目和产业土地供应。对以出让方式供地的装配	陕西省人民政府办公厅关于大力发展装配式建筑的实施意见（陕政办发〔2017〕15号）
陕西省	……到2020年，创建国家级装配式建筑试点示范城市1～2个，省级装配式建筑试点示范城市2～3个			

地区	时间目标	强制规定	奖励政策	文件来源
		应采用装配式建造方式。西安、宝鸡、咸阳、渭南等市要积极推动装配式农房建设。(省发展改革委、省财政厅、省国土资源厅配合)	式建筑项目，可按土地出让合同约定分期缴纳土地出让金，期限按照国家有关政策执行。提高装配式建筑供地效率，鼓励装配式建筑项目利用存量土地和低效利用土地。设区市政府应当根据本行政区域内经济社会及装配式建筑产业的发展区域，适时划定装配式建筑产业实施区域，并明确建筑工程预制装配率等要求。其中，重点推进地区应在 2017 年 12 月 30 日前公布具体实施区域及时间安排。(省国土资源厅负责)	
陕西省		(四) 提高装配式建筑工程质量。3. 推行工程总承包。装配式建筑原则上应采用工程总承包模式，可按照技术复杂类装配式建筑工程总承包与承包类装配式建筑工程总承包招投标。加快健全完善与工程总承包相适应的发包承包、施工许可、分包管理、工程造价、质量安全监管、竣工验收等制度，实现工程设计、部品部件生产、施工及采购的统一管理和深度融合。支持大型骨干的施工和部品部件生产企业向具有工程管理、设计、施工、生产、采购能力的工程总承包企业转型。(省住房城乡建设厅牵头、省发展改革委配合) 4. 推进建筑全装修。积极推广标准化、模块化的装修模式，促进整体厨卫、轻质隔墙等材料、产品和设备管线集成技术的应用，提高装配装修水平。2018 年起，倡导采单全装修。装配式建筑装饰装修，应与主体结构、机电设备协同施工。(省住房城乡建设厅牵头、省工业和信息化厅配合)	(四) 金融政策。鼓励金融机构支持全省装配式建筑产业发展，重点支持集设计、生产、施工于一体的龙头企业和产业链重点企业。建立多元化的融资体系，引导大型企业参与参股、资金投人等形式参与经营、实施扩张，建立融资担保风险补偿机制，吸引社会资本投资。使用住房公积金贷款购买装配式建筑的商品房，公积金贷款额度最高可上浮 20%，具体比例由各市确定。(省金融办牵头、省财政厅、省国税局、省地税局，省住房城乡建设厅、省工业和信息化厅，省金融化厅配合)	

续　表

地区	时间目标	强制规定	奖励政策	文件来源
陕西省			（五）税费政策。符合高新技术企业条件的装配式建筑部品部件生产企业，企业所得税税率适用15%。符合新型墙体材料目录的部品部件生产企业，可按规定享受增值税即征即退。符合条件的装配式建筑新技术、新工艺、新材料和新设备研究开发费用，可享受加计扣除研究开发费用优惠政策。装配式建筑项目施工企业的质量保证金按照以合同总价扣除预制构件总价作为基数乘以2%费率计取取缴纳；劳保统筹费，对参建各方分别予以返还。采用预制墙体的，按照新型墙体材料改革基金使用管理规定，对征收的墙体材料改革基金全部返还；建设单位缴纳的住宅物业保修金以物业建筑安装总造价扣除预制构件总价作为基数乘以2%费率计取。城市基础设施配套费减免，具体由各市确定。（省国税局、省地税局、省科技厅、省住房城乡建设厅按职责分别负责） （六）科技政策。突出企业的创新主体地位，支持生产、施工等装配式建筑企业建设企业技术中心，建立装配式建筑产业技术创新联盟，在高新技术企业认定、创新平台建设等方面给予	

续表

地区	时间目标	强制规定	奖励政策	文件来源
陕西省			重点支持。通过重大专项、科技计划等，充分调动科研人员从事装配式建筑的主动性和积极性，鼓励科研人员以合理方式参与企业研发、生产、经营及利益分配。按照创新链、产业链要求加强装配式建筑统筹和计划，加快创建装配式建筑的工程技术中心、省级重点实验室建设。（省科技厅、省工业和信息化厅按职责分别负责） （七）激励政策。将装配式建筑项目列为设计、施工和监理等企业诚信用评价的重要内容并明确分值，将信用评价结果与招投标、评奖评先、工程招保等挂钩，给予优良企业优先承担工程项目，参与"长安杯"等工程奖项评选等支持。重污染天气Ⅱ级、Ⅰ级应急响应措施发布时，装配式建筑施工安装环节可不停工，但不得从事土石方挖掘、石材切割、渣土运输、喷涂粉刷等室外作业。（省住房城乡建设厅、省环境保护厅按职责分别负责）	
上海市	通过未来五年的努力，建立适应上海特点的装配式建筑制度体系、技术体系、生产体系和监管体系，形成适应装配式建筑发展的市场机制	通过大力推广装配式建筑，加快创建国家装配式建筑示范城市，符合条件的新建建筑全部采用装配式技术，装配式建筑单体预制率达到40%以上或装配率达到60%以上。加大全装修住宅推进力度，	（一）符合绿色建筑运行标识示范的项目，二星级绿色建筑运行标识项目每平方米补贴50元，三星级绿色建筑运行标识项目每平方米补贴100元。 （二）符合装配整体式建筑示范的项目，	《上海市装配式建筑2016—2020年发展规划》 上海市发展和改革委员会发布《上海市

续表

地区	时间目标	强制规定	奖励政策	文件来源
上海市	和发展环境。到2020年，装配式建筑要成为上海地区主要建设模式之一，建筑品质全面提升，节能减排、绿色发展成效明显，创新能力大幅提升，形成较为完善的装配式建筑产业体系，成为全国建筑工业化的引领者	外环线以内新建商品住宅（三层以下的底层住宅除外）实施全装修面积比例达到100%；除奉贤、金山外，其他地区达到50%，奉贤、金山实施全装修面积比例为30%，到2020年达到50%；保障性住房中，公租房100%实施全装修。培育形成2~3个国家级装配式建筑产业示范基地，形成一批具有国际先进水平的关键核心技术和成套技术，培育一批龙头企业，打造具有全国影响力的建筑工业化产业联盟	每平方米补贴100元。 （三）符合既有建筑节能改造示范的项目，居住建筑每平方米受益面积补贴50元；公共建筑单位建筑能耗下降20%及以上的，每平方米受益面积补贴25元；公共建筑单位建筑能耗下降15%（含）至20%的，每平方米受益面积补贴15元。 （四）符合既有建筑外窗或外遮阳节能改造示范的项目，按照窗面积每平方米补贴150元；对同时实施建筑外窗和外遮阳节能改造的，按照窗面积每平方米补贴250元 ……	市建筑节能和绿色建筑示范项目专项扶持办法》（沪建材联〔2016〕432号） 印发《关于促进本市建筑业持续健康发展的实施意见》的通知（沪府办〔2017〕57号）
四川省	到2020年，全省基本形成适应发展装配式建筑的市场机制和发展环境，在全省范围的房屋、桥梁、水利、道路、铁路、隧道、市政管廊、综合管廊等建筑工程等建设中大力发展装配式建筑。全省装配式建筑占新建建筑的30%，装配率达到30%以上，其中五个试点城市装配式建筑占新建建筑35%以上；新建住宅全装修达到50%。	各地要制定推广应用装配式建筑发展规划。大力推广应用装配式混凝土结构、钢结构等建筑结构体系，政府投资项目要率先采用装配式建筑，引导鼓励社会投资项目提高装配式建筑比例。装配式建筑原则上应采用工程总承包模式，可按照技术复杂类工程项目招投标，政府投资工程应当率先采用工程总承包模式	鼓励各地创新支持政策，特别是要结合节能减排、产业发展、科技创新、污染防治等方面政策，加大对装配式建筑的支持力度。在土地供应中，可将发展装配式建筑的相关要求纳入供地方案，并纳入土地出让合同，对土地出让让款可约定分期缴纳。同时，在人居环境奖评选、生态园林城市评估、绿色建筑评价、以及鲁班奖、国家优质工程奖、天府杯评选等方面增加装配式建筑方面的指标要求	四川省人民政府办公厅《关于大力发展装配式建筑的实施意见》（川办发〔2017〕56号）

续　表

地区	时间目标	强制规定	奖励政策	文件来源
四川省	2025年，全省范围推广应用装配式建造方式，建筑品质全面提升，节能减排，绿色发展成效显著，创新能力大幅提升，形成一批具有较强综合实力的企业。装配率达到50%以上的建筑，占新建建筑的40%；桥梁、铁路、道路、综合管廊、隧道、市政工程等建设中，除须现浇外全部采用预制装配。新建住宅全装修达到70%			
天津市	1. 试点示范期（2017年年底前）。政府投资项目，保障性住房和5万平方米及以上公共建筑应采用装配式建筑，建筑面积10万平方米及以上新建商品房采用装配式建筑的比例不低于总面积的30%；开展现代木结构试点项目建设；装配式建筑鼓励实施全装修；在轨道交通、地下综合管廊和桥梁等基础设施建设工程中推进装配式建造，基本形成适应装配式建筑发展的技术标准体系和装配式建筑监管体系，装配式建筑部品部件生	二、重点任务 （三）分类推进项目落地。各区应根据全市总体要求和辖区装配式建筑发展目标，制定装配式建筑和住宅全装修项目年度建设计划，并落实到土地供应计划，建立装配式建筑项目台账和动态监管服务机制。对应采用装配式建筑的项目，建设部门应对项目策划方案提出装配式建筑比例、绿色建筑星级及可再生能源应用等规划条件书或选址意见书，建设部门负责后期监管工作。国土房管部门应将装配式建筑建设要求写入土地出让合同或土地划拨决定书中予以载明。（市建委、市规划、国土房管、发展改革、规划、国土房管、规划管理部门另行制定。（市建	（一）强化科技创新扶持。将装配式建筑技术研究纳入天津市重点研发计划项目征集指南，在同等条件下优先支持。经认定为高新技术企业的装配式建筑企业，减按15%的税率征收企业所得税，装配式建筑企业开发的新技术、新产品、新工艺发生的研究开发费用，可以在计算应纳税所得额时加计扣除。（市科委、市国税局、市地税局按职责分工负责） （二）实行建筑面积奖励。装配式建筑在办理房产不动产登记时，其建筑面积按照房产测绘相关技术规范进行建设，国土房管、规划管理部门另行制定。（建	天津市人民政府办公厅发关于大力发展装配式建筑实施方案的通知（津政办函〔2017〕66号）

续　表

地区	时间目标	强制规定	奖励政策	文件来源
	产能力基本满足装配式建筑建设需求。 2. 试点推广期（2018—2020年）。新建的公共建筑具备条件的应全部采用装配式建筑，滨海新区核心区和中新生态城新建商品住房和商品住宅的保障性住房采用装配式建筑比例达到100%；装配式建筑技术标准体系和监管体系更加完善。 3. 普及推广期（2021—2025年）。全市范围内国有建设用地新建项目具备条件的全部采用装配式建筑；国有建设用地新建住宅实现全装修交付；绿色建材应用比例在装配式建筑中的应用比例达到50%以上；积极引导发展装配式建筑超低能耗绿色建筑、地下综合管廊和桥梁等建设工程具备条件的基本实现装配式建造	设等部门应在项目审批、规划条件（选址）、土地供应、施工图审查、施工许可和验收等环节严格把关，落实装配式建筑和商品住房全装修建设要求。（各区人民政府、市建委、市规划局、市国土房管局、市发展改革委按职责分工负责） （五）推进建筑全装修。大力倡导住宅项目采用装配式全装修，推进装配式建筑项目应提高全装修成品住房全装修交付比例。政府投资项目应率先采用装配式建筑采用装饰装修与主体结构、机电设备一体化设计并协同施工，实现全装修交付；实现全装修交付。房地产开发项目鼓励实施装配化装修，推行菜单式装修方式，满足居民个性化需求。推进整体厨卫、绿色装修材料，设备多功能复合墙体材料、绿色装修技术、集成化技术、装修与墙体保温一体化的规模化应用，提高装配化装修水平。（市建委、市发展改革委、市国土房管局、市工业和信息化委按职责分工负责） （六）推行工程总承包。装配式建筑原则上应采用"设计—采购—施工"（EPC），"设计—施工"（D—B）等工程总承包。工程总承包企业承担组织管理模式，工程总承包企业要建立适应装配式建筑特点的组织机构和质量管控体系，对工程质量、安全、进度、造	委、市规划局、市国土房管局按职责分工负责） （三）加大财税支持力度。结合节能减排、产业发展、科技创新、污染防治等方面政策，加大对装配式建筑的支持力度，市财政要从装配式建筑节能专项资金中安排资金用于装配式建筑项目奖励，滨海新区及各功能区、其他地区装配式建筑专项资金支持本地区装配式建设。符合新型墙体材料目录的纳税人，可按规定享受增值税即征即退优惠政策。完善政府购买装配式建筑职业技能培训人天机制，将装配式建筑职业技能培训纳入天津市年度职业市场需求度及培训完成本目录，参加培训并经考核合格的，按规定享受职业培训补贴。（市财政局、市环保局、市发展改革委、市国税局、市建委、市人力社保局、各区人民政府按职责分工负责） （四）加强行业扶持。依法必须招标的装配式建设项目，可按照技术复杂类的工程项目招投标。采用装配式建筑的工程项目房屋，施工企业承包总包项目首层室内地坪标高目符合达到首层室内地坪标高目符合条件的，可申请办理高目符合条件的，可申请办理首层装配式建预售商品房销售许可证。对装配式建筑业绩突出的建筑企业，在资质晋升、	
天津市				

续 表

地区	时间目标	强制规定	奖励政策	文件来源
天津市		价负总责。政府投资项目应带采用工程总承包模式。深化工程项目管理制度改革，建立健全与装配式建筑总承包相适应的发包承包、施工许可、施工图审查、质量安全监管、竣工验收等建设管理制度，加快推进工程设计、部品部件生产、施工和采购的统一管理和融合发展。（市建委、市发展改革委按职责分工负责）	评奖评优等方面予以支持。（市建委、市国土房管局，市财政局按职责分工负责） （五）加强交通运输保障。对运输预制混凝土及钢构件等超大、超宽预制部件的运输车辆，在公路超限运输许可的运输和交通保障方面给予支持。（市交通运输委、市公安交管局按职责分工负责）	
西藏自治区	形成一个新型产业。创新、完善市场机制和发展环境，加快形成高原装配式建筑、部品部件规模化生产能力。到2020年，全区培育本土装配式建筑龙头企业，引进3家以上国内竞争力的本土装配式建筑企业，引进3家以上国内装配式建筑龙头企业，拉萨市要完成建设4个以上装配式建筑产业基地建设，日喀则市要完成2个以上装配式建筑产业基地建设。 落实阶段发展目标。在以国家投资为主导的文化、教育、卫生、体育等公共建筑、边	（十）推进建筑装修一体化。积极推广标准化、集成化、模块化的装修模式，实行高原装配式建筑装修结构、轻机电设备协同施工。推进整体厨卫、质隔墙等材料应用，提高装配化管线集成化技术的应用，提高装配式装修水平。倡导菜单式装修，满足消费者个性化需求。拉萨、日喀则两市要率先推广装修一体化，鼓励新建商品住宅楼、棚户区改造等项目采用全装修交付。 （十一）推行工程总承包模式。创新项目管理模式，装配式建筑项目原则上采用工程总承包模式，可按照技术复杂类工程项目招投标。民间投资的装配式建筑工程，可由建设单位自主确定发包方式。健全工程总承包制度，提高装配式建筑建设管理水平。培育一批具备工程	（一）加大财政扶持。财政部门对开展装配式建筑技术研究、规划编制利科技推广工等工作予以经费保障，推动我区装配式建筑发展。 （二）加强土地保障。国土、规划等部门要优先支持装配式建筑产业基地、装配式建筑部品部件生产项目用地受工业用地政策，按照国家关于节约集约利用土地的有关规定，以长期租赁、先租后让、弹性出让等方式供应土地。 （三）落实招商引资政策。将符合条件的装配式建筑企业列入招商引资重点企业，享受各项招商引资政策优惠。各地（市）应将装配式建筑产业纳入招商引资产业重点行业，并落实招商引资各项优惠政策。鼓励援藏中央企业优	西藏自治区人民政府办公厅关于推进高原装配式建筑发展的实施意见（藏政办发〔2017〕143号）

续 表

地区	时间目标	强制规定	奖励政策	文件来源
西藏自治区	境地区小康村建设、保障性住房，灾后恢复重建，易地扶贫搬迁、市政基础设施，特色小城镇、工业建筑建设项目中，2020年前，相关装配项目审批部门要选择一定数量可借鉴、可复制的典型工程作为政府推行示范项目。"十四五"期间，相关项目审批部门要确保国家投资项目中装配式建筑占同期新建建筑面积的比例不低于30%	总承包能力的建筑业龙头企业。支持大型设计、施工企业通过调整组织架构，健全管理体系，向具有工程设计、采购、施工能力的工程总承包企业转型	惠供应钢材等建筑材料。 （四）落实税费优惠政策。符合条件的装配式建筑项目按照国家及自治区相关国家及自治事行政审批性收费和政府相关费用按照相关建设类行政事业性收费费用政府按国家、自治区相关规定落实税收优惠政策。 （五）加强金融服务。鼓励金融机构加大对装配式建筑产业链的信贷支持力度，拓宽质押物的种类和范围。对采用装配式施工的房地产开发项目及购买装配式住宅的购房者，鼓励各类金融机构，住房公积金管理机构给予优惠。 （六）加大行业扶持力度。装配式建筑项目鼓励施工总承包。采用装配式方式建造的商品房项目可优先办理《商品房预售许可证》，适当放宽预售资金监管。装配式建筑企业，资质晋升、评奖评优等方面可以予以支持和政策倾斜	
新疆维吾尔自治区	以乌鲁木齐市、克拉玛依市、吐鲁番市、库尔勒市、昌吉市为积极推进地区，其余城市为鼓励推进地区，因地制宜发展混凝土结构、钢结构	（八）推进建筑全装修。实行装配式建筑装饰装修与主体结构、机电设备协同施工。重点推广内装修部品装配式装修技术，积极推广标准化、集成化、模块化的装修模式，促进整体厨卫、轻质隔墙	（十五）加大政策支持 1.财政奖励政策支持。具备条件的城市设立财政专项资金，对新建装配式建筑给予奖励，支持装配式建筑发展。优化保障性住房建设资金使用结构，	新疆维吾尔自治区关于大力发展自治区装配式建筑的实施意见

续表

地区	时间目标	强制规定	奖励政策	文件来源
新疆维吾尔自治区	等装配式建筑。到2020年，装配式建筑占新建建筑面积的比例，积极推进地区达到15%以上，鼓励推进地区达到10%以上。到2025年，全区装配式建筑占新建建筑面积的比例达到30%。同时，逐步完善法律法规、技术标准和监管体系，推动形成一批现代化装配式部件生产企业、具有现代化施工、设计、模块化生产企业、具有现代装配式部品部件生产企业、具有与工程总承包的专业化建造水平之相适应水平及技能队伍	等材料、产品和设备管线集成化技术的应用，提高装配化装修水平。倡导菜单式全装修，满足消费者个性化需求。（责任单位：自治区发改委，质监局，经信委，住房城乡建设厅） （十）推行工程总承包。装配式建筑原则上应采用工程总承包模式。工程总承包企业要对工程质量、安全、进度、造价负责。要健全与装配式建筑总承包相适应的发包与承包、施工许可、分包管理、工程造价、实现工程设计、质量工程安全监督、竣工验收等制度，实现采购的统一管理和深度融合，部品部件生产、优化项目管理方式。鼓励建立装配式建筑产业技术创新联盟，加大研发投入，增强创新能力。支持本地大型设计、施工和部品部件生产企业通过调整组织结构，健全企业管理体系，向具有工程管理、设计、施工、生产、采购能力的工程总承包企业转型。加快培育一批能够集成设计、生产、施工一体化的龙头企业和产业链重点综合实力，发挥资源和技术优势，转型发展装配式建筑。（责任单位：自治区发改委、住房城乡建设厅）	加大对装配式建项目支持力度。（责任单位：自治区财政厅，住房城乡建设厅） 2. 税费优惠政策。对于符合《资源综合利用产品和劳务增值税优惠目录》的部品部件生产企业，可按规定享受增值税即征即退优惠政策。装配式建筑部品部件生产企业，经认定为高新技术企业的，可依法享受企业所得税优惠政策。对于装配式建筑项目减免城市市政基础设施配套费、减收扬尘排污费。（责任单位：自治区发改委、国税局，地税局，环保厅，科技厅，住房城乡建设厅） 3. 金融支持政策。对建设装配式建筑园区、基地、项目及从事技术研发等工作目符合条件的企业，金融机构要积极开辟绿色通道，加大信贷支持力度，优先优惠发放贷款，适当采取贷款贴息等方式，提升金融服务水平。（责任单位：人民银行乌鲁木齐中心支行，自治区住房城乡建设厅） 4. 用地支持政策。在符合当地土地利用总体规划前提下，简化用地审批手续，加强对装配式建筑项目建设的用地保障，享受差别化用地政策。（责任单位：自治区国土资源厅，住房城乡建设厅）	

续 表

地区	时间目标	强制规定	奖励政策	文件来源
新疆维吾尔自治区			5. 规划支持政策。积极试行容积率奖励政策，指导各地根据装配式建筑发展情况，依据城市控制性详细规划，对装配式建筑项目给予不超过3%的容积率奖励。（责任单位：自治区住房城乡建设厅） 6. 科技支持政策。将装配式建筑示范推广项目纳入自治区科技计划项目和支持企业技术改造升级项目。（责任单位：自治区科技厅，经信委，住房城乡建设厅） 7. 评优评奖政策。在人居环境奖评选、生态园林城市评选、绿色建筑评价等工作中增加装配式建筑方面的指标要求。在评选优质工程、优秀工程设计和考核文明工地时，优先考虑装配式建筑	
云南省	（二）工作目标。政府和国企投资、主导建设的建筑工程应使用装配式技术，鼓励社会投资的建筑工程使用装配式技术，大力发展装配式商品房及装配式医院、学校等公共建筑。各地要确定商品房住宅使用装配式技术的比例，并逐年提高。到2020年，	（八）创新项目管理模式。装配式建筑原则上采用工程总承包模式，进一步规范项目招投标工作。工程总承包企业要对工程质量、安全、进度、造价负总责。加快建立和完善与装配式建筑工程总承包相适应的管理机制和制度，鼓励企业之间开展多种形式的合作，整合优势资源，引进先进技术和项目管理经验，鼓励建立装配式建筑产业技术创新联盟，	（十一）财政支持。充分发挥省财政建筑业奖励扶助资金的引导作用，提高各级财政资金的使用效率，依法依规加大对装配式建筑产业发展的支持，有条件的要对装配式建筑示范性工程项目给予支持，对属于政府承担的装配式建筑技术研发和标准规范制定工作，可以通过政府购买服务的方式实施。（省财政厅，	云南省人民政府办公厅关于大力发展装配式建筑的实施意见（云政办发〔2017〕65 号）

续 表

地区	时间目标	强制规定	奖励政策	文件来源
云南省	初步建立装配式建筑的技术、标准和监管体系；昆明市、曲靖市、红河州装配式建筑占新建建筑面积比例达到20%，其他每个州、市至少有3个以上示范项目。到2025年，力争全省装配式建筑占新建建筑面积比例达到30%，其中昆明市、曲靖市、红河州达到40%；装配式建筑的技术、标准和监管体系进一步健全，形成一批装配式建筑产业全产业链的装配式建筑产业集群，将装配式建筑产业打造成为西南先进、辐射南亚东南亚的新兴产业	增强创新能力。支持有条件的企业向工程总承包企业转型。（省住房城乡建设厅牵头；省发展改革委、工业和信息化委、科技厅、商务厅、工商局、各州、市人民政府配合） （九）提升建筑品质。昆明市要在建筑标准、其他装配式建筑在装配式建州、市要全面推广绿色建筑绿色建筑在装配式建筑中的比例，严格执行建筑节能标准，到2020年，全省新建建筑达到绿色建筑采用节能措施，降低建筑能耗，将太阳能一体化集成设计和施工的同施装配式建筑低能耗标准。将太阳能系统纳入施工、避免或减少太阳能对建筑物的外观和功能产生负面影响。推行装配式建筑全装修成品交房，装饰装修与主体结构、机电设备同施工，产品和设备管线卫、轻质隔墙等材料，促进整体厨等标准化、集成化、模块化应用。（省住房城乡建设厅牵头；省发展改革委、工业和信息化委、质监局、各州、市人民政府配合） （十四）土地支持。根据装配式建筑及产业发展要求，保障项目建设用地需求。装配式建筑产业用地，符合土地利用总体规划和城乡规划的，所需新增用地计划指标由各地应保尽保。在土	各州、市人民政府牵头；省发展改革委、工业和信息化委、科技厅、住房城乡建设厅配合） （十二）税收支持。支持拥有建筑技术配套新型建材企业申报高新技术企业，并按照规定享受相应税收优惠。鼓励装配式建筑企业开拓境外建筑安装市场，依法享受增值税退（免）税政策。房地产开发企业开发装配式建筑商品住宅规定在税前扣除。对于购买套首套属于自家的家庭，可享受税收优惠政策。装配式建筑施工企业在缴纳各类规费受受减免政策。装配式建筑质量保证金的，以合同总价扣除预制构件价件的标准执行。（省财政厅牵头；省工业和信息化委、住房城乡建设厅、地税局、省国税局、各州、市人民政府配合） （十三）金融支持。鼓励金融机构加大对装配式建筑产业的信贷支持力度，	文件来源

续 表

地区	时间目标	强制规定	奖励政策	文件来源
云南省		地供应中，要将装配式建筑的发展要求纳入供地方案，并落实到土地使用合同中。(各州、市人民政府，省国土资源厅牵头；省住房城乡建设厅配合)	开辟绿色通道，提供多样化金融服务。鼓励各类社会资本及相关产业投资基金参与装配式建筑产业发展，引导各类风险资本参与装配式建筑产业发展。支持符合条件的装配式建筑企业发行债券，拓宽融资渠道。购买装配式建商品住宅的，金融机构差别化房信贷给予优先支持；使用住房公积金管理机构按照本市住房公积金贷款的，要优先放款。(人民银行昆明中心支行，云南银监局牵头；省金融办、财政厅，工业和信息化委，住房城乡建设厅，各州、市人民政府配合) (十四) 土地支持。根据装配式建筑及产业发展要求，保障项目建设用地需求。……(各州、市人民政府，省国土资源厅牵头；省住房城乡建设厅配合) (十五) 技术支持。组建云南省装配式建筑产业专家委员会，设立建筑设计、部品部件生产、建筑施工，项目管理等专家小组，为装配式建筑的标准编制、项目评审、技术论证、性能认定等工作提供技术支撑和咨询服务。各地要建立专家库，协助企业解决设计、生产，施工过程中存在的难点问题。(省住房城乡建设厅，各州、市人民政府牵头；省教育厅，科技厅配合)	

地区	时间目标	强制规定	奖励政策	文件来源
云南省	（一）实现绿色建筑全覆盖。按照适用、经济、绿色、美观的建筑方针，进一步提升建筑使用功能以及节能、节水、节地、节材和环保水平，到2020年，实现全省城镇地区新建建筑全覆盖，二星级以上绿色建筑占比10%以上。 （二）提高装配式建筑覆盖面。政府投资工程全面应用装配式技术建设，保障性住房项目全部实施装配式建造。2016年全省新建项目装配式建筑面积达到800万平方米以上，其中装配式住宅和公共建筑（不含场馆建筑）面	（一）实现绿色建筑全覆盖。工程全面应用装配式技术建设。政府投资工程全面应用装配式技术建设，保障性住房项目全部实施装配式建造。2016年全省新建项目装配式建筑面积达到800万平方米以上，其中装配式住宅和公共建筑（不含场馆建筑）面积达到300万平方米以上；2017年1月1日起，杭州市、宁波市和绍兴市中心城区出让或划拨土地上的新建项目，全部实施装配式建造。 （六）推广钢结构建筑。发挥我省钢结构建筑产业集聚优势，大力推广钢结构建筑和钢结构住宅建设，加快推进土建筑工混凝土装配式混凝土装配式建筑的融合发展。积极推进装配式建筑的公共建筑，以及车建筑面积超过2万平方米的机场、车站、商场、宾馆、饭店、写字楼等大型	（十六）服务支持。深化"放管服"改革，优化装配式建筑发展的市场环境，激发市场活力。装配式建筑商品房项目在办理《商品房预售许可证》时，可将装配式预制构件投资计入工程建设总投资额。装配式建筑采用不可替代的专有技术，招标投标按规定照章执行。（省住房城乡建设厅牵头；省发展改革委、国土资源厅，各州、市人民政府配合） （一）强化用地保障。各地应根据建筑工业化发展的目标任务和土地利用总体规划、城市（镇）总体规划，在每年的建设用地计划中按下达任务确定的面积，安排专项用地指标、重点保障建筑工业基地（园区）建设用地。对列入省级建筑工业化重点建设项目计划的建筑工业化基地项目，各地应优先安排用地计划指标。 （二）加强财政支持。省财政整合政府相关专项资金，支持建筑工业化发展。各地政府要加大对建筑工业化的投入，重点支持建筑工业化技术创新，基地和装配式建筑项目建设。对城市住房整合满足装配式建筑要求的农村住房整片改造建设项目，给予不超过工程主体改造连片改造造价10%的资金	浙江省人民政府办公厅关于推进绿色建筑和建筑工业化发展的实施意见（浙政办发〔2016〕111号）
浙江省				

续 表

地区	时间目标	强制规定	奖励政策	文件来源
浙江省	积达到 300 万平方米以上；2017 年 1 月 1 日起，杭州市、宁波市和绍兴市中心城区地上的新建项目，全部实施装配式建造；到 2020 年，实现装配式建筑占新建建筑比例达到 30%。 （三）实现新建住宅全装修全覆盖。2016 年 10 月 1 日起，全省各市、县中心城区出让或划拨土地上的新建住宅，全部实行全装修和成品交付，鼓励在建住宅积极实施全装修	公共建筑全面应用钢结构。有序推进轻钢结构农房建设，推动工业建筑和市政钢结构、交通基础设施广泛应用钢结构。积极推动钢结构产业基地建设，形成具有一定规模的建筑钢结构产业集群。大力提升钢结构企业工程总承包能力，实现由专业承包商向系统集成商转变，加快建立钢结构建筑地方技术标准体系和工程计价依据，促进钢结构产业化和规模化	补助，具体补助标准由各设区市政府自行制定。对在预制的墙体部分，经相关部门认定，用预制的新型墙体材料，对征收的墙体改造视同新型墙体材料，建筑利用太阳能、浅层地热能、空气能的，建设单位可以按照国家和省有关规定申请项目资金补助。 （三）加大金融支持。使用住房公积金贷款购买装配式建筑的商品房，公积金贷款额度最高可上浮 20%，具体比例由各地政府确定。购买成品住宅的购房者可按成品住宅总价确定贷款额度。对实施装配式建造的农民自建房，在个人贷款服务、贷款利率等方面给予支持。 （四）实施税费优惠。鼓励和支持企业、高等学校、研发机构研究开发绿色建筑新技术、新工艺、新材料和新设备。开发绿色建筑新技术、新工艺、新材料和新设备发生的研究开发费用，可以按照国家有关规定享受税前加计扣除等优惠政策。对省建筑工业化示范企业、支持符合条件的企业申报享受高新技术企业，经认定后，按规定享受相应税收优惠政策。对于装配式建筑项目，施工企业缴纳的质量保证金以	

续　表

地区	时间目标	强制规定	奖励政策	文件来源
浙江省			合同总价扣除预制构件总价作为基数来以2%费率计取，建设单位缴纳的住宅物业保修金以物业建筑安装总造价扣除预制构件总价作为基数乘以2%费率计取。 （五）鼓励项目应用。满足装配式建筑要求的商品房项目，墙体预制部分的建筑面积（不超过规划总建筑面积的3%～5%）可不计入成交地块的容积率核算；同时满足装配式建筑和住宅全装修要求的商品房项目，墙体预制部分的建筑面积（不超过规划总建筑面积的5%）可不计入成交地块的容积率核算，具体办法由各地政府另行制定；因采用墙体保温技术增加的建筑面积不计入人容积率核算的建筑面积；居住建筑采用地源热泵技术供暖制冷的，供暖制冷系统用电可以执行居民峰谷分时电价。 （六）推行工程总承包。装配式建筑项目应优先采用设计、生产、施工一体化的工程总承包模式。政府投融资的项目，只有少数几家建筑工业化生产企业能够承建的，符合专利或成套装配式技术建造的，需要专利或成套装配式建筑技术建造的，按《中华人民共和国招标投标法实施条例》规定，可以依法不进行招标。	

续　表

地区	时间目标	强制规定	奖励政策	文件来源
浙江省	（一）以上城区、下城区、江干区、拱墅区、西湖区、滨江区、杭州经济开发区为重点推进地区，萧山区、余杭区、富阳区、临安区、大江东产业集聚区为积极推进地区，桐庐县、淳安县、建德市为鼓励推进地区，不断提高装配式建筑占比，到2020	（六）推行工程总承包。装配式建筑原则上应采用工程总承包，工程总承包企业对工程项目管理模式、质量、安全、进度、造价负总责。由政府投融资的装配式建筑项目，如只有少数几家建筑工业化建筑项目符合招标投标的依法必须进行招标的装配式设计、生产、施工企业能承建且符合《招标投标法实施条例》第八条相关规定，允许采用邀请招标。	（七）优化审批服务。对满足装配式建筑要求并以出让方式取得土地使用权、领取土地使用证和建设工程规划许可证的商品房项目，投入开发建设的资金达到工程建设总投资的25%以上，或完成基础施工进度和竣工交付日期的标准，并已确定施工进度和竣工交付日期的情况下，可向当地房地产管理部门办理预售登记，领取商品房预售许可证。在办理《商品房预售许可证》时，法律法规另有规定的除外。允许将装配式预制构件投资计入人工程建设总投资额，纳入进度衡量。10层以上的装配式建筑项目，建设单位可申请单项主体结构分段验收。以上政策支持中所指的装配式建筑是指装配式住宅和公共建筑，不含场馆建筑	
杭州市			四、工作举措 （二）实施税费优惠。获得绿色运行二星、三星标识和国家级绿色建筑创新奖的装配式建筑项目，按照有关规定由市两级财政给予扶持。装配式建筑项目符合杭州市工业化科技统筹资金使用管理有关规定的，企业可向项目所在地的区、县（市）政府相关部门申请本市工业和科技统筹资金。企业	杭州市人民政府办公厅关于推进绿色建筑和建筑工业化发展的实施意见（杭政办函〔2017〕119号）

续　表

地区	时间目标	强制规定	奖励政策	文件来源
杭州市	年，我市装配式建筑占新建建筑的比例均达到30%及以上。 (二)推动形成适应装配式建筑发展的政策、技术保障和建筑工业化发展体系，推动形成一批设计、施工、部品部件生产规模化企业，具有现代装配建造水平的工程总承包企业以及与之相适应的专业化技能队伍。通过调结构转方式，促进装配式建筑质量、品质不断提升，绿色、环保水平明显提高，构建起产业发展新格局，引领我市建筑业发展新常态。 (三)全面贯彻落实《浙江省绿色建筑条例》，出台和实施《杭州市绿色建筑专项规划》，全面推进绿色建筑发展并促进绿色建筑提标。到2020年，杭州市域范围内新建一星级以上绿色建筑占比达到100%，二星级以上达到55%，三星级绿色建筑占比达到10%	四、工作举措 (一)保障项目用地。对明确实施装配式建造的项目，规划部门应在土地规划条件或建设项目选址意见书中明确建筑工业化的有关内容和要求，国土资源部门应在土地出让合同或土地划拨决定书中予以约定	开发绿色建筑新技术、新工艺、新材料和新设备发生的研究开发费用，可以按照国家有关规定享受税前加计扣除等优惠政策。对于装配式建筑项目，施工企业缴纳的质量保证金以合同总价扣除预制构件价值后作为基数乘以2%费率计取，建设单位缴纳的住宅物业保修金以物业建筑安装总造价扣除预制构件总价后作为基数乘以2%费率计取。 (三)加大金融支持力度。通过年度评价激励，引导在杭银行机构加大对装配式建筑项目的支持力度。鼓励银行业、融资租赁企业等金融服务机构，对建筑工业化企业基地建设和引进、消化吸收、自主研发大型专用先进设备的融资额度给予支持，在融资期限及融资利率等方面给予适当优惠。 (四)实施资金奖励。建立并实施建筑绿色运行以奖代拨资金奖励机制。鼓励实施绿色建筑运行标识，对获得绿色建筑运行二星、三星标识和国家绿色建筑创新奖的民用建筑，按照有关规定由市级财政给予资金奖励；支持和激励装配式建筑技术创新，基地与项目建设和开展装配式建筑试点示范	

3 装配式建筑常用类别

目前，装配式主体结构主要有：钢结构和钢筋混凝土结构。

1. 钢结构

建筑钢结构天然就符合装配式建筑特点的结构形式。并且由于构件可以工厂化制作，现场安装，因而可大大减少工期。由于钢材的可重复利用，可以大大减少建筑垃圾，更加绿色环保，因而被世界各国广泛采用，应用在工业建筑和民用建筑中。钢结构作为装配式建筑的一种重要形式，将在未来的中国得到更大的发展。

2. 钢筋混凝土结构

钢筋混凝土结构是指主体结构部分或全部采用预制混凝土构件装配而成。这种建筑的大量建筑部品由车间生产加工完成，构件种类主要有：外墙板、内墙板、叠合板、阳台、空调板、楼梯、预制梁、预制柱等；现场大量的装配作业，而原始现浇作业大大减少；采用建筑、装修一体化设计、施工，理想状态是装修可随主体施工同步进行；设计的标准化和管理的信息化，构件越标准，生产效率越高，相应的构件成本就会下降，配合工厂的数字化管理，整个装配式建筑的性价比会越来越高，符合绿色节能的建筑发展方向，是我国大力提倡的施工方式。

按结构体系，钢筋混凝土结构又可分为装配整体式框架结构、装配整体式剪力墙结构、装配整体式框架－现浇剪力墙结构、装配整体式部分框支剪力墙结构等。

装配整体式框架结构柱竖向受力钢筋采用套筒灌浆技术进行连接，主要做法分为两种：一是节点区域预制（或梁柱节点区域和周边部分构件一并预制），这种做法将框架结构施工中最复杂的节点部分在工厂进行预制，避免了节点各个方向钢筋交叉避让的问题，但是对预制构件的加工精度要求提高，且预制构件尺寸比较大，运输难题凸显；二是梁柱各自预制为线性构件，节点区域现浇，这种做法预制构件规整，但节点区域钢筋相互交叉现象严重。

装配整体式剪力墙结构主要做法有以下几种。

　　部分或全部预制剪力墙承重体系，通过竖缝节点区后浇混凝土和水平缝节点区域后浇混凝土带或圈梁实现结构的整体连接，竖向受力钢筋采用套筒灌浆、浆锚搭接等连接技术进行连接，北方地区外墙板一般采用夹心保温墙板，由内叶墙板、夹心保温层、外叶墙板三部分组成，内叶墙板和外叶墙板之间通过拉结件连接，可实现外装修、保温、承重一体化，该体系可用于高层剪力墙结构。

　　叠合式剪力墙，即将剪力墙从厚度划分为三层，内外两层预制，通过桁架钢筋连接，中间现浇，墙板竖向分布钢筋和水平分布钢筋通过附加钢筋实现间接连接。

　　预制剪力墙外墙模板，即剪力墙通过预制的混凝土外墙模板和现浇部分形成，其中预制外墙模板设桁架钢筋与现浇部分连接，可部分参与结构受力。

　　装配整体式框架——现浇剪力墙结构，即框架部分预制，剪力墙现浇。

4 装配式建筑产业链分工

前面章节明确了装配式建筑是什么、实施装配式建筑的政策、可实施的装配式建筑的结构形式等问题。本章就装配式建筑建设过程中各参建主体（谁来做）和项目管理重点关注点（怎么做）两个方面问题进行简要讨论。

4.1 装配式建筑项目管理

众所周知，建设项目管理，属于通用项目管理理论与方法在建设行业的时间和应用。实践当中，建筑工程项目的组织管理，行业设计、建设、施工各方也探索积累了许多经验。因此，为了更好地对装配式建筑项目管理进行研究，我们从大家熟悉的项目管理理论角度，对装配式建筑项目进行审视，装配式建筑项目管理有以下特点和要求。

4.1.1 装配式建筑的"六化"特征

国务院办公厅《关于大力发展装配式建筑的指导意见》的指导思想中强调："坚持标准化设计、工厂化生产、装配化施工、一体化装修、信息化管理、智能化应用，提高技术水平和工程质量，促进建筑产业转型升级。"

"标准化设计、工厂化生产、装配化施工、一体化装修、信息化管理、智能化应用"的"六化"，高度概括了装配式建筑的特点以及对产业链的整体要求。首先是强调了部品部件的生产环节体现装配式建筑的优势和保证装配式建筑项目的实施，同时对各环节的特点与要求进行了描述。实施装配式建筑项目，必须从产业链和全寿命周期的角度深刻地理解装配式建筑的"六化"特点。

4.1.2 装配式建筑项目管理必须更加重视整合管理

新的项目管理理论，由原来的八大领域，增加为九大领域，新增了项目整合管理（或称为项目集成管理、项目综合管理），足见整合管理在项目管理中的重要地位。

项目整合管理包括为识别、定义、组合、统一和协调各项目管理过程组的各种过程及项目管理活动而进行的各种过程和活动。在项目管理中，"整合"兼具统一、合并、沟通和集成的性质，对受控项目从执行到完成、成功管理干系人期望和满足项目要求，都至关重要。项目整合管理包括选择资源分配方案、平衡相互竞争的目标和方案，以及管理项目管理知识领域之间的依赖关系。

从装配式建筑项目管理来看，装配式建筑相对于一般传统建筑情况更加复杂，并且增加了环节，要重视装配式建筑与传统建筑的区别，深刻理解整合管理的重要性。简单总结装配式建筑项目整合管理要点如下。

1. 各专业设计协同

装配式建筑各专业设计的整合管理，体现在各专业设计协同的强调。不同于传统建筑的先进行建筑结构设计，甚至结构施工过程中再进行装饰、弱电设计的方式，装配式建筑特点要求设计阶段必须在标准化、模数化甚至模块化的基础上联合各专业的技术要点进行协同设计。

首先，方案要实现套型设计的标准化与系列化，从而满足结构构件和各专业部品的"少规格、多组合"设计原则，优化预制构件和部品种类，为发挥工厂化规模生产优势提供前提条件（降低成本、节约工期的关键）。

其次，对于不同专业来讲，对装配式建筑都有不同于传统建筑的技术要求，如果不同期协同考虑这些技术关键点和要求，在建筑结构设计完成后再考虑装饰及其他专业设计，不但影响其他专业部品部件优化效果，还极有可能会缺少必要的预留接口条件导致变更甚至无法实施后续专业工序。

最后，协同设计才能尽快准确地确定各专业基本方案，从而准确地进行成本估算，更重要的是提前对方案进行比较、优化，避免后期由于接口条件等原因无法选择更优的方案。

2. 增加技术策划阶段

装配式建筑项目，在方案设计之前应增加前期技术策划环节。前期技术策划对项目的实施起十分重要的作用，设计单位应充分了解项目定位、建设规模、产业化目标、成本限额、外部条件等影响因素，制定合理的建筑设计方案，提高预制构件的标准化程度，并与建设单位共同确定技术实施方案，为后续的设计工作提供依据。

图 4-1 是《装配式混凝土结构住宅建筑设计示例（剪力墙结构）》（15J939-1）中建设流程的对比图，从中可以看出技术策划在项目工作中的作用以及流程中协同设计的情况。

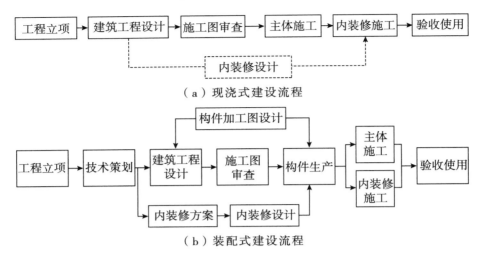

（a）现浇式建设流程

（b）装配式建设流程

图 4 - 1 　**《装配式混凝土结构住宅建筑设计示例（剪力墙结构）》中建设流程的对比**

3. 设计与生产、施工的整合管理

图 4 - 2 是《装配式混凝土结构住宅建筑设计示例（剪力墙结构）》（15J939 - 1）中的设计流程参考图。

从图 4 - 1 和图 4 - 2 可以看出，除了不同专业设计协同外，设计与生产、施工的整合管理（即生产、施工单位协同设计）也是基于装配式建筑特点的管理要求。

首先，目前阶段 PC（混凝土预制件）构件的加工图可能需要设计单位与预制构件加工厂配合完成，并且当前由于统一的标准尚不完善，不同的构件部品厂商的解决方案、产品体系不同，需要设计阶段沟通考虑。

其次，装配式建筑设计要综合考虑技术水平、生产工艺、生产能力、运输条件、管理水平、建设周期等因素。比如，预制混凝土构件要考虑方便加工、运输、提高施工质量、降低施工成本等因素选择适宜的尺寸和重量；其他构配件、部品也存在类似问题。因此，需要生产、施工环节与设计协同，即设计与生产、施工的整合管理是整合管理重点之一。

4. 生产与施工环节的整合管理

生产与施工环节的整合管理，也关系到装配式建筑的顺利实施和质量控制。如：①需要协调结构构件的供货周期、供货顺序、批次；②考虑途经路段和现场情况确定合理运输方式；③考虑吊装方案的构件合理吊件预埋位置设置；④其他专业部品部件生产与总体施工方案配合的深化设计等。生产与施工环节的整合管理不给予重视，极有可能面临退货返工等问题。

5. 不同专业施工的整合管理

装配式建筑很大一部分的优势就体现在建立在干法施工（不一定全部干法）基础上的不同专业工种搭接施工的实现，特别是装修的一体化要求，从而能大幅节省项目总工期，给项目和社会带来效益。因此综合不同专业施工之间施工工艺特点，进行合

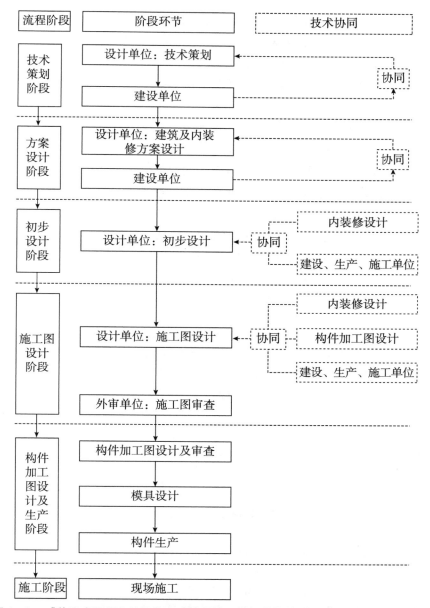

图 4-2　《装配式混凝土结构住宅建筑设计示例（剪力墙结构）》中的设计流程参考

理的时间、工序配合也是项目整合管理的关键部分。

　　不同专业之间需要提供工序接口，对装配式施工来说，接口的合理先后顺序、合理搭接施工、因实际情况可进行的调整尤为重要。

4.1.3　信息化技术的应用

　　装配式建筑中的信息化应用，是装配式建筑特点的要求，同时装配式建筑设计的标准化也为设计中应用 BIM（建筑信息模型化）技术提供了很多的便利。

首先，"六化"中强调信息化管理，同时信息化也是装配式建筑项目整合管理中的有力工具。项目管理软件的应用，尤其是 BIM 应用，是装配式建筑项目整合管理的利器。设计阶段 BIM 模型有利于与各专业设计协同，在形象的可视化模型下优化方案、检查碰撞；有利于生产阶段构件厂家、部品部件厂家深化设计；施工阶段，总包单位可基于 BIM 技术合理安排构件现场布置和安装工序，实现现场"零库存"，特别是关键安装节点安装方案的研讨，合理安排各专业施工搭接，甚至可以用于给施工班组进行技术交底，保障施工质量；BIM 模型更是"智能化应用"中运营阶段维护管理的先进手段。

其次，装配式建筑要求标准化、模块化设计，达到部品标准化、模块化空间、模块化户型、整栋楼的标准化，这种标准化的部品、空间、户型等无疑给 BIM 模型的复用提供了便利，设计单位甚至整个行业中的各个领域，都可以通过不断积累建立标准模型族，提高设计效率和各阶段工作效率。从而促进设计单位更愿意主动去实施 BIM，而不是止于商业宣传或在要求下使用 BIM。

BIM 技术在装配式建筑中的应用原理可参考图 4-3。

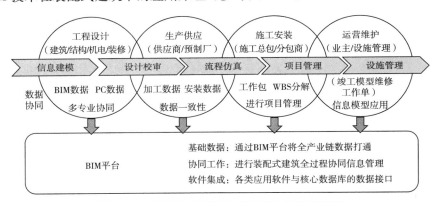

图 4-3　BIM 技术在装配式建筑中的应用原理

4.1.4　装配式建筑与绿色建筑、建筑智能

装配式建筑与绿色建筑的关系是密不可分的。发展装配式建筑，是建筑节能里程中的新阶段，也是绿色建造的重要内容，因为它不仅节约资源、保护环境，而且将带动和促进建筑业的进步。

《国务院办公厅关于大力发展装配式建筑的指导意见》（国办发〔2016〕71 号）："发展装配式建筑是建造方式的重大变革，是推进供给侧结构性改革和新型城镇化发展的重要举措，有利于节约资源能源、减少施工污染、提升劳动生产效率和质量安全水平，有利于促进建筑业与信息化工业化深度融合、培育新产业新动能、推动化解过剩产能。近年来，我国积极探索发展装配式建筑，但建造方式大多仍以现场浇筑为主，装配式建筑比例和规模化程度较低，与发展绿色建筑的有关要求以及先进建造方式相比还有很大差距。……（九）推广绿色建材。提高绿色建材在装配式建筑中的应用比例。开发应用品质优良、节能环保、功能良好的新型建筑材料，并加快推进绿色建材评价。鼓励装饰与保温隔热材料一体化应用。推广应用高性能节能门窗。强制淘汰不符合节能环保要求、质量性能差的建筑材料，确保安全、绿色、环保。"

《绿色建筑行动方案》（国办发〔2013〕1号）："（八）推动建筑工业化……推广适合工业化生产的预制装配式混凝土、钢结构等建筑体系，加快发展建设工程的预制和装配技术，提高建筑工业化技术集成水平。支持集设计、生产、施工于一体的工业化基地建设，开展工业化建筑示范试点。积极推行住宅全装修，鼓励新建住宅一次装修到位或菜单式装修，促进个性化装修和产业化装修相统一。"

《"十三五"装配式建筑行动方案》："（八）促进绿色发展：装配式建筑要与绿色建筑、超低能耗建筑等相结合，鼓励建设综合示范工程。装配式建筑要全面执行绿色建筑标准，并在绿色建筑评价中逐步加大装配式建筑的权重。推动太阳能光热光伏、地源热泵、空气源热泵等可再生能源与装配式建筑一体化应用。"

而装配式建筑的智能化应用，包括建造过程的智能化与使用终端的智能化。装配式建筑作为一种先进的生产方式，理应体现其智能化应用方面的先进性——不只建造过程，还要考虑运营适用阶段的智能化应用。

总之，装配式建筑作为一种先进的生产方式，是绿色建筑推广实施的重要阶段和体现，应注重与其他绿色、节能措施一同应用，并且结合建筑的智能化应用，才能真正体现其先进性，更大地发挥其价值。

4.1.5 全寿命周期、价值工程应用

装配式建筑要与绿色建筑、智能建筑结合发挥完整价值，因此方案的选择阶段，不能仅仅考虑独立的建造阶段，而要从建筑的全寿命周期整体考虑方案的优劣。

不能单独地比较直接建造成本去决策，而要采用价值工程理论，将装配式建筑轻质隔墙增加的可使用面积因素、工期缩短导致的管理成本和资金占用成本节约、智能化应用增量价值导致的售价提高甚至实施装配式绿色智能化建筑对企业的品牌效应提升等因素综合考虑进行价值工程分析，才能正确评估方案的优劣。也就是要综合全寿命周期、价值工程理论科学决策。

4.2 装配式建筑项目产业链分析

装配式建筑项目的整合管理是项目管理成败的关键。下面我们对项目中产业链上下游的参与者进行分析。

4.2.1 装配式建筑产业链分工

装配式建筑产业链分工如图4-4所示。

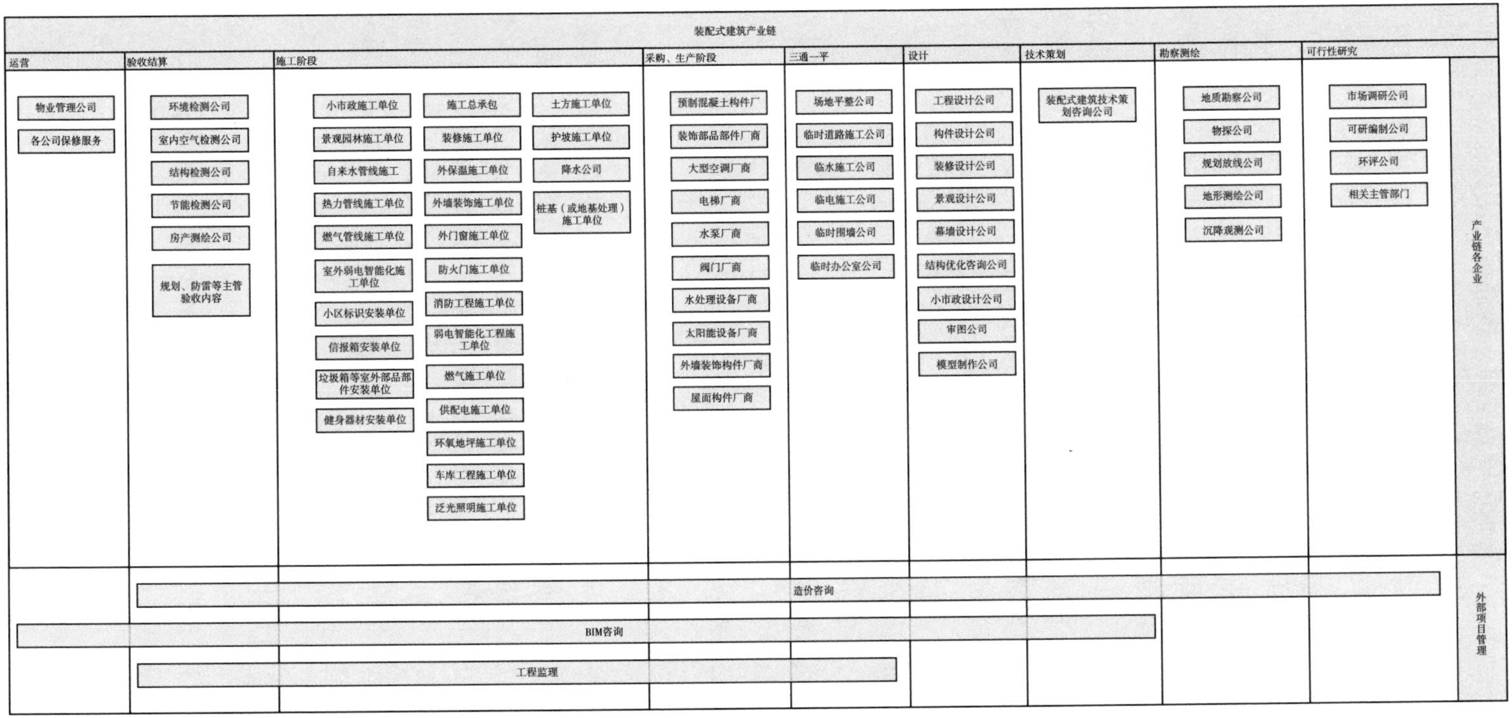

图4-4 装配式建筑产业链分工

图 4 - 4 所示的分工并不是建议的合同分工（虽然实际开发商经常如此），而是根据目前地产传统项目的组织模式，假设由建设单位来组织实施设计、招标、采购、施工并进行项目管理的模式，转化到装配式建筑，分析实施内容的分工图。实际项目不同、管理模式不同，图示内容会有较大不同。

4.2.2　装配式建筑的 EPC 模式

通过总结装配式建筑项目的特点和对产业链企业分析可以看出，整合管理是装配式建筑项目成败的关键，也是装配式建筑项目管理的难点。不同设计专业的协同、不同阶段参与企业的整合管理，对项目管理者的技术能力、控制能力、协调能力、相关经验都提出了更高的要求。

而为了提高协同设计能力，提高施工、生产、设计之间的协调整合能力，EPC（公司受业主委托）模式项目总承包企业在内部协同、沟通上效率更高，选择合适的承包商（或联合体），技术能力、项目经验也会更高。因此对装配式建筑来说，EPC 模式可能是值得探索与推广的一种项目管理模式。

当前推广 EPC 模式的主要问题有以下四方面。

1. 成本问题

EPC 模式建设单位将更多的管理责任和风险转移给了总承包商，总承包商在承担更多责任和风险的同时，因为风险与收益是对等的，可能导致承包商获取了更高的利润而建设单位付出了更高的投资。

2. 潜在项目总承包人的能力问题

目前建筑工程 EPC 的项目案例较少，相应的，有 EPC 项目经验的企业就少。因此需首先面临的问题是，产业链中的哪一个（一类）企业能作为装配式建筑的项目总承包商？设计单位在设计协同方面优势较大，但是对项目采购、施工的整合管理能力没有开发商经验丰富；施工单位大多没有设计资质；设计、施工企业的联合体承包的话，开发商又会担心联合体内部出问题，不如自己整合管理。

3. 合同诚信环境问题

虽然通过多年的政策导向和市场承发包的实践，业内对合同诚信都极为重视。但事实上恶意低价中标取得项目，进场之后无理索赔，动辄以停工威胁的情况仍屡见不鲜。因此房建项目实践中，虽然签署了 EPC 合同，但最终所谓"实事求是"结算，原 EPC 合同形同虚设的情况也不少见。

造成此种情况的原因，一方面是市场竞争激烈，承包企业为了生存有一定不得已因素；另一方面是发包方也缺少共赢思维，总是千方百计将承包方价格压缩到近乎成本价。EPC 的特点要求合同双方必须要严格履约，承包人对自己前期的投标失误要勇于承担，发包人也要认可承包方高风险带来的高收益，不能因此不平衡。

4. 政策法规问题

现行的计价规范中没有适用于 EPC 模式的相关内容。《建设工程工程量清单计价规范》（GB 50500—2013）系列（以下简称《清单计价规范》），适用于建安工程的计价，并且对清单项目的划分较细，EPC 招标计价由于招标阶段前置，并不适用《清单计价规范》。

招标相关政策不明确。如，规定不允许开发商将一个项目肢解发包，那么 EPC 承包企业的发包过程，其是否适用肢解发包的规定，其向下发包的行为是否需要视同于开发商管理呢？

税收政策的不明确，营改增后，目前 EPC 合同中的各工作内容，是否适用于"兼营"的相关规定分别纳税，以对比分别委托降低成本。

总之，EPC 模式的推广，需要尽快明确相关政策法规，引导行业进一步建立诚信市场环境，令行业发承包双方更多地愿意去尝试 EPC 模式，从而使一些企业积累到更多的 EPC 模式的经验。在经验基础上，总承包方能够更准确预估成本，从而报出相对更优惠的价格，开发商对比模式之间投资差异不再十分巨大的情况下，可能更愿意采用 EPC 模式而把精力放到经营策划方面去。这样 EPC 模式就可以进入一个良性发展的轨迹。

系统集成和部品部件典型企业案例

　　建筑工业化是全产业链的工业化，是建筑装配化设计、施工、部品部件生产的集成。建筑工业化发展以"四节一环保"及提高工程质量为目标。目前，国内在设计、施工、部品部件生产等领域已形成一批龙头企业，极大地促进了我国建筑工业化发展进程。下篇主要介绍装配式建筑产业链各行业发展状况及典型企业在装配式建筑方面的技术优势及业务范围，为建设单位投资建设装配式建筑提供指导和参考。

5　标准化设计企业

5.1　相关设计规范、标准

《装配式混凝土建筑技术标准》（GB/T 51231—2016）

《装配式混凝土结构技术规程》（JGJ 1—2014）

《装配式剪力墙住宅建筑设计规程》（DB11/T 970—2013）

《装配式剪力墙结构设计规程》（DB 11/1003—2013）

《预制预应力混凝土装配整体式框架结构技术规程》（JGJ 224—2010）

《装配式劲性柱混合梁框架结构技术规程》（JGJ/T 400—2017）

《装配式建筑评价标准》（GB/T 51129—2017）

《绿色工业建筑评价标准》（GB/T 50878—2013）

国家建筑标准设计图集罗列如下：

《装配式混凝土结构住宅建筑设计示例（剪力墙结构）》（15J939—1）

《装配式混凝土结构表示方法及示例（剪力墙结构）》（15G107—1）

《预制混凝土剪力墙外墙板》（15G365—1）

《预制混凝土剪力墙内墙板》（15G365—2）

《桁架钢筋混凝土叠合板（60mm 厚底板）》（15G366—1）

《预制钢筋混凝土板式楼梯》（15G367—1）

《预制钢筋混凝土阳台板、空调板及女儿墙》（15G368—1）

《装配式混凝土结构连接节点构造（楼盖结构和楼梯）》（15G310—1）

《装配式混凝土结构连接节点构造（剪力墙结构）》（15G310—2）

5.2 行业发展现状

5.2.1 企业资质分类

根据《建设工程勘察设计管理条例》和《建设工程勘察设计资质管理规定》，工程设计资质标准分为四个序列：工程设计综合资质、工程设计行业资质、工程设计专业资质、工程设计专项资质。

建筑工程设计企业资质分为甲、乙、丙三个级别，承担业务范围如下。

（1）甲级。承担建筑工程设计项目的范围不受限制。

（2）乙级。

民用建筑：承担工程等级为二级及以下的民用建筑设计项目。

工业建筑：跨度不超过 30 米、吊车吨位不超过 30 吨的单层厂房和仓库，跨度不超过 12 米、6 层及以下的多层厂房和仓库。

构筑物：高度低于 45 米的烟囱，容量小于 100 立方米的水塔，容量小于 2000 立方米的水池，直径小于 12 米或边长小于 9 米的料仓。

（3）丙级。

民用建筑：承担工程等级为三级的民用建筑设计项目。

工业建筑：跨度不超过 24 米、吊车吨位不超过 10 吨的单层厂房和仓库，跨度不超过 6 米、楼盖无动荷载的 3 层及以下的多层厂房和仓库。

构筑物：高度低于 30 米的烟囱，容量小于 80 立方米的水塔，容量小于 500 立方米的水池，直径小于 9 米或边长小于 6 米的料仓。

5.2.2 行业发展状况

1. 建筑工业化基本概念

建筑工业化，指通过现代化的制造、运输、安装和科学管理的生产方式，来代替传统建筑业中分散、低水平、低效率的手工业生产方式。其运作模式，是用工业化的方式完成建设项目从策划、规划设计、建筑设计、部品部件生产、施工安装、质量监督、工程验收、运营维护直至拆除后循环利用的全过程。建筑工业化的主要标志是建筑设计标准化、构配件生产工厂化、施工机械化和组织管理科学化。装配式建造方式是建筑工业化的具体手段之一，装配式建筑是构件在工厂预制，在工地装配而成的建筑。

BIM 技术是以建筑工程项目的各项信息数据作为基础，建立三维的建筑模型，通过数字信息仿真模拟建筑物所具有的真实信息。

装配式建筑和 BIM 技术相辅相成，通过 BIM 技术的应用，装配式建筑可整合建筑全产业链，实现全过程、全方位的信息化集成，构成了建筑设计企业新兴业务运作和设计模式。

2. 设计行业任务及发展现状

《国务院办公厅关于大力发展装配式建筑的指导意见》提出创新装配式建筑设计的重点任务如下：统筹建筑结构、机电设备、部品部件、装配施工、装饰装修，推行装配式建筑一体化集成设计。推广通用化、模数化、标准化设计方式，积极应用建筑信息模型技术，提高建筑领域各专业协同设计能力，加强对装配式建筑建设全过程的指导和服务。鼓励设计单位与科研院所、高校等联合开发装配式建筑设计技术和通用设计软件。

目前，我国一批人才密集、技术力量雄厚的综合设计研究院，拥有自己的科研中心、建筑产业化设计中心，拥有全专业的 BIM 科研团队，具备雄厚的科研力量及研发投入，能够承接包含战略规划、平台研发、项目实施等多项业务，通过装配式工程项目实施、BIM 设计项目实践，积累了较丰富的装配式建筑设计经验。同时，设计研究院与大学、科研院所、建设集团联合，针对装配式建筑设计、装配式施工关键技术、BIM 技术、建筑产业化新技术、绿色建筑开展多方面研究工作，共同编制国家或地方装配式建筑相关标准和规范，进行核心技术和配套产品技术研究，在理论试验研究和工程实践基础上，形成了一系列建筑产业化新型专利技术。目前已经在装配式混凝土结构技术体系、装配式高层钢结构住宅成套关键技术体系、BIM 和产业化结合的应用等方面取得了一定的成果，极大地促进了我国装配式建筑技术的成熟，推动了工业化产业的发展。

但是，与日本、德国、美国等国家相比，我国大规模建筑工业化推动较晚，建筑工业化施工水准较低、工程经验积累不足，对装配式建筑设计的基础理论研究还有很多欠缺。因此，研究适合我国建筑业行业特点、符合抗震设计要求，并适合我国工业化生产和建筑施工水准的结构体系、设计理论就非常重要；尤其在装配式混凝土结构体系及配套设计理论、构件和连接节点关键技术等方面，需要加强理论和试验研究，针对不同的结构体系建立对应标准，为工程设计提供依据和标准。

在软件研究方面，为适应装配式的设计要求，中国建筑科学研究院编制了装配式住宅设计软件 PKPM – PC，能够实现整体结构分析及相关内力调整、连接设计，在 BIM 平台下实现预制构件库的建立、三维拆分与预拼接、碰撞检查、构件详图、材料统计、BIM 数据直接接力到生产加工设备。北京探索者软件公司建立了探索者全专业 BIM 设计及应用平台，以云平台及三维协同设计管理平台为支撑，提供全专业三维设计的建模、设计、计算、出图、应用 BIM 设计全过程的解决方案。在国际上，内梅切克的设计软件"PLANBAR"和"TIM"适用于预制件建筑和构件设计，物流、生产和安装规划管理，生产和商务数据处理和管理。SAA 软件工程有限公司（澳大利亚国际标准公司）主要研究现代化混凝土预制企业中的综合规划与生产控制系统，在欧洲被广泛应用于规划及生产流程组织管理。

5.2.3 建筑工业化全产业链模式

部分设计研究院依托于集团公司完整的产业链，在建筑产业化领域进行了积极探索与实践，目前与设计结合的建筑工业化全产业链模式可归为以下几种。

（1）开发—设计—生产—施工—运营维护全产业链的咨询设计服务。一般采取设计研究院与集团公司、地产公司联合模式。

（2）设计—生产—建厂咨询设计服务。主要提供 PC 深化设计、PC 构件生产、运输安装、联合建厂、建厂咨询、工艺设计、设备生产安装、培训等服务。

（3）设计—生产—施工—运营服务。多为集设计研发、构件生产、吊装施工及运营服务于一体的、具备工程总承包（EPC）资质的建筑产业化资源服务商。

（4）工程设计—咨询服务。由设计公司、建筑产业化公司、造价咨询公司组成集团化架构。

（5）设计—技术咨询—材料供应服务。配备建筑工业化设计团队，同时集合建筑节能咨询和节能材料供应业务，组成绿色建筑系统集成服务提供商，为开发商、承包商、物业管理及维修商提供建筑全寿命周期的技术咨询服务。

5.2.4 装配式产业设计咨询主要业务

装配式产业设计咨询企业提供的主要业务有以下几方面。

1. 全程一体化设计服务体系

设计公司全过程整合各专业、各咨询供应商，推行一站式服务模式。包括前期方案策划、技术咨询、全过程设计、预制构配件产品深化设计、产品加工、现场施工工艺指导、运营维护。

2. 工程咨询

包括建筑工程前期可行性研究、工程招投标代理、工程设计咨询、设计顾问、设计监理、施工监理、工程项目管理、项目总承包等技术服务项目。

3. 装配式业务

包括技术研发、深化设计与培训、施工咨询、建厂咨询服务等。

技术研发：协同设计系统的建设，预制装配整体式结构技术研究和运用、三维 BIM 技术的研究与运用、设计阶段 BIM 标准完善及项目运用等相关研究，装配式结构体系研发、装配式结构施工材料研发、装配式保温技术研发、装配式新材料研发、工厂管理软件技术研发等。

设计服务：根据建筑方案，提供符合装配式建筑特点的优化建议；根据甲方提供建筑结构图，进行装配式结构拆分设计及构件深化设计。

施工咨询服务：PC 构件采购和供应，装配式项目的预制构件吊装、安装，施工技术指导与技术培训，装配式项目专项 EPC，装配式建筑项目 PC 专项工程管理。

建厂咨询服务：拟建 PC 工厂前期可行性研究、产品规划；厂区总平面规划、设备采购选型、工艺布置、PC 工厂设计和顾问、建筑方案设计；技术人员培训和技术指导；预制构件制作深化设计（采用 BIM 软件技术支持、工厂信息化管理）；构件制作过程中技术咨询服务。

4. BIM 设计与咨询

BIM 设计服务在不同阶段的主要业务如下。

设计阶段：基础建模服务、建筑性能化分析、可视化碰撞检测、净空分析、三维管线综合优化。

施工阶段：进行 BIM 机电深化设计、施工场地模拟、施工方案模拟、精装修配合、施工阶段工程量统计、竣工模型。

预制加工阶段：进行预制构件深化建模、预制构件碰撞检查、BIM 模型导出加工图、预制构件材料统计、预制构件安装模拟、预制构件信息化管理。

运维阶段：进行运维管理方案策划、运维管理平台搭建、运维模型搭建。

BIM 咨询包括项目级 BIM 咨询、企业级 BIM 咨询、BIM 软件二次开发咨询。

5. 绿色建筑咨询与设计

提供从绿色策划、绿色技术咨询、绿色设计到绿色建筑标识申报全过程、一体化的设计服务，实现设计全过程的绿色设计指导。不同阶段的主要业务如下：

（1）项目前期方案阶段，协助甲方完成绿色策略及定位。

（2）项目初步设计阶段，进行建筑物理性能优化模拟分析以及绿色技术专项分析。

（3）施工图设计阶段，进行绿色建筑深化模拟和绿色建筑专项计算，编制绿色建筑设计专篇，实施项目绿色建筑申报计划。

（4）项目评估申报阶段，完成项目绿色建筑申报材料的整理与递交，通过专家评审、答辩，取得绿色建筑标识认证。在后期运行阶段，实施项目绿色运营管理，对管理策略、运行数据进行分析研究，实现项目的绿色建筑目标。

6. 其他业务

其他业务如百年住宅、工业化精装体系设计、产业化住宅研究与设计、建筑物全寿命周期的信息服务等。

5.3 典型企业

5.3.1 清华大学建筑设计研究院

1. 企业介绍

清华大学建筑设计研究院全称清华大学建筑设计研究院有限责任公司，国有独资企业。主要承担民用建筑设计，城镇规划及城市设计，居住区规划设计，风景园林规划及景观设计，室内装饰设计，前期策划、咨询、方案设计等业务。

清华大学建筑设计研究院成立于 1958 年，为国家甲级建筑设计院。2010 年 11 月，获教育部批准进行改制，于 2011 年 1 月 5 日改制为清华大学建筑设计研究院有限公司，注册资本人民币 5000 万元。2011 年 11 月，被批准成为北京市"高新技术企业"。

依托于清华大学深厚广博的学术、科研和教学资源，作为建筑学院、土木水利学院等院系教学、科研和实践相结合的基地，清华大学建筑设计研究院十分重视学术研究与科技成果的转化，规划设计水平在国内名列前茅。2011 年，被中国勘察设计协会审定为"全国建筑设计行业诚信单位"。2012 年 10 月，被中国建筑学会评为"当代中国建筑设计百家名院"。

清华大学建筑设计研究院设有 5 个专项研究分院、8 个建筑工程综合设计所、4 个由院士和国家设计大师领衔的工作室，以及多个单专业设计研究所。作为国内久负盛名的综合设计研究院之一，业务领域涵盖各类公共与民用建筑工程设计、建筑产业化设计与研究、城市设计、居住区规划与住宅设计、详细规划编制、古建筑保护及复原、室内设计、检测加固、前期可研和建筑策划研究以及工程咨询。

近年来，由清华大学建筑设计研究院设计并建成的工程获得省部级以上优秀设计奖达 300 余项，位居全国甲级院前列；完成了中国南极科考站 3 个站点的站房设计工作；主编及参编了多项国家、地方及行业标准；轻钢构架剪力墙结构体系研究课题也已获得发明专利（ZL201010104259.2）；主编了《建筑设计资料集》第二分册，参编了《建筑学名词》；自 2011 年起建立了教育部全日制专业学位硕士研究生联合培养基地；在管理方面也已获得中国（CNAS）和英国（UKAS）质量管理体系认证证书。

2. 企业资质

工程设计建筑行业甲级、城乡规划设计乙级、工程咨询甲级。

3. 技术实力

现有工程设计人员 800 余人，其中国家一级注册建筑师 134 名，一级注册结构工程师 63 名，高级专业技术人员占 40% 以上，人才密集、专业齐全、人员素质高、技术力量雄厚。

4. 装配式建筑方面范围及优势

应对装配式建筑行业蓬勃发展的形势，清华大学建筑设计研究院成立了建筑产业化设计研究分院，专门从事装配式建筑的设计和建筑产业化新技术的研发工作。

目前，建筑产业化分院已承接了大量保障性住房装配式建筑的设计项目。通过多年产业化技术研发和实战经验的积累，建筑产业化分院形成了从项目策划、规划、建筑设计、室内装修直至部品设计等全产业链的设计能力，同时也形成了项目全流程的咨询能力，并将通过项目实施，进一步实现项目总承包（EPC）。

建筑产业化分院除参与多项国家装配式建筑相关标准和规范外，还申请并获得了多项国家发明和实用新型专利，形成了一系列的建筑产业化新型专利技术，包括"轻钢构架固模剪力墙结构技术""预制混凝土空心模剪力墙结构技术""夹模喷涂混凝土夹芯剪力墙建筑技术""预制带凹槽的填充墙板技术""钢网构架住宅产业化技术"等。相关技术已经陆续在项目中设计或实施。

2017年，建筑产业化分院与北京工业大学艺术设计学院合作，共同编制了《北京市保障性住房全装修成品交房实施细则和推荐标准》。通过该细则和标准的编制，建筑产业化分院在装配式建筑室内装修领域又取得了长足的进步。

5. 装配式项目案例（单位及主要人员）

（1）北京市海淀区温泉C03公租房项目（与中联环建文建筑设计有限公司合作）。

规模：3.2万平方米

技术特点：预制楼板＋预制剪力墙＋全装修，预制率53%

工期：2013年开工，2016年竣工

（2）北京市海淀区西北旺C2安置房项目。

规模：10万平方米

技术特点：叠合楼板＋预制剪力墙＋全装修，预制率40%

工期：2017年开工

（3）北京市延庆新城西北片区。

规模：200万平方米

技术特点：叠合楼板＋预制空心模剪力墙＋全装修，预制率40%

工期：2018年开工

（4）北京市海淀区功德寺安置房项目。

规模：20万平方米

技术特点：叠合楼板＋预制空心模剪力墙＋全装修，预制率43%

工期：2018年开工

6. 联系方式

联系人：向新月

电话：18810035012

邮箱：songbing@thad.com.cn

微信公众号：

5.3.2 北京市住宅建筑设计研究院有限公司

1. 企业介绍

北京市住宅建筑设计研究院有限公司（以下简称"北京住宅院"）隶属于北京住总集团，是集团旗下唯一一家甲级设计与科研机构。研究院组建于 1983 年。具有建筑行业建筑工程甲级资质、风景园林工程设计专项甲级资质、城市规划编制乙级资质。2010 年公司被认定为北京市高新技术企业，并与北京工业大学（建筑学院、建工学院）、北京建筑大学、中国矿业大学、天津大学（建筑学院）建立产学研合作及实践教学基地。

北京住宅院作为专业的设计、咨询服务机构，提供从前期策划、规划设计、建筑设计、项目管理到运维管理的全过程设计服务，以及全过程咨询服务，涵盖造价咨询、被动房咨询、LEED（绿色能源与环境设计先锋奖）咨询、结构优化咨询及装配式咨询。

公司自成立以来，共计完成设计项目近 1500 项，建筑面积 3000 多万平方米，规划设计面积近 2000 公顷。获得国家级、部级、北京市级以上优秀设计奖、优秀工程奖和科技成果奖及媒体评选奖项近 200 项，完成各类科研攻关项目 100 余项，参编国标、行标、地标及图集近 20 项。

北京住宅院立足京津冀，在天津、新疆等地设立分支机构，设计足迹遍布天津、河北、山东、江西、浙江、江苏、贵州、陕西、宁夏、新疆、内蒙古等地，境外区域扩展到白俄罗斯、刚果、几内亚、多哥等亚非国家。北京住宅院中高级技术职称、研究生学历人员达半数以上，进入市级以上专家资源库的近百人次，形成高级人才的核心竞争力。

2. 企业资质

工程设计建筑行业（建筑工程）甲级、风景园林工程设计专项甲级、城乡规划编制乙级。

3. 装配式建筑业务优势

（1）具有完善的装配式建筑产业化全产业链。

北京住宅院依托于北京住总集团完整的产业链，其中包括房地产开发、建筑工程设计、新型建材部品制造、建筑施工与装饰、物资经营及物业服务产业配套的"一体化"产业布局，完全覆盖建筑开发经营、住宅设计、建材与部品制造、建筑施工、装饰装修、物资经营、物业售后等产业链条所有环节与建筑全生命周期。经过近年来在住宅产业化领域的积极探索与实践，北京住宅院已经在预制装配式混凝土建筑、预制装配式钢结构建筑以及 BIM 技术在装配式建筑应用领域均具备了全产业链的发展模式。北京住宅院与北京住总集团、北京万科联合注资成立"北京住总万科建筑工业化科技股份有限公司"并选址于顺义区李桥镇建成了部品研发与生产基地。基地以"研发中心、展示中心、体验中心"的定位，打造节能、环保的绿色花园式工业园区，处处彰显着北京住总集团的特色和创新理念，除车间内现代化流水生产线外，办公楼外檐采用自主设计、安装的外檐预制挂板，在场区内建成了国内首个花园式前沿建筑技术集成样板展示群落，预制装配式剪力墙结构、内装工业化与智能家居、钢结构住宅和超低能耗被动式建筑四个样板展示区按照"田字格"型布置，每个展区配以生动翔实的介绍展板，提升了产业化生产与研发基地的整体形象。

（2）具备雄厚的科研力量及研发投入。

北京住宅院拥有科研中心、BIM研究中心、绿建研究中心等多个科研部门，各部门针对BIM、绿色建筑以及内装工业化与装配式建筑的结合展开了多方面的研究工作，包括理论性的课题研究和实际的工程设计，采取以科研促生产、以生产带科研的形式推动北京住宅的科研工作。

（3）具备装配式建筑与BIM技术及被动房的技术集成的研发优势。

北京住宅院参与并主编了多部国家和北京市标准、图集以及文献的编制工作，2014年，设计主编了《装配式混凝土结构表示方法及示例》《钢筋混凝土板式楼梯图集》等国家标准图集，主编《北京市公租房设计导则》的基础上，依据北京市公租房标准图集，选取公租房典型户型及平面，在模数协调、户型组拼、构件类型等专业技术上进行了深入研究和攻关，编绘的模数化组拼形式平面与单元户型满足了住宅产业化建设的需要，受到普遍好评，并在万科金域东郡公租房项目落地实施。针对普通商品住房，北京住宅院联手北京万科，以万科经典户型为蓝本，设计开发了具备产业化实施条件的标准户型，并在万科长阳天地项目中应用。

北京住宅院拥有全专业的BIM科研团队，承接包含战略规划、平台研发、项目实施等多项业务，BIM设计及咨询项目60多项；编写了《建筑工程设计信息模型制图标准》、北京市地标《民用建筑信息模型设计标准》，还为北京城建房地产开发有限公司、天津高银117项目以及院内部编写了BIM技术标准手册和BIM项目实施导则。在预制装配式住宅工程BIM技术应用与研究中，在设计阶段实现了利用标准层建模、参数化族库建设、板件自动拆分散开、编码、出图和算量等BIM技术进行方案汇报和设计交底，掌握了构件完全采用BIM软件绘制、结构配筋并出具设计图纸等整套设计图绘制方法；针对关键安装节点开展了预制构件与现浇节点钢筋自动碰撞检查；在构件生产阶段，自主研发并上线应用了部品生产全过程管理平台（并取得了软件著作权），实现了驾驶舱总控管理，构件信息，钢筋、混凝土、配件、预埋件等材料清单信息通过生产平台直接进入生产线进行排产加工，数据信息一次录入、全程贯通，大幅提升了生产效率和管理深度，管理人员在平台上可检索每个构件的生产情况，每个环节的运行状况，消除了传统生产流程中人工传递信息的差错率，优化材料采购、构件排产、堆放和运输，实现生产成本及时管控和PC构件全生命周期的可追溯。在工程施工阶段，除常规的机电碰撞检查外，采用了可视化交底、场区实景模拟布置等BIM技术手段进行施工组织设计、方案论证以及技术交底、工艺培训等现场必要的管理工作，直观易懂、便于操作人员短时间内掌握标准和要点。

（4）建言献策、合作共赢，共同发展壮大装配式建筑行业。

北京住宅院在时任北京市人民政府副秘书长张维的号召下，积极筹备、组织社会团体"北京市装配式建筑智力联盟"的建设工作，在2016年4月底顺利召开了联盟工作筹备和启动会，5月6日又召开了"联盟专家探讨会"，为北京市政府提交了第一份关于"住宅产业化"的工作报告。6月21日"北京市装配式建筑智力联盟"邀请中国建筑标准设计研究院顾问总工程师李晓明，结合行业政策详细讲解行业标准《装配式混凝土结构技术规程》（JGJ 1—2014），7月19日北京装配式建筑发展智力联盟与北京住宅院共同举办装配式建筑技术交流与培训，重点讲解了北京市推动装配式建筑发展的政策趋势和装配式建筑设计、生产、施工关键技术。北京住宅院连续两届以装配式建筑为主要内容参展"中国国际住宅产业暨建筑工业化产品与设备博览会"。与北新建材、万科集团、金隅集团等知名企业在装配式建筑领域建立了广泛的合作，配合中国绿建委和中建总公司完成了"装配式混凝土结构施工关键技术研究"课题，其中子课题"基于BIM的装配式PC建筑深化关键技术研究"和专项示范"预制装配式剪力墙结构施工安装成套技术研究（高层住宅）"均由北京住宅院牵头并自主完成。北京住宅院与中国建研院合作并参与了国家"十三五"重点课题——"基于BIM的预制装配建筑体系应用技术"。

4. 装配式建筑关键技术研究与住宅产业化介绍

（1）核心技术和配套产品技术。

北京市住宅建筑设计有限公司一直以来积极响应政策要求，钻研装配式建筑技术，形成了较完备的五大技术体系：①坚持模块化、标准化设计理念，完成保障性住房和经济型商品住房户型研发；②预制装配式混凝土结构技术体系，完成预制楼梯、叠合楼板、预制墙板等标准图库；③BIM在住宅产业化应用技术，提供全过程工程信息服务的预制装配式住宅工程仿真建造（BIM）技术体系；④钢结构高层住宅技术体系，达到"技术集成、产品成套"目标；⑤SI内装工业化技术成套体系，北京住宅院依托北京住总集团集开发、设计、部品生产、工程施工、物业运维于一体的综合背景，北京住宅院的装配式建筑设计能力可以综合各阶段的工程需求，全方位地考虑工程建设各阶段的问题，做出对于工程建设整周期来说最优的设计产品。

在预制装配式混凝土结构技术方面，北京住宅院已完成和正在设计、咨询的装配式建筑共计530万平方米，竣工规模130万平方米，掌握了八度抗震区全构件类型的预制装配式剪力墙结构的成套标准化设计技术。为了验证钢筋套筒灌浆技术的可靠性，携手清华大学、北京万科合作完成了国内首例3层9米高、装配式剪力墙结构实体模型进行整体抗震拟动力试验，试验结果证明装配式剪力墙结构具有良好的抗震性能，套筒灌浆技术是安全可靠的，能够在高震区应用。建筑专业方面，进行了高层钢结构住宅外墙外保温系统试验，对ALC外墙板加保温层的外保温效果进行试验测算。

北京住宅院先后主编与参编的标准有：国标图集《装配式混凝土结构表示方法与示例（剪力墙）》、国标《预制钢筋混凝土板式楼梯》《民用建筑钢筋混凝土结构设计图册》。支持的科研课题：装配式预制框架结构成套技术研发；装配式钢异形柱结构科技住宅成套体系研发。参与建设的图库：《楼梯标准图库》《叠合板及节点标准图库》《预制墙板标准图库》。

在装配式钢结构建筑技术方面。北京住宅院在成功实践了晨光家园1号楼钢结构住宅的基础上，再次开展了高层钢结构住宅的研究与实践。黑庄户项目4号楼采用高层装配式钢结构住宅技术体系，工程实践与技术研发相结合，以"技术集成、产品成套"为目标，以工程推动技术、技术服务工程的模式，不断完善装配式钢结构技术在住宅建筑中的应用。

在万科长阳西站项目中实施内装工业化，完整的建筑产品包括整体厨房、整体卫浴、局部管线剥离，减少现场湿作业，部品部件遵循五化合一原则，秉持绿色环保可持续发展方向，对住宅的全生命周期使用有极大的好处，大量减少反复装修产生的建筑垃圾及对结构主体的损坏。

目前设计阶段已经完成了《装配式混凝土结构表示方法及示例（剪力墙）》和《预制钢筋混凝土板式楼梯》国标图集，主编完成了《北京市保障性住房预制装配式构件标准化技术要求》，完成了装配式预制构件拼接缝工艺与防水构造的工程技术研究、飘窗做法优化、剪刀梯预制梯段板及防火隔墙优化、预制外墙板窗下墙构造做法改进、北京市装配式剪力墙结构住宅标准图集等项目（课题）的研究工作，并已经形成了装配建筑系列的标准化图库。同时取得装配式蜂窝型腹板钢梁、装配式预应力蜂窝型腹板钢梁两项专利，并在专业期刊上发表了论文。

目前，正在开展北京市地方标准《钢结构绿色住宅技术规程》以及黑庄户钢结构住宅外墙保温体系试验研究、基于EPC模式的装配式钢结构住宅精益建造集成技术研究与试点示范、高层钢结构住宅技术体系研发、装配式公租房户型设计方法、整体卫浴在住宅全生命周期中的适应性研究、预制坡屋顶（新中式）技术研发、装配式混凝土居住类建筑的模数化应用研究等项目的研究与实践工作。

（2）装配式混凝土结构技术体系。

北京住宅院完成了大量装配式建筑的设计工作，积累了工程经验。适用于装配式建造方式的建筑方案、解决构件部品间的有效拼接、工程实现方式与设计假定的谋合方式是此类建筑形式的关键技术。具体内容有构件拆分的标准化、结构构件的水平锚固连接方式、竖向套筒灌浆连接技术、外墙防水保温技术等，实现装配式建筑模数化、标准化的设计理念，推动建筑产业化进程。

（3）装配式高层钢结构住宅成套关键技术体系。

北京住宅院在"装配式钢结构住宅产业化"建设中加大科技研发与技术集成投入，以黑庄户4#楼项目为契机，大力发展装配式钢结构住宅，继续研发"装配式钢结构住宅产业化"产业链中各技术环节体系，达到"技术集成、产品成套"的技术目标。

（4）BIM 和产业化结合的应用。

在预制装配式住宅工程仿真建造（BIM）技术方面，开展了 BIM 技术在住宅产业化应用课题，设计阶段实现了利用标准层建模、参数化族库建设、板件自动拆分散开、编码、出图和算量等 BIM 技术进行方案汇报和设计交底，掌握了构件完全采用 BIM 软件绘制、结构配筋并出具设计图纸等整套设计图绘制方法；针对关键安装节点开展了预制构件与现浇节点钢筋自动碰撞检查；在构件生产阶段，开展了基于 BIM 技术的项目管理平台研究，其中研发了生产管理平台，实现了驾驶舱总控管理，构件信息，钢筋、混凝土、配件、预埋件等材料清单信息通过生产平台直接进入生产线进行排产加工，数据信息一次录入、全程贯通，大幅提升了生产效率和管理深度，管理人员在平台上可检索每个构件的生产情况，每个环节的运行状况，消除了传统生产流程中人工传递信息的差错率，优化材料采购、构件排产、堆放和运输，实现生产成本及时管控和 PC 构件全生命周期的可追溯。

5. 装配式项目案例

（1）装配式建筑设计案例。

2010 年，设计首个全构件类型的装配预制剪力墙结构实验楼；2012 年，完成了首例具有隔震技术的高层装配式建筑——金域缇香，7#、8#、9#三栋楼实施全装配预制剪力墙结构体系，8#、9#楼标准层预制率 36.7%；7#楼标准层预制率 56.6%，突破性地设计了基础隔震体系，是国内首例隔震技术与住宅产业化技术结合的实际工程，通过隔震技术减少地震力 65%，实现 8 度抗震设防区按 7 度设计。（该技术能够降低上部结构的地震反应，简化高烈度抗震设防地区装配整体式剪力墙结构 PC 墙板间的竖向和水平连接节点构造）。

2014 年，完成了万科长阳西站全项目采用装配式剪力墙结构建造的工程设计，其中的 11 层小高层住宅，从首层开始即采用了装配式预制墙体；2015 年完成了中铁花语金郡项目 15#、16#楼的全装配式建筑设计；2016 年完成了首开亦庄 X13 地块公租房项目全装配式建筑设计，该项目与北京住宅院下属施工企业和构件生产企业合作，对装配式建筑的全产业链信息集成、传递及各工程阶段的协同配合进行实践，并取得了一些成果。

（2）装配式高层钢结构住宅。

正在施工的黑庄户项目 4#楼采用了装配式高层钢结构体系，该建筑单体总建筑面积 27904.88 平方米，地上 28 层，地下 2 层，层高 2.8 米，檐口高度 78.9 米。建筑呈一字形正南北向布置，由 3 个标准单元组成，一梯四户，东西总长 68.60 米，南北总宽 14.80 米。主体结构为钢管混凝土框架—支撑结构，结构总高度 78.76 米，高宽比 5.3。楼板体系采用钢筋桁架楼承板，单平方米用钢量 104.33 千克/平方米，钢结构地上部分用钢量共计约 2786.84 吨。

（3）BIM 技术在住宅产业化项目应用案例。

北京万科长阳西站产业化居住项目，业主为北京五和万科房地产开发有限公司，建筑类型为居住类建筑，建筑面积 11397.64 平方米。

北京金域缇香产业化居住项目，业主为北京万筑房地产开发有限责任公司，建筑类型为居住类建筑，建筑面积 42531.15 平方米。

6. 联系方式

地址：北京市东城区东总布胡同 5 号

邮编：100005

网站：www. zzjz. com；www. brdr. com. cn

市场部电话：010 - 85295901

6 装配式施工总承包企业

6.1 相关施工规范、标准

《混凝土结构工程施工规范》（GB 50666—2011）

《装配式混凝土结构技术规程》（JGJ 1—2014）

《钢筋套筒灌浆连接应用技术规程》（JGJ 355—2015）

《混凝土结构工程施工质量验收规范》（GB 50204—2015）

《钢筋机械连接技术规程》（JGJ 107—2016）

《夹模喷涂混凝土夹芯剪力墙建筑技术规程（2017 年版)》（CECS 365—2014）

《固模剪力墙结构技术规程》（T/CECS 283—2017）

《装配式建筑工程消耗量定额（征求意见稿)》

6.2 行业发展现状

6.2.1 装配式 PC 建筑结构体系

装配式钢筋混凝土结构是我国建筑结构发展的重要方向之一，它有利于我国建筑工业化的发展，提高生产效率节约能源，发展绿色环保建筑，并且有利于提高和保证建筑工程质量。

我国装配式混凝土结构按竖向体系不同可分为：装配式剪力墙结构体系、框架结构体系、框架—剪力墙结构体系三种类型。根据《装配式混凝土结构技术规程》（JGJ 1—2014）要求，装配式 PC 结构设计采用"等同现浇"理论，目前已发展了与其一致的施工配套技术。

由于装配式 PC 住宅的推广建设，目前装配式剪力墙体系应用规模最广。装配式剪力墙体系又分为装配整体式剪力墙结构体系和内浇外挂剪力墙体系。按照墙体类型不同，又分为叠合剪力墙体系（三明治结构）、现浇剪力墙配预制外挂墙板结构体系。装配式剪力墙体系的主要技术特征在于剪力墙构件之间的接缝连接形式，剪力墙水平接缝连接技术主要有套筒灌浆连接技术、波纹管浆锚搭接技术、螺旋箍筋约束浆锚搭接技术、套筒灌浆和浆锚搭接混合连接技术。

装配式混凝土框架结构体系根据构件形式和连接形式分为两种类型：框架柱现浇、梁楼板和楼梯预制，框架梁、柱、楼板全部预制。采用框架梁柱全部预制的结构体系，后浇区可设在梁柱节点区或梁柱跨内受力较小部位，目前规范推荐应用较多的是世构体系。装配式框架结构结合钢支撑或节能减震装置，可有效提高结构抗震性能。

框架剪力墙结构体系根据预制构件部位不同分为三种类型：装配整体式框架—现浇剪力墙结构、装配整体式框架—现浇核心筒结构、装配整体式框架—剪力墙结构。

装配式 PC 结构水平楼盖体系主要有叠合板楼盖、预应力双 T 板楼盖、预应力空心板楼盖三种类型。根据楼盖跨度不同选用，住宅建筑多采用叠合楼盖体系。

实际工程根据项目特点、当地预制产品类型及装配式施工能力不同，选用不同的装配式结构体系，建筑装配率一般在 15% ~ 80%。

6.2.2 装配式 PC 施工行业发展现状

1. 企业资质分类

建筑业企业资质分为三大序列，分别为施工总承包、专业承包和施工劳务三个序列。

施工总承包是指建筑工程发包方将施工任务（一般指土建部分）发包给具有相应资质条件的施工总承包单位，施工总承包序列设有 12 个类别，建筑工程施工总承包为其中之一，按资质分为特级、一级、二级、三级 4 个等级。

专业承包序列设有 36 个类别，分为一级、二级、三级 3 个等级。

施工劳务序列不分类别和等级。

2. 政府鼓励政策

《国务院办公厅关于大力发展装配式建筑的指导意见》（以下简称《指导意见》）对提升装配施工水平提出如下要求：引导企业研发应用与装配式施工相适应的技术、设备和机具，提高部品部件的装配施工连接质量和建筑安全性能。鼓励企业创新施工组织方式，推行绿色施工，应用结构工程与分部分项工程协同施工新模式。支持施工企业总结编制施工工法，提高装配施工技能，实现技术工艺、组织管理、技能队伍的转变，打造一批具有较高装配施工技术水平的骨干企业。

《指导意见》对推行工程总承包提出如下要求：装配式建筑原则上应采用工程总承包模式，可按照技术复杂类工程项目招投标。工程总承包企业要对工程质量、安全、进度、造价负总责。要健全与装配式建筑总承包相适应的发包承包、施工许可、分包管理、工程造价、质量安全监管、竣工验收等制度，实现工程设计、部品部件生产、施工及采购的统一管理和深度融合，优化项目管理方式。鼓励建立装配式建筑产业技术创新联盟，加大研发投入，增强创新能力。支持大型设计、施工和部品部件生产企业通过调整组织架构、健全管理体系，向具有工程管理、设计、施工、生产、采购能力的工程总承包企业转型。

住房和城乡建设部从 2006 年 6 月开始正式实施"国家住宅产业化基地"建设，其目的是通过产业化基地的建立，培育和发展一批符合住宅产业现代化要求的产业关联度大、带动能力强的龙头企业，发挥其优势，集中力量探索住宅建筑工业化生产方式，研究开发与其相适应的住宅建筑体系和通用部品体系，建立符合住宅产业化要求的新型工业化发展道路，促进住宅生产、建设和消费方式的根本性转变。国家住宅产业化基地主要企业类型之一即为开发企业联盟型（集团型），如浙江宝业集团股份有限公司、湖南三一集团有限公司、江苏龙信建设集团有限公司、上海宝业集团股份有限公司等。

各省市为推动本省装配式建筑发展，纷纷开展本省市住宅产业化基地建设，并积极组织"装配式建筑施工企业名录"录入与发布工作，对符合条件企业提供相应的扶持政策。2013—2017 年，全国装配式住宅建设量已近 1 亿平方米。

3. 行业发展状况

（1）装配式建筑施工企业。

装配式建筑施工企业可分为建筑科技公司、建设集团公司两大类型。建筑科技公司包括传统的工程总承包综合性建筑施工企业，以及专业从事各类工业化建筑、装配式建筑施工安装的企业。集团公司一般是集建筑产业化研发、设计、生产、销售、物流、施工、安装和建筑物联为一体的建筑产业化企业，一般拥有设计院、技术研发中心、PC 构件工业化生产基地、具有施工总承包特级或一级资质，能够实现建筑产业现代化的建筑标准化设计、部品工厂化生产、现场装配化施工、结构装修一体化、过程信息化管理全过程服务。随着国家住宅工业化的推动，近年发展了一批住宅产业化集团公司，在成品住宅总承包施工管理、预制构件生产、预制装配建筑施工等方面积累了一定经验。

但是，各施工企业均需在装配式工程管理、企业经营、专业人员培养等方面加大力度，增强企业持续盈利能力，以促进整个装配式行业的可持续发展。

（2）装配式建造与质量控制。

采用装配式建造方式，能够提高构件尺寸精度，减少模板和脚手架作业，减少现场湿作业，降低施工噪声和粉尘污染，提高施工安全性；能够实现立体交叉作业，减少施工人员，提高工效、降低物料消耗、减少环境污染，为绿色施工提供保障。目前，一些装配式建筑施工企业在构配件标准化制作、建筑结构机电集成、BIM 管理，装配化施工组织与管理、安装施工技术领域做了有益的探索和实践。

装配式建造的技术难点在于装配式建筑建造各阶段（设计、构件生产、运输吊装、现场安装）的技术协同、标准统一和建造过程的高效管理。在装配化施工技术方面，根据不同地域不同结构特点，需要重点解决构件连接技术、定型化安全支撑技术、管线预埋等技术难题；在施工能力方面，应提升大型构件制作、运输、吊装能力；在工程质量安全管理方面，应提高施工管理组织水平、加强施工过程管理，完善施工质量保证体系，确保施工质量和施工高效。

《指导意见》提出：完善装配式建筑工程质量安全管理制度，健全质量安全责任体系，落实各方主体质量安全责任。加强全过程监管，建设和监理等相关方可采用驻厂监造等方式加强部品部件生产质量管控；施工企业要加强施工过程质量安全控制和检验检测，完善装配施工质量保证体系。加强行业监管，明确符合装配式建筑特点的施工图审查要求，建立全过程质量追溯制度，加大抽查抽测力度，严肃查处质量安全违法违规行为。

为加强装配式建筑施工现场安全管理，指导装配式建筑结构施工，保障工程生产安全，各地配合编制装配式建筑施工规程。如湖北省编制了地方标准《装配式建筑施工现场安全技术规程》（DB42/T 1233—2016），合肥市工程建设技术标准《装配式混凝土结构施工及验收导则》（DBHJ/T 014—2014）、《装配整体式建筑预制混凝土构件制作与验收导则》（DBHJ/T 013—2014）。

6.3 典型企业

以下企业为入选国家住宅产业化基地的施工总承包企业：

宝业集团股份有限公司

万华实业集团有限公司

哈尔滨鸿盛集团

山东万斯达集团公司

新疆华源实业（集团）有限公司

三一集团有限公司

新疆德坤实业集团有限公司

卓达集团

威海丰荟集团有限公司

南京栖霞建设股份有限公司

黑龙江省建设集团有限公司

黑龙江宇辉建设集团

中南控股集团有限公司

上海城建（集团）公司

江苏龙信建设集团

中国二十二冶集团有限公司

南京大地建设集团有限责任公司

沈阳万融现代建筑产业有限公司

潍坊天同宏基集团股份有限公司

南通华新建工集团有限公司

北京住总集团有限责任公司

福建建超建设集团有限公司

内蒙古蒙西建设集团有限公司

中天建设集团有限公司

中国建筑第七工程局有限公司

中国建筑第三工程局有限公司

7 装配式装修施工企业

7.1 相关施工规范、标准

《装配式装修技术规程》（QB/BPHC ZPSZX—2014）

《装配式建筑评价标准》（GB/T 51129—2017）

《绿色保障性住房技术导则（试行）》（LSDZ—2013）

《住宅整体厨房》（JG/T 184—2011）

《住宅整体卫浴间》（JG/T 183—2011）

《住宅卫生间功能及尺寸系列》（GB/T 11977—2008）

《住宅厨房及相关设备基本参数》（GB/T 11228—2008）

7.2 行业发展现状

7.2.1 装配式建筑装饰技术概念

全装修：是指通过一体化设计、产品配套部品生产、专业化施工、系统化管理、网络化服务等，提供住宅装修整体解决方案，与住宅建筑体系配套。即开发商在交付前，住宅内所有功能设施完备，达到拎包入住状态。

装配式装修：装配式装修是将工厂生产的部品部件在现场进行组合安装的装修方式，主要包括干式工法楼（地）面、集成厨房、集成卫生间、管线与结构分离等。

绿色装修：是指在对房屋进行装修时采用环保型的材料来进行房屋装饰，使用有助于环境保护的材料，把对环境造成的危害降到最小。

整体家居：整体家居是从居室结构、功能、线条、色彩、空间的整体规划，到装饰材料、电器、灯具、洁具、厨柜、家具等的统筹安排，进行全方位、立体化施工的家装新概念。

智能家居：智能家居是在物联网的影响之下物联化的体现。智能家居通过物联网技术将家中的各种设备连接到一起，提供家电控制、照明控制、窗帘控制、电话远程控制、室内外遥控、防盗报警、环境监测、暖通控制、红外转发以及可编程定时控制等多种功能和手段。

互联网＋应用：装修一站式服务互联网平台，提供5D全生命周期管理（3D模型＋时间＋成本），实现装饰全流程工期可预计、施工可视化、成本可管控；利用BIM智能工程控制系统，将业主、设计师、工人、供应商实现无缝对接，信息共享。

7.2.2 装修行业发展现状

1. 企业资质分类

建筑装饰装修工程专业承包企业资质分为一级、二级两个等级，工程承包范围如下。

一级企业：可承担各类建筑装修装饰工程，以及与装修工程直接配套的其他工程的施工。

二级企业：可承担单项合同额2000万元以下的建筑装修装饰工程，以及与装修工程直接配套的其他工程的施工。

建筑装饰设计资质设甲、乙、丙三个级别，业务范围如下。

（1）甲级建筑装饰设计单位：承担建筑装饰设计项目的范围不受限制。

（2）乙级建筑装饰设计单位：承担民用建筑装饰设计等级二级及二级以下的民用建筑工程装饰设计项目。

（3）丙级建筑装饰设计单位：承担民用建筑工程设计等级三级及三级以下的民用建筑工程装饰设计项目。

2. 政府鼓励政策

《国务院办公厅关于大力发展装配式建筑的指导意见》对推进建筑全装修提出如下要求：实行装配式建筑装饰装修与主体结构、机电设备协同施工。积极推广标准化、集成化、模块化的装修模式，促进整体厨卫、轻质隔墙等材料、产品和设备管线集成化技术的应用，提高装配化装修水平。倡导菜单式全装修，满足消费者个性化需求。

国务院在《新一代人工智能发展规划》中提出了"加强人工智能技术与家居建筑系统的融合应用，提升建筑设备及家居产品的智能化水平"的要求。

3. 行业发展状况

（1）建筑装饰行业发展方向。

建筑装饰业是我国建筑行业二级分类中的一个分支，根据建筑物使用性质不同又可以进一步细分为建筑幕墙（外装）、公共建筑装修（内装）、住宅装修。目前住宅装修市场潜力较大，住宅装修工程总产值回升；随着国家"一带一路"推进，建筑装饰行业境外工程产值增长加快，为建筑装饰行业带来了新的市场机遇。

随着国家推进装配式建筑、人工智能和智慧城市建设，装饰装修行业也在积极推进"全装修""BIM + 装配式装修"业务，开展"互联网 + ""人工智能"平台建设。

（2）新型建筑装饰施工企业。

建筑装饰施工企业根据业务类型可分为传统装饰公司、科技创新型装饰公司、装饰集团公司。

装饰集团公司向专业化、产业化的大型装饰集团发展，业务范围一般涵盖装饰设计与施工、完整家居产品研发与生产、全国特许经营服务及国际业务等，拥有全球主材产品供应链，遍布全国大中型城市的高效物流网络，成熟完善的售后维保体系。科技创新型装饰公司在发展全绿色装饰产业链、装修体系标准化研发、快装技术整合、智能家居设计等方面不断创新。此外，各企业开始注重建立健全企业内部的装配式装修体系、施工管理体系，以及开展拥有自主知识产权的装饰机械施工设备研发工作，推动了我国装饰行业的发展。

7.3　典型企业

7.3.1　东易日盛家居装饰集团股份有限公司

1. 企业介绍

东易日盛家居装饰集团始建于1996年，注册资金2.49亿元，是中国家居行业中具代表性的、实力雄厚的家居装饰集团，2014年2月19日上市，成为中国住宅装饰第一股，股票代码002713，品牌价值高达203.19亿元。经过20年耕耘，已经发展成为一家专业化、品牌化、产业化的大型装饰集团。20年来服务于数十万中高端客户，蝉联中国最具品牌500强企业，拥有正式员工4500余人，在全国范围内设立了32家直营分公司、300家连锁店和117个城市分部。自2008年成立精装事业部以来，东易日盛开始涉足住宅精装产业化发展，2010年建立精装木作标准化体系，2011—2016年精装木作标准化批量落实于各大型地产项目。自建世界一流的20万平方米现代化木作工厂；全球优选的主材产品供应链；遍布全国大中型城市的高效物流网络；成熟完善的售后维保体系，能够为海内外大型住宅精装修及商业公装项目提供高品质的室内外设计、施工及产品研发、供应和采购服务。目前已与众多国内一线地产开发企业如华润置地、中海地产等建立起长期稳固的合作关系。与大型地产公司紧密合作，获得多项国家专利产品，是宜居中国住宅产业化和绿色发展联盟副理事长单位，轮值主席单位，国家装配式建筑产业基地企业，全国质量信得过产品企业。

其业务范围涵盖专业室内装饰设计与施工、完整家居产品（整体卫浴、整体厨房、整体木作、整体软饰）研发与生产、精装项目合作、全国特许经营服务及国际业务等。

东易日盛集团一直专注家装产业的创新发展。近年来，东易日盛集团率先启动科技化转型，已拥有近 100 项专利，是家装行业中率先通过国家认证的高新技术企业。目前，东易日盛以 DIM + 系统为核心，依托品牌与获客平台、全信息系统建设平台、产品创新平台、供应链深化整合平台、职业教育平台、仓储物流平台、互联网金融投资平台、投资平台 8 大平台，凭借实业与投资双轮驱动的发展模式，以家装为入口，利用资本力，逐步深化、落地家庭消费生态圈建设，以全新商业模式引领中国家装行业进入"科技型生态变革"新时代。

2. 企业资质

建筑装饰装修工程设计与施工一级。

3. 装配式技术优势

东易日盛建立装配式装修九大体系，在由住建部主办的第十九届中国住博会上正式发布，定位中国数字化装配式全装修领跑者。体系包括快装墙面、快装地面、集成吊顶、快装管线、集成整体厨房、整体卫浴、木作系统、环保系统、科技智能系统。技术优势如下。

（1）无毒定制：东易日盛在业内率先引入了航空、电子产业常用的静电粉末喷涂技术。经权威机构检测，东易日盛无毒定制家装采用的静电粉末喷涂技术，所加工产品无甲醛、重金属，而且不含苯、甲苯等其他 VOC（挥发性有机化合物）。

（2）快装地面技术非常便于拆卸和安装，实现管线分离，对管道和电线的更换和维护都变得异常方便。

（3）新升级的东易单元式快装隔墙挂板系统可实现乳胶漆、壁纸、壁布、仿瓷砖、仿大理石、仿木纹、马赛克等多种效果。

（4）快装吊顶可实现高效：完全干法施工，工效提高 70%；轻质：采用 GRC 加树脂，强度和韧性高，重量降低 50%；环保：产业化生产、装配式施工，可有效减少施工现场噪声、粉尘污染，实现绿色施工；集成化高：自带灯槽和灯具。

（5）集成厨房：厨柜底柜、厨柜吊柜、灶台、油烟机、水盆、吊顶、墙板、地面、灯具、开关、插座。整体厨房通过一体化的设计，综合考虑厨柜、厨具及厨房所用家具的形状、尺寸及使用要求，合理高效地布局。组装快、品质高、成本低、空间利用率高。

（6）集成卫生间：坐便器、花洒、浴室柜、热水器、吊顶、墙板、卫生间集成底盆、浴帘杆、灯具、开关、插座。根据卫生间空间尺寸，在工厂加工整体卫生间底盘，结合东易日盛企业研发的整体给排水系统、快装地面系统、快装模块单元隔墙系统、快装龙骨吊顶系统，组成东易日盛企业整体卫生间系统，在卫生间内专门研发了相应的五金配件及卫生间配套产品、材料，满足卫生间装配式快装的需求，达到国家装饰规范的要求。

（7）与结构分离的给水和电力管线，地面架空在 36 厘米以上，满足管线一次交叉，并且给水管接口采用德国快插技术。

（8）装配式的装修方式在墙、顶、地形成空腔，有利于安装各种电气设备和管线，例如地送风系统。同时可以把部品高度集成，各种面板、管线和终端都在工厂集成内嵌到部品里，现场只需要安装接头。

4. 项目承接地区

东易日盛有 32 家直营分公司、300 家连锁店和 117 个城市分部，涵盖全国所有的一、二线及部分三、四线城市。

5. 联系方式

公司名称：东易日盛家居装饰集团股份有限公司

地址：北京市朝阳区东大桥路 8 号尚都国际中心 3 层 310

网址：www.dyrs.com

7.3.2 上海优格装潢有限公司

1. 企业介绍

（1）经营范围：装配式全空间系统集成业务；BIM 工程智能控制与服务、工业设计与规划、商品系统开发及材料应用。

（2）经济性质：有限责任公司（中外合作）。

（3）企业历史及荣誉。

上海优格，1992 年创立于中国台湾，1995 年入驻上海，是集产品研发、设计、制造、检测质保、ERP 管理、安装及售后服务为一体的隔间公司，公司拥有雄厚的技术力量和专业人才，自主研发新材料、新墙体，是中国唯一具有 30 年隔间制造经验的厂商。

优格秉承"永续经营、终身服务"的宗旨，提倡系统化装潢和环保经济型空间，并开创性地提出领导隔间行业的五化标准：装潢工业化、装潢系统化、装潢资产化、系统多元化、服务标准化。优格拥有强大的研发能力，自主研发新材料、新墙体、坚持原创工业设计。多年来取得了多项殊荣：取得 36 项专利发明、获得匠心奖，是上海绿色建筑协会会员单位。

优格提前三年时间完成企业工业化转型升级，在商业空间及住宅空间领域，提供装配式全空间系统商品，并取得了丰硕成果。优格实现工业化设计、成品化装修、智能化流程、信息化管理，提供环保、安全、系统的天地墙产品及服务，以超越同侪的品质为全球近 20000 家著名企业或政府机关提供专业的空间解决方案。

2. 优格核心技术与优势

（1）原创工业设计能力：38 年坚持原创，提供商业地产整装 Know - How：在项目启动伊始，根据大楼目的性作全局性、系统考量，并制订出符合工业化流程的整套执行方案。从项目定位、空间规划、商品设定、工业设计、自动化生产、机械式运输、模组化拼装以及家具的集采、联合物业打造特色运营模式等，是国内第一家全程落地执行并已标准化的厂商。通过上下游垂直整合，提高资源利用率，用最高性价比让地产项目升级、与众不同。

（2）优格"BIM＋装配式"主要优势：优格拥有专利扫描仪，激光自动测量、运用点云技术，数据快速分析。实现自动绘图、建模，自动生成可视化模型图，表层和基层构建架构；自动生成料单、加工图及清单，生成工程进度计划；依据施工计划，结合自动化生产线数据模块信息，严格控制生产顺序，合理预排生产计划。产品实现工厂预制，现场组装；自动生成仓库管理相关数据，保证各部件最佳库存量，生成现场施工计划。优格将利用 BIM 智能工程控制系统，使业主、设计师、工人、供应商实现无缝对接，信息共享，打造出一个全新的生态圈。

（3）全空间系统商品：拥有整幢大楼全流程工业化装配式内装落地经验，提供从大堂、电梯厅、核心筒、廊道、卫生间等公共空间，以及分户墙、包柱、包梁、包窗台等二次空间划分的全商品设计到施工。

（4）机械辅助运输及施工：优格首创发明多款机械施工设备，并取得专利。

①玻璃转运车：针对大型夹胶玻璃、双面玻璃框商品而特别设计的运输车，带有抬升功能及万向调整功能，在进出电梯运输时，节省人力、减小片材破损风险，保障人员安全。

②机械安装手臂：主要应用在面板安装施工方面，适合多种饰面材料，无论玻璃、复合板材、大理石、钢板均可使用，操作简单、效率高。

③重型机械安装手臂：特别适用超大超重型石材、玻璃框等安装，解决人力安装的困难，提高安全性。

④天花板安装机械手臂：主要应用在大型天花板安装施工方面，适用市场上所有饰面材，操作简单、安全、高效。

（5）品质保证：在设计上，忠于设计师想法，利用强大的工业设计能力通过节点深化，将各系统完美衔接，坚持不打硅胶，全部采用拼接方式，在勾缝设计中，离缝精度可达 1 毫米。在管理上，利用 BIM、ERP 等全程信息化管理，精准、高效。在生产上，国外引进先进的自动化设备，保证每一件主辅材料的高度精准。在施工上，工厂化生产，部品标准化，现场装配化施工，人为误差小，成品效果更精致。

3. 主要产品介绍

（1）大理石墙体：大理石墙体采用钢结构背栓干挂石材的方式，不采用打胶的方式。

（2）玻璃隔断系统：内钢外铝的双面玻璃隔断系统，玻璃厚度 108 毫米左右。玻璃使用双面 6 毫米或者 5 毫米钢化玻璃，中间加置中的手动百叶帘。

（3）单面覆墙产品：采用钢龙骨干挂 15 毫米厚的贴纸石膏板、12 毫米厚的贴纸面硅酸钙板、铝板。

（4）单面玻璃干挂。

（5）双面石膏板产品：采用内钢外铝的成品干挂系统，面板使用 15 毫米的石膏板贴纸面。

（6）双面硅酸钙板产品：采用内钢外铝的成品干挂系统，面板使用 12 毫米厚的硅酸钙板贴纸或者木皮。

（7）装配式顶面系统：可拆卸和装配式吊顶，适合工厂化、模具化生产，工艺性好、减少施工浪费和污染。如金属格栅、金属板、亚克力板造型、特性金属造型等。

（8）装配式地面系统：建和社 SI 体系专用地面架空系统由 M 系列支撑脚、承压板组成地面装饰的基层系统。M 系列支脚由 R－PP 改性聚丙烯材料构成，分为上盖和底座两部分，通过各自的外牙螺扣和内牙螺扣连接在一起，高度可调整，是地面架空系统的支撑构件。

4. 装配式项目案例

（1）项目一：乌鲁木齐大成尔雅双楼。

所做区域：尔雅 A 座和晚报大楼（B 座）两栋楼，大堂、电梯厅墙体＋天花板、核心筒墙体、廊道以及分户墙墙体。

主要产品：装配式干挂石材产品；装配式干挂玻璃产品；装配式不锈钢门套及标准层装配式门樘产品；装配式单面干挂护墙产品；装配式内隔墙墙板产品。如图 7－1 所示。

图 7－1　上海优格装潢有限公司乌鲁木齐大成尔雅双楼案例

工期：8 个月。

（2）项目二：河南楷林三号地项目。

所做区域：核心筒墙体、廊道及分户墙墙体。

主要产品：装配式单面干挂板以及装配式双面内隔墙墙板。如图 7－2 所示。

图7-2　上海优格装潢有限公司河南楷林三号地项目案例

工期：3个月。

（3）项目三：成都上善国际。

所做区域：大堂、电梯厅墙体＋天花、走道墙体＋天花、廊道、分户墙、核心筒墙体、卫生间墙体。

主要产品：装配式单面干挂石材、单面干挂铜板、单面干挂铝板、异形铝板天花、装配式内隔墙墙板。如图7-3所示。

图7-3　上海优格装潢有限公司成都上善国际案例

工期：6个月。

5. 其他

定制空间服务：可根据项目空间不同功能应用，针对其个性化需求，提供全套系统商品开发、定制、安装服务。除办公楼、医院、酒店、住宅以外，还有银行、海关、机场、车站等大型连锁空间。

6. 联系方式

地址：上海嘉定区浏翔公路 3365 号

邮编：201818

公司电话：021 – 59513669

公司官网：www. yourgood. com

公司邮箱：creat@ yourgood. com

联系人：胡灿辉

手机：13506108161

邮箱：Hu_canhui@ 163. com

7.3.3　北京宏美特艺建筑装饰工程有限公司

1. 企业介绍

北京宏美特艺建筑装饰工程有限公司（轻舟装饰集团全资子公司）成立于 1996 年，是一家以室内装饰装修为主体，从事标准化研发、快装技术整合，集装饰工程、装饰设计、装配式设计及施工为一体的科技创新型装饰公司。在住宅精装修的施工及设计领域上拥有行业领先优势，业务覆盖北京、天津、上海、青岛、郑州、南京、海口 7 大城市。如图 7 – 4 所示。

图 7 – 4　北京宏美特艺建筑装饰工程有限公司

过去 20 年，公司不断地自主创新、研发。凭借"务实、团结、共赢"的企业理念，缔造了装配式装修的领跑者，成为标准化精装修的领导品牌。根据政府和市场的发展整合资源，创造了装饰标准体系、施工管理体系，不断提升的综合管理能力、持续凝聚的精英团队，成为健康精装修市场的引领者，同时开启战略转型，在业内积极推进一体化、工业化、智能化，推动传统建筑装饰行业向"标准集约"和"科技创新"为导向的行业变革。2010 年开始建立了住宅标准化体系，并通过多个项目的实践，得到了广泛的好评与关注。住宅产业化利于节能减排、推进绿色安全施工、提高住宅工程质量、改善人居环境及促进产业结构调整，以科技做导向推动技术进步，成就产业化施工为使命，打造装配式精装修引领者。

2. 企业资质

建筑装修装饰工程专业承包一级。

3. 装配式技术优势

整合装配式装修全产业链优质部品根据政策要求、社会需要、项目特点、项目成本等综合因素组合搭配不同部品与技术手段实现项目安全落地。

设计与施工一体化：与开发企业、建设单位、各大设计院、部品供应商进行联合设计，在建筑结构设计阶段全面参与平面布局设计，遵循标准化、模块化、模数化的原则，实行设计院与室内设计公司并行设计，从而达到节约成本、提高效率、提升质量的目的。如图7-5所示。

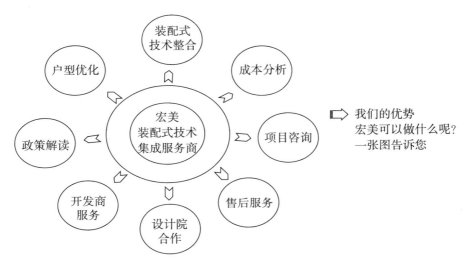

图7-5 北京宏美特艺建筑装饰工程有限公司技术优势

4. 项目承接地区

北京及京津冀周边地区、上海、青岛、郑州、南京、海南等地。

5. 装配式项目主要案例

（1）北京实创永丰基地 C4、C5 地块公共租赁住房项目（青棠湾）。

项目所属地：北京市海淀区西北旺镇。

结构类型：装配式混凝土建筑。

项目实施主体：北京实创高科技发展有限责任公司。

规划与结构设计单位：中国建筑标准设计研究院。

室内精装修深化设计与施工单位：北京宏美特艺建筑装饰工程有限公司。

项目概况：本项目位于北京市海淀区西北旺镇永丰产业基地 C 地块内，占地 10.94 公顷，建筑面积约 23 万平方米。周边有多条城市主干道交汇，地铁昌平线生命科技园站距其只有 3 千米。

项目特点：①全国第一个 PC 预制构件中没有埋管线的项目；②产业化技术集成创新；③实施产品整体技术解决方案，填补了公租房产品及其产业化整体技术应用的空白；④攻关落地了公租房装配式装修部品集成技术、工法和施工管理工序等关键技术；⑤主体结构部分和内装及管线部分相分离，保障建筑主体的耐久性，提升了住宅全寿命周期内资产价值和使用价值；⑥整体实施适老性能与维护改造性能等集成技术，提升了住宅建设的整体品质；除采用 SI 集成技术、干式工法外，还采用了新风技术、环保材料和健康部品等新技术与新材料；⑦采用装修全干式工法和整体卫浴等通用部品，提高了工程的设计与建造水平；⑧搭建多个工法样板间，实现大规模部品在工厂的批量生产与供应，可有效缩短工期且节能减排效果显著。

（2）首钢铸造村钢结构住宅装配式装修样板间工程（首钢装配式建筑住宅研发展示基地样板间工程）。

项目所属地：北京石景山区。

结构类型：装配式钢结构建筑。

建筑功能：住宅（商品房）。

项目实施主体：北京首钢房地产公司。

室内精装修设计与施工单位：北京宏美特艺建筑装饰工程有限公司。

项目概况：首钢铸造村项目总建筑面积 232608 平方米，地上建筑面积 164973 平方米，地下建筑面积 67635 平方米，配套公建 4565 平方米，容积率 2.49（控规指标 2.5），绿地率 30%，建筑高度≤45 米，该小区内共建设 9 栋 12～15 层高层住宅楼。

项目特点：①运用 BIM 信息化技术整合 EPC 全流程相关资源，搭建 BIM 施工（一体化）协调管理平台，实现应用 BIM 技术进行进度、质量、安全管理和双模对比，通过二维码技术实现模型和实体的无缝连接，为项目施工提供科学、高效、智能化的管理。②依靠"搭积木"似的装配式建造方式，将设计、生产、施工、安装一体化，变现场建造为工厂制造和现场组装，节省工时可达三成，而吊装机械作为主力，也省去了近六成的人工。③装配式装修通过标准化设计与模数化部品的运用，搭载全屋地面架空系统、轻质隔墙系统、整体厨房系统、干湿分区的设计在湿区运用整体卫浴系统，同层排水系统等技术体系实现装配式装修。

6. 重点工作

（1）明日之家。

受中华人民共和国住房和城乡建设部邀请参与 2015 年、2016 年中国国际住宅产业博览会明日之家样板间装配式装修展示。

（2）"十三五"规划。

受中华人民共和国住房和城乡建设部邀请参与《既有居住建筑宜居改造及功能提升关键技术》课题编制。

（3）细则与标准。

受北京市住房和城乡建设委员会、北京市保障性住房建设投资中心邀请作为装配式装修专家顾问参编《北京市保障性住房全装修成品交房实施细则》《北京市保障性住房全装修成品交房推荐标准》《保障性住房全装修成品交房示范试点》专项工作报告。

（4）书籍编写。

《装配式装修招标与合同计价》是由宏美科技装饰协同中联国际工程管理有限公司、宜中联绿色发展中心等企业共同编写的装配式建筑实践书籍，该书收集了很多案例、资料进行充分调研分析，将我国现代装配式装修技术、科技、产品和在工程中的实际应用汇集在书里。

（5）课题研发。

与北京首钢建设集团有限公司共同建立制定企业标准《绿色装配式高层钢结构住宅产业化生产安装技术研究与应用》。

（6）产业化基地建设。

北京实创高科技发展有限公司建设"海淀区永丰基地青棠湾项目绿色装配式建筑产业化基地"，宏美科技装饰负责精装深化与施工。

由北京首钢建设集团有限公司建设"首钢装配式建筑研发展示基地"，宏美科技装饰负责方案设计、深化设计、精装施工、软装。

7. 联系方式

公司网址：http：//www.hongmeiteyi.com

公司电话：010-85865252 转 8109

7.3.4 北京市金龙腾装饰股份有限公司

1. 企业介绍

北京市金龙腾装饰股份有限公司成立于 1996 年 9 月 13 日，注册资本约 1.42 亿元，是一家以室内装饰为主体，集装饰工程、装饰设计、软装配饰、园林景观、智能家居等为一体的科技创新型装饰公司，在住宅精装修的施工及设计领域上拥有行业领先优势，业务覆盖北京、天津、上海、山东等30 余个省（区、市）。

2. 企业资质

设计甲级资质、施工一级资质。

3. 装配式项目案例

项目名称：陕西西安市幸福里住宅装修项目。

项目概述：设计施工一体化项目，总施工面积2 万平方米，整个项目采用装配式；

主要包括干式工法楼（地）面、集成厨房、集成卫生间、管线与结构分离等；集成卫生间充分考虑卫生间空间的多样组合或分隔，包括多器具的集成卫生间产品和仅有洗面、洗浴或便溺等单一功能模块的集成卫生间产品。

项目工期：8个月。

4. 其他

全新的装配式装修概念及项目优势上市后备受瞩目，提供装配式装修家电配套，提高施工速度42%。

5. 联系方式

公司名称：北京市金龙腾装饰股份有限公司

公司邮箱：jltgf_ hr@ intolo. com. cn

7.3.5 北京太伟宜居装饰工程有限公司

1. 企业介绍

北京太伟宜居装饰工程有限公司（太伟宜居·中国）隶属于太伟控股集团，是装配式建筑产业板块核心。太伟控股装饰板块设有太伟涂装板厂、太伟建材、太伟钢结构、太伟防水、太伟新起点物资、太伟设计研发中心、太伟 BIM 中心、中海文机电、汇峰市政等多个子公司。

太伟控股装饰产业板块致力于发展全绿色装饰产业链，现搭建有涂装板、幕墙、木制品、钢结构等绿色生产基地，拥有各种先进生产组装设备，可实现全产业链研发、生产、加工、制作、仓储、物流等整体化一体化服务。如图7-6所示。

图 7 - 6　北京太伟宜居装饰工程有限公司

2. 企业资质

北京太伟宜居装饰工程有限公司拥有建筑装饰装修工程专业承包一级、建筑装饰装修工程设计与施工二级、防水防腐保温工程专业承包二级、幕墙工程专业承包二级资质。

3. 装配式技术优势

部品生产厂：公司拥有自己的涂装板、地暖模块、钢框木门等装配式主材生产基地，能够实现从结构到装修一体化的设计与施工。

样板展示区：公司在北京有 3000 平方米的独立展区，展区内建成了 3 套装配式实体样板和 1 套工序实体样板，并建有 1000 平方米的产业化培训基地。

设计施工一体化：公司有强大的设计研发、技术创新能力，已经完成装配式装修 1.0 体系共计 15 万平方米的设计及施工，完成装配式装修 2.0 体系共计 20 万平方米的设计及施工，提出装配式装修七大装修体系，建立标准化、模块化、成品化的强大数据库模板直接调用，可以根据客户的需求搭配不同的个性化空间，实现菜单化选择。目前正在研发装配式 2.1 体系，全面升级各大体系，实现绿色、环保、节能、智能、可拆卸、可逆安装的目标。

BIM 实施经验：公司有专业的 BIM 中心，已经实现 BIM 前期建模，通过模型检查碰撞，优化施工方案，快速导出材料清单，直接下到生产厂家，实现下单、生产、施工无缝对接。

4. 项目承接地区

全国范围。

5. 装配式项目案例

（1）海淀区温泉 C03 公租房项目。

项目概况：2015 年 2 月 8 日开工，2016 年 4 月 21 日竣工。建筑面积 87000 平方米，结构长城杯、全国 AAA 绿色安全样板工地、全国绿色施工示范工程；室内装修采用装配式装修，共 1046 户。该工程为北京市保障性住房投资中心开发的项目，为北京市首个通过验收的全装配式结构工程，装配率达 72%。采用装配式装修 CSI2.0 体系交竣。通过本工程我公司建立了产业化安装标准工序流程，把每层的安装周期控制在 5 天内。

（2）房山理工大一期、二期公租房项目。

项目概况：2016 年 1 月 1 日开工，2017 年 8 月 15 日竣工。建筑面积 120000 平方米，共 2900 户。该工程为北京市保障性住房投资中心开发的项目，采用装配式装修 CSI2.0 体系，实现了分户打包配送，分户施工，培养了一批装配式装修产业化工人。

（3）通州台湖镇 B-03 地块公租房项目。

项目概况：2016 年 7 月 25 日开工，2016 年 12 月 22 日竣工，建筑面积 55000 平方米，共 1447 户。采用装配式装修 CSI1.0 体系，实现了分户打包配送，分户施工。

（4）通州台湖镇 B-014 公租房项目。

项目概况：2017 年 3 月 20 日开工，2017 年 8 月 16 日竣工，建筑面积 53000 平方米，共 1584 户。采用装配式装修 CSI1.0 体系，实现了分户打包配送，分户施工。

（5）昌平区东小口镇混合用地公租房项目。

项目概况：2017 年 4 月 10 日开工，2017 年 9 月 16 日竣工，建筑面积 48000 平方米，共 1453 户。采用装配式装修 CSI1.0 体系，实现了分户打包配送，分户施工。

6. 其他

装配式装修中使用的部品部件如厨柜、烟机灶具、马桶等，公司已经与市场上知名品牌签订了战略合作协议。

7. 联系方式

联系人：刘军

手机：13810991343

座机：010 - 82917312

8 钢结构企业

8.1 相关生产规范、标准

《钢结构设计标准》（GB 50017—2017）

《装配式钢结构建筑技术标准》（GB/T 51232—2016）

《冷弯薄壁型钢结构技术规范》（GB 50018—2002）

《建筑钢结构防火技术规范》（GB 51249—2017）

《钢结构工程施工质量验收规范》（GB 50205—2001）

《铁路桥梁钢结构设计规范》（TB 10091—2017）

《钢管结构技术规程》（CECS 280—2010）

《钢结构加固技术规范》（CECS 77—1996）

《钢结构防火涂料应用技术规范》（CECS 24—1990）

《高层民用建筑钢结构技术规程》（JGJ 99—2015）

《轻型钢结构住宅技术规程》（JGJ 209—2010）

《空间网格结构技术规程》（JGJ 7—2010）

《门式钢架轻型房屋钢构件》（JG/T 144—2016）

《钢结构高强度螺栓连接技术规程》（JGJ 82—2011）

《建筑钢结构防腐蚀技术规程》（JGJ/T 251—2011）

《钢结构超声波探伤及质量分级法》（JG/T 203—2007）

《钢结构高强度螺栓连接技术规程》（JGJ 82—2011）

8.2 行业发展现状

8.2.1 钢结构建筑体系

钢结构适于建造大跨度空间、高层建筑。大跨度空间结构体系主要采用空间网架结构、索结构、悬挂结构体系；重型工业厂房以排架结构为主，轻钢厂房以钢架结构为主；普通规则钢结构建筑结构体系类型较多，可分为低层产品体系、多高层产品体系两大类。

低层产品体系主要有薄板钢骨结构体系（即轻钢龙骨结构体系）、轻钢框架结构体系、轻钢龙骨密肋柱结构体系、单元体模块体系（盒子结构）。多高层产品体系可分为轻钢板肋结构体系、无比轻钢龙骨体系、钢框架－轻钢龙骨结构体系、纯钢框架结构体系、钢框架－支撑结构体系、钢框架－剪力墙结构体系、钢框架－核心筒结构体系、交错桁架结构体系、钢管束组合剪力墙结构体系、矩形钢管混凝土组合异形柱结构体系等。

以下为几种钢结构建筑体系简介。

1. 单元体模块体系

即轻型钢结构单元体组装低层住宅体系，是指将工厂制作的标准的、定型的、配套的盒子单元运到现场用螺栓组装成各种造型的住宅。该体系适用于 3 层以下住宅，每个盒式单元的外墙板和内部装修均在工厂完成，是迄今为止工业化生产率最高的结构体系。

2. 无比轻钢龙骨体系

无比轻钢龙骨体系，是一种冷弯薄壁型钢结构体系，其上部结构由楼板、桁架梁和墙体构成，而结构体系中最基本的单元是小桁架，由冷弯薄壁方（矩）形钢管和 V 形连接件通过自攻螺丝连接而成，它既可直接作为楼层中的桁架梁，也可充当墙体中的受力骨架。墙体则是通过蒙皮、抗拉钢带和自攻螺丝把若干竖放的小桁架整体装配而形成的。无比轻钢龙骨体系除可用于 4 层及以下的低层住宅外，在多层（6 层）建筑中也有应用。

3. 钢框架－轻钢龙骨结构体系

主体结构为钢框架，采用轻钢龙骨作为其围护结构，这种内填冷弯薄壁型钢组合墙体的钢框架结构是冷弯薄壁型钢住宅体系从低层向多层发展过程中产生的一种新型结构体系。

4. 交错桁架结构体系

交错桁架结构体系的基本结构组成是钢柱或钢管混凝土柱、平面桁架和楼面板。钢柱布置在房屋的外围，中间无柱。桁架两端支承于外围钢柱上，桁架在相邻柱轴线上为上、下层交错布置。错列桁架体系是一种经济、实用、高效的结构体系，主要适用于多层及小高层住宅、旅馆、办公楼等平面为矩形或由矩形组成的钢结构房屋。

5. 钢框架－支撑结构体系

为解决纯钢框架结构抗侧移刚度小的问题，在纯钢框架的某些跨间设置支撑，便形成了钢框架－支撑结构体系，此结构体系由钢支撑和钢框架组成两重抗侧力结构体系。根据要求可以沿纵、横单向布置或双向布置，支撑与框架铰接，按拉杆或压杆设计。支撑可以采用 X 形、单斜杆形、人字形、倒人字形、牙形、倒牙形、门式等形式，还可采用偏心支撑。根据支撑两端设置位置、耗能梁端设计要求及支撑本身是否具有耗能属性，可将支撑分为中心支撑、偏心支撑、耗能支撑。此结构体系可用于高烈度及较大风荷载地区及低烈度地区的高层住宅。

由长沙远大住工研发的装配式斜支撑节点（空腹梁支撑）钢框架结构体系具有以下特点：矩形钢管立柱，立柱内不填充混凝土；支撑为钢板冷弯成型的槽形钢斜撑，该支撑一段通过加劲钢板与柱连接，一段与桁架梁连接；梁采用空腹桁架梁，桁架上下弦杆为钢板冷弯成型的槽钢，腹杆采用角钢截面；楼盖系统为模数固定、集成化和工业化程度高的预制构件，次楼盖系统集成了楼盖、天花板、管线，最大限度地实现了部件的工厂化。此结构体系框架柱分层断开，梁柱连接通过一种带法兰板的连接套管——柱座实现，柱座截面尺寸同框架柱，柱座两端焊接有法兰板；桁架梁通过梁端封口槽钢，利用高强螺栓与柱座实现连接，上下层柱端通过高强螺栓与柱座法兰板连接，同时柱端设有插承柱头，可实现安装过程中的定位。

6. 钢框架－剪力墙结构体系

在框架结构中设置部分剪力墙，使框架和剪力两者结合起来，共同抵抗水平荷载，就组成了框架剪力墙结构体系。剪力墙布置在一跨式多跨全高范围内并与周围框架梁柱连接，剪力墙承担主要水平力作用，竖向力主要由钢框架承担。该体系可细分为框架混凝土剪力墙体系、框架带缝混凝土剪力墙体系、框架钢板剪力墙体系及框架带缝钢板剪力墙体系。钢框架剪力墙结构体系常用于小高层及高层住宅，而且带缝剪力墙体抗震性能较好，较适用于地震区。

（1）钢框架－组合钢板剪力墙结构体系。

该体系组成为：钢管混凝土柱＋H 型钢梁＋组合钢板剪力墙＋钢筋桁架楼承板。框架柱为钢管混凝土柱，可以为方钢管或圆钢管，一般钢材强度不低于 Q345，内灌自密实混凝土，混凝土强度不低于 C50，在保证受力和经济要求前提下，钢管截面尺寸尽量标准化。梁采用型钢梁或组合梁，一般钢材强度不低于 Q345，在保证受力和经济要求前提下，钢梁截面尺寸尽量标准化。次梁与主梁的连接采用铰接或刚接，梁与柱的连接采用刚接，柱脚采用刚接。在结构中部楼梯间、电梯间等位置布置组合钢板剪力墙。

其中，组合钢板剪力墙由外包钢板、内填混凝、钢板与内填混凝土连接件组成。

内填混凝土与栓钉等连接件可有效阻止或推迟外侧钢板屈曲，外侧钢板与栓钉等连接件对内侧混凝土同样具有约束作用，从而提高混凝土的变形能力。根据《钢板剪力墙技术规程》，钢板组合剪力墙的外包钢板与内填混凝土之间的连接构造可采用栓钉、T形加劲肋、缀板或对拉螺栓，也可混合采用这四种连接方式。

（2）钢框架－防屈曲钢板剪力墙结构体系。

钢框架－防屈曲钢板剪力墙体系是一种融合钢框架以及防屈曲钢板剪力墙两种结构优点的新型结构体系，该体系由内嵌钢板、竖向边缘构件柱和水平边缘构件梁构成，其受力性能与竖向悬臂梁相近，可将边柱当作梁翼缘，内嵌钢板视为梁腹板，水平梁则可以等效为加劲肋。防屈曲钢板与框架构成了双重抗侧立体系，其刚度大、延性好、承载力高，结构布置灵活，并被证明是优秀的抗震结构，特别适合于高烈度地区。

（3）钢框架－墙板式阻尼器结构体系。

该体系组成为：钢管混凝土柱＋H型钢梁＋墙板式减震阻尼器＋钢筋桁架楼承板。框架柱为钢管混凝土柱，可以为方钢管或圆钢管，一般钢材强度不低于 Q345，内灌自密实混凝土，混凝土强度不低于 C50，在保证受力和经济要求前提下，钢管截面尺寸尽量标准化。梁采用型钢梁或组合梁，一般钢材强度不低于 Q345，在保证受力和经济要求前提下，钢梁截面尺寸尽量标准化。次梁与主梁的连接采用铰接或刚接，梁与柱的连接采用刚接，柱脚采用刚接。在结构纵向、横向根据建筑户型及结构需要布置墙板式减震阻尼器。

其中，墙板式阻尼器是一种放置于建筑墙体内部，在改善结构整体抗震性能的同时，确保建筑使用功能、立面效果等不受影响的结构产品。是一种依靠核心区域的塑性滞回所产生的衰减力，发挥能量吸收作用的减震型墙板式构件。通过将其固定于从建筑物上下大梁上伸出的接合部进行布置，并通过对其核心钢板进行补强措施来防止其发生屈曲，通过使核心钢板吸收地震能量，达到消能减震及提高结构安全性的目的。该墙板式阻尼器，在屈服前可提高结构的抗侧刚度，屈服后可提高结构的附加阻尼。

7. 钢框架－核心筒结构体系

该体系是由外侧钢框架与内部核心筒两种抗侧力体系共同承担水平荷载和竖向荷载的混合结构体系。该结构受力明确，核心筒承担大部分倾覆力矩与水平剪力，钢框架主要承担竖向荷载，可以减小框架柱的截面尺寸。此类结构的整体破坏属于弯剪型，结构破坏主要集中在混凝土芯筒，特别是结构下部的混凝土筒体四角，对这些部位应予以加强，比如在筒体角部配置小钢柱，以保证筒体的延性。该体系综合受力性能好，特别适合地震区和地基土质较差的地区，适用于高层和超高层建筑。

8. 钢管束组合剪力墙结构体系

钢管束组合结构住宅体系是由杭萧钢构自主研发的一种新结构体系，该体系包括钢管束组合结构剪力墙、H型钢梁、钢筋桁架楼承板和轻质隔墙等部分。钢管束组合结构剪力墙由标准化、模数化的钢管连接在一起形成钢管束，内部浇筑混凝土形成钢管束组合结构，作为主要的承重构件和抗震防风构件。H 型钢梁腹板通过高强螺栓与剪力墙连接，梁上下翼缘通过现场施焊方式，实现与剪力墙刚性连接。钢筋桁架在工厂加工，现场浇筑混凝土形成楼板。该体系抗震效果好，可用于高烈度地区高层及小高层住宅。

9. 矩形钢管混凝土组合异形柱结构体系

矩形钢管混凝土组合异形柱，由天津大学经过试验研究并提出，整体由单肢矩形钢管混凝土柱通过竖向钢板相互连接，并于一定间隔焊接横向加劲肋板而成。矩形钢管混凝土组合异形柱集合了钢管混凝土与异形柱的优势，且各单肢通过缀板连接形成的格构式空间结构形式，进一步提高了异形柱的抗侧力能力，经过大量的试验研究，体现出较好的承载能力。异形柱的柱肢可包裹在墙体内部，增大建筑使用面积，提高土地使用效率，且避免室内凸角，达到良好的建筑效果，因而广泛应用于住宅结构。矩形钢管混凝土柱可用于多、高层建筑的框架体系、框架－支撑体系、框架－剪力墙体系等；可与钢结构、型钢混凝土结构、钢筋混凝土结构及圆形钢管混凝土结构同时使用。

8.2.2 钢结构建筑行业发展现状

1. 钢结构产业链

钢结构产业链包含的企业如下。

以钢铁公司为代表的建筑用钢生产企业，负责建筑钢结构用钢的研发以及钢结构用钢板材和型材的生产（热轧等）和初级加工（冷弯、焊接等）等。

以科研院所为代表的企业，负责建筑钢结构体系研发、基础理论研究、设计标准制定、技术咨询和服务等的技术支撑企业。

以设计单位为代表的建筑钢结构方案及施工图设计企业。

以钢构公司为代表的建筑钢结构基本构件制作、加工企业，包括现代商品化的针对某类建筑钢结构体系中整体或部分体系（如屋面体系、墙面体系等）产品进行研发、制作、销售等中间服务组织。

以建筑钢结构施工企业为代表的钢结构现场安装、施工企业，其中部分业务可能由大型钢结构公司承担。

以建筑钢结构制造装备为代表，负责冶金、机械、电力、铁道、建筑等领域的钢结构产品的加工设备与成套装备制造企业。

相关配套产业有：非钢材料的围护结构、墙体及屋面的保温隔热材料、防腐材料、焊接材料、大量的零件机械加工设备、用于钢构件制作机械化或智能型加工设备等。

2. 钢结构企业资质分类

（1）钢结构施工企业资质。

钢结构工程专业承包企业资质分为一级、二级、三级 3 个等级，工程承包范围如下。

一级企业：可承担各类钢结构工程（包括网架、轻型钢结构工程）的制作与安装。

二级企业：可承担单项合同额不超过企业注册资本金5倍且跨度33米及以下、总重量1200吨及以下、单体建筑面积24000平方米及以下的钢结构工程（包括轻型钢结构工程）和边长80米及以下、总重量350吨及以下、建筑面积6000平方米及以下的网架工程的制作与安装。

三级企业：可承担单项合同额不超过企业注册资本金5倍且跨度24米及以下、总重量600吨及以下、单体建筑面积6000平方米及以下的钢结构工程（包括轻型钢结构工程）和边长24米及以下、总重量120吨及以下、建筑面积1200平方米及以下的网架工程的制作与安装。

（2）轻型房屋钢结构工程设计专项资质。

轻型钢结构工程设计专项资质设甲、乙两个级别。承担任务范围如下。

甲级：承担轻型钢结构工程专项设计的类型和规模不受限制。当钢结构为建筑主体时，其工程设计包括相应的钢结构房屋的基础工程设计。

乙级：可承担轻型钢结构2级工程和索膜结构、压型拱板工程设计。当钢结构为建筑主体时，仅限于低层钢结构房屋天然地基基础的工程设计。

3. 行业发展状况

早期钢结构主要用于大跨度工业建筑及少量公共建筑中，20世纪90年代起，开始建造钢结构住宅，21世纪始，大批公共建筑的建设促进了钢结构建筑的发展，如机场航站楼、高铁站、各城市地标建筑、超高层建筑等，多采用钢结构体系。但是，由于我国钢结构住宅建设量较小，钢结构建筑占建筑总量比例较少，仅为5%左右，远低于发达国家。制约钢结构住宅发展的主要原因是钢结构住宅的经济效益不明显、钢结构住宅还未被社会普遍接受。

随着国家一系列行业政策的执行，为钢结构住宅的大范围推广提供了有力的支持和保障。钢结构建筑行业应以此为契机，引导行业结构调整，推进企业转型升级。以北京市为例，在"十三五"期间，北京钢结构行业加大装配式构件、钢结构住宅与集成房屋产品的发展力度。截至2016年年底，北京市纳入实施住宅产业化计划的项目累计超过1800万平方米，并已初步形成了政策引导体系，保障性住房实施绿色建筑行动和住宅产业化全覆盖。技术保障体系不断完善，已完成了30余项装配式建筑关键技术和成套技术的研发工作，发布实施了8个北京市地方标准和一批技术管理要求和导则。

根据钢结构建筑行业现有发展成果，钢结构作为绿色建材的特点得到广泛认可，钢结构建筑在标准化设计、工厂化生产、装配化施工、一体化装修、信息化管理、智能化应用方面的优势已充分显现。

装配式钢结构建筑配套技术涉及部品性能、安装工艺、BIM应用、新型建材等。钢结构行业重点研发的方向是钢结构建筑各部品如结构系统、围护系统、设备与管线系统、内装系统的改革创新，以及各部品之间的功能协调。

但是钢结构建筑发展进程较慢，主要表现在建筑工业化程度较低，如施工缺乏专业队伍，现场仍采用大量焊接作业，施工质量难以控制，尚未达到产业化作业水平。

8.3 典型企业

2017 年住房和城乡建设部认证的第一批装配式建筑示范产业基地，涵盖了 EPC 总承包、施工、设计、部品、内装等装配式钢结构各类优秀企业。下面仅就其中典型企业做简要介绍。

8.3.1 中建钢构有限公司

1. 企业介绍

中建钢构有限公司（下称中建钢构）是中国较大的钢结构企业、国家高新技术企业，隶属于世界 500 强中国建筑股份有限公司。中建钢构聚焦以钢结构为主体结构的工程业务，为客户提供"投资＋建造＋运营"整体解决方案。为全国建筑业先进企业、全国科技进步与技术创新先进企业。

2. 企业资质

具有建筑工程施工总承包特级、钢结构工程专业承包一级、建筑行业工程设计甲级、中国钢结构制造企业特级、建筑金属屋（墙）面设计与施工特级等资质，通过了 ISO 9001、ISO 14001、OHSAS 18001、ISO 3834、EN 1090、AISC 等国际认证。

3. 技术能力

中建钢构经营区域覆盖全国，下设东西南北中五个大区及现代化钢结构制造基地，制造年产能超过 120 万吨，位居行业首位；响应国家供给侧结构性改革，与众多政府机构、大型投资商、骨干钢铁厂商、高等院校、科研机构、金融机构等达成战略合作伙伴关系。

4. 可供货地区

国内外。践行"一带一路"倡议，进入了东南亚、南亚、中东、北非、澳洲、美洲等国际市场。

5. 产品

主营业务为高端房建、基础设施工程，通过钢结构专业承包、EPC、PPP 等模式在国内外承建了一大批体量大、难度高、工期紧的标志性建筑。依托房建领域的领先地位，拓展桥梁、风电、核电、住宅、海洋等钢结构业务领域。

6. 装配式项目案例

上海环球金融中心。

天津 117 大厦。

中央电视台新台址主楼。

8.3.2　北京建谊投资发展（集团）有限公司

1. 企业介绍

北京建谊投资发展（集团）公司创建于1992年，企业性质为有限责任公司（法人独资）。总部位于中国北京，是一家涉及科技创投、资本运作、建筑工业化、智慧城市服务与运营商、装配式钢结构、住宅产业化、建筑大数据云平台服务、建筑互联网、地产（园区）开发、设计施工总承包一体化（EPC）、金融基金、装备制造等多业态的综合型集团公司。

2. 企业资质

建筑工程施工总承包一级、装修装饰工程专业承包一级、建筑幕墙工程设计与施工一级、建筑装饰工程设计专项甲级、市政公用工程施工总承包三级、钢结构工程专业承包三级。

3. 技术能力

核心技术及配套产品技术：形成完善的覆盖民用建筑的全系列的以工业化建造方式为基础的装配式建筑产品。其结构系统、外围护系统、内装系统、设备与管线系统实现建筑全寿命周期的可持续性原则，并完全实现标准化设计、工厂化生产（游牧工厂）、装配化施工、一体化装修、信息化管理和智能化应用。

平台技术：实现从部品资源配置、策划、设计、施工与安装、验收、运营与维护全生命周期的同平台工作。其中内嵌政府监管与审批系统、资金支付系统等服务平台。真正实现同台办公、共享经济的建筑业创举。

4. 可供货地区

国内外。

5. 产品

装配式钢结构建筑结构系统。

装配式钢结构建筑围护系统。

装配式钢结构机电与管道系统。

装配式钢结构建筑内装系统（SI）。

装配式钢结构建筑通用平台。

装配式钢结构建筑机电预制安装整体解决方案。

装配式钢结构整体实施方案（标准化构件、节点、工夹具、快速安装）。

6. 装配式项目案例

项目名称：丰台区成寿寺B5地块定向安置房项目。

项目概况：位于北京市，规划用地面积6691.2平方米，总建筑面积30379平方米，地下三层，地上部分1#、2#、3#、4#楼分别为9层、12层、16层、9层。外墙采用PC

外挂墙板或加气混凝土条板 + 保温复合一体板，内墙采用砂加气条板或轻钢龙骨石膏板，楼板采用钢筋桁架叠合板或钢筋桁架楼承板。

项目工程结构：工程为深基坑支护，支护形式为混凝土灌注桩 + 预应力锚索且无肥槽；基础采用筏板基础，采用 3 + 4mmSBS 弹性体改性沥青防水卷材；地下室部分、外墙为现浇混凝土结构，采用高分子片材单层 HDPE 膜（预铺反粘技术），钢管混凝土柱，H 型钢梁，钢筋桁架楼承板。地上部分，1#、4#楼为钢管混凝土框架 + 阻尼器结构，2#、3#楼为钢管混凝土框架 + 组合钢板剪力墙结构。

建筑装修：项目采用 SI 体系装修，结构体 S（Skeleton）和居住体（Infill）完全分离，使装修作业不破坏建筑结构，便于水、暖、电安装敷设。工业化部品集成包括钢框架、整体卫浴、整体厨柜、设备管线与结构主体分离、智能家居、干式地暖等部分。

家居设计：根据消费者居家习惯、家居部品配套、功能空间、动线规划进行家装设计，家居设计的模数以板材利用率最大化为原则，室内空间的模数以建材常规规格为原则。

其他：机电部品预制加工，建造过程分别采用 BIM 模型、点云扫描模型、现场实际安装保证质量、进度，进而节约工期、成本。

7. 联系方式

公司地址：北京市丰台区马家堡东路 156 号 5 号楼

联系电话：010 – 50960100

8.3.3 莱芜钢铁集团有限公司

1. 企业介绍

公司名称：莱芜钢铁集团有限公司。

经营范围：钢材生产、房地产开发、钢结构建筑研发、设计施工、加工制造、维护维修一体化的完整产业链。

经济性质：有限责任公司（国有独资）。

企业历史及荣誉：莱钢集团始建于 1970 年，拥有总资产 1642 亿元，2016 年实现营业收入 452 亿元，利润 30.39 亿元。经过多年发展，形成了钢材生产、房地产开发、钢结构建筑研发、设计施工、加工制造、维护维修一体化的完整产业链，先后获得中国钢结构建筑金奖、鲁班奖、泰山奖等多种奖项，在业界享有盛誉。主要产品有 HRS 建筑、模块化建筑、冷弯型钢建筑等系列产品及其配套的钢材生产、钢结构加工制作、围护体系（墙板、楼板）等产品。公司实景如图 8 – 1 所示。

2. 企业资质

建筑工程综合甲级设计资质、钢结构制造特级资质、钢结构工程总承包一级资质、房屋建筑工程施工总承包一级资质、冶炼工程施工总承包一级资质、铁路施工总承包

图 8-1 莱芜钢铁集团有限公司实景

资质和海外工程承包资质。

3. 装配式技术优势

装配式建筑施工经验：莱钢集团具备 100 亿元/年的工程总承包、100 万吨/年的钢结构制造和 2000 套/年的集成房屋建造能力，是中国钢结构建筑的开拓者、技术体系的引领者、钢结构形象展示的示范者。莱钢钢结构是国内同类企业中拥有相关资质最齐全的企业，是钢结构建筑研发较早、成果较多、资质较全的企业。莱钢集团能够系统开发钢结构住宅建筑及节能体系、结构体系、施工组织体系、墙体材料体系，目前已经累计承建 1000 多万平方米钢结构建筑。

BIM 实施经验：中德文化创意谷集成公寓项目等集装箱模块化组合房屋、山东淄博文昌嘉苑住宅项目等大量工程均采用 BIM 集成设计。

莱芜钢铁集团一体化平台如图 8-2 所示。

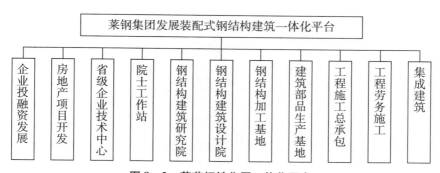

图 8-2 莱芜钢铁集团一体化平台

4. 项目承接地区

国内及海外部分地区。

5. 装配式项目案例

（1）淄博文昌嘉苑项目。

项目工程位于淄博市文昌湖旅游度假区商家镇，规划设计建筑面积 116 万平方米，是目前国内最大的钢结构装配式建筑，也是山东省钢结构示范项目。建筑物为地上 11 层，地下 2 层，结构体系分别为钢框架 + 预制混凝土剪力墙结构和多腔柱框架结构。

项目建筑示意如图 8 - 3 所示。

图 8 - 3　莱芜钢铁集团淄博文昌嘉苑项目建筑示意

钢框架柱采用矩形钢管混凝土柱和多腔一字柱，钢梁采用莱钢产热轧窄翼缘 H 形钢。梁柱节点采用内隔板式连接方式和外贴板连接方式。

采用了预应力混凝土叠合楼板、预制楼梯、预制阳台、预制墙板等部品，现场装配，缩短工期。

实现设备管线的装配化与集成化应用。设计时各专业进行管线精确定位，电气预埋线盒在工厂内埋入预制板内。墙板内线盒、暗埋电箱及穿线管在工厂内预埋。

（2）中德文化创意谷集成公寓项目。

集装箱模块化组合房屋，由 68 个 40 英尺高柜集装箱、8 个 40 英尺普柜集装箱、72 个 20 英尺高柜集装箱模块和部分室外装饰工程组成，是山东省最大的单体模块化建筑。项目建筑示意及实景如图 8 - 4 所示。

图 8 - 4　莱芜钢铁集团中德文化创意谷集成公寓项目建筑示意及实景

6. 主要体系简介

钢框架+预制混凝土剪力墙结构体系，将钢材的强度高、重量轻、施工速度快和混凝土的抗压强度高、防火性能好、抗侧刚度大的特点结合起来。混凝土剪力墙在工厂预制，可与钢框架实现同步装配，显著提高施工速度。

钢框架+屈曲约束支撑（阻尼器）：在钢结构建筑体系中增加抗震阻尼系统，使得钢结构建筑具有更好的抗震性能，在一些斜拉支撑难以布置的位置可以灵活应用板式阻尼器，满足建筑使用功能及舒适性。

钢框架+钢板剪力墙结构体系：钢板剪力墙完全工厂预制、现场安装方便、施工速度快、性能可调节，不影响外墙安装。室内无凸出梁柱，使用感受好。震后易修复更换。

7. 主编、参编规范

主编《住宅轻钢装配式构件》《冷弯薄壁型钢多层住宅技术规程》《轻型钢结构住宅技术规程》《低层轻型装配式钢结构住宅体系构造图集》等。

主编《莱钢钢结构绿色节能住宅建筑体系技术导则》，该标准成为山东省钢结构绿色节能住宅领域的行业标准；主编的《多高层钢结构住宅技术规程》由上海市发布为地方技术标准。

参编《青岛市集装箱模块化组合房屋技术规程》《模块化建筑技术规程》《青岛市钢结构住宅设计规程》《矩形钢管混凝土节点技术规程》《钢结构住宅技术规程》。

8. 联系方式

地址：山东省莱芜市钢城区府前大街 99 号

邮编：271104

电话：0634－6820222

传真：0634－6821407

电子邮箱：lgjtbgs@126.com

网址：www.laigang.com

9 装配式木结构建筑企业

9.1 行业发展现状

9.1.1 木结构体系

木结构建筑是指结构承重构件主要使用木材的建筑形式。其结构材料主要包括原木、锯材、集成材、木基结构板材和结构复合材等工程木质材料。

区别于传统木结构建筑大量使用木材原材，现代木结构建筑是指利用最新科技和生产手段，将木材经过层压、胶合、金属连接等工艺处理所构成的整体结构性能远超过原木结构的现代木结构体系。

1. 主要结构类型

（1）轻型木结构体系：由规格材及木基结构板材或石膏板制作的木构架墙体、木楼板和木屋顶系统构成，多以单户建筑和3层以下多户住宅、商业建筑、公共建筑为主，也有部分工业建筑。

（2）重型木结构体系：采用截面尺寸较大的锯材或胶合木作为承重梁和柱的一种结构体系。主要包括框架结构，即梁和柱形成的框架体系，用于承受和传递竖向荷载和水平荷载；拱结构，即结构外观呈曲面形状，主要用于大跨度的建筑与桥梁中，力学特性优越；模块化结构，即由胶合木梁、柱构成空间框架，类似于集装箱，具有工厂预制程度高的特点。

2. 主要建筑形式

（1）单多层木结构建筑：以轻木结构和重木结构或两者结合为主要结构主体的建筑。

（2）木结构混合建筑：将木骨架组合墙体用于混凝土结构、钢结构的非承重外墙和内隔墙建筑。

（3）混合结构建筑：在混凝土结构建筑之上加盖木屋顶的建筑。

（4）工程木结构建筑：建筑使用的实木板材和胶合木，都是将木材通过标准工业化加工生产而成。工程木包括集成材、单板层积材、重组木和各种刨花板、胶合板等。

9.1.2　装配式木结构建筑行业现状

1. 木结构建筑发展必然性

木结构建筑以其建造容易、环境友好、冬暖夏凉、节能环保、低碳绿色、贴近自然等诸多优点，深受人们的喜爱。因其使用的木材强重比高、性能独特，又是可再生资源，且能反复利用，因此木结构建筑被人们称为人类的未来之家。

（1）全寿命周期：木材产品在生产过程中消耗的能量远低于混凝土和钢材，是唯一可再生的资源。"木材经济"对材业的可持续发展、采伐后的后续工作包括次生材开发和新材地的种植均有积极意义。

（2）宜居性：木结构材料具有独特的低导热性和吸湿、解吸功能，使建筑具有冬暖夏凉的特点；现代木结构的双层复合墙板的应用可有效阻隔外来声音并且因木材的多孔性使其具有良好的吸声作用；木结构房屋氡放射低于使用混凝土、岩石等建筑材料。

（3）材料本身亲和力：现代木结构可充分表达传统木结构的逻辑性，也是对现代结构的创造性完美表达和对细节的追求；木结构更贴近自然、益于身心，在自然环境中更易于融合。

2. 木结构建筑行业现状与发展障碍

木结构"绿色生活"是一种态度，随着人们生活水平的提高，我国的建筑行业从传统的房地产价值链到绿色地产价值链有一个观念的转变。从市场的角度来讲，木结构要得到大众对于绿色地产、绿色生活的接受和认知，通过专业化和高品质的产品，来引导人们的消费理念。

从产品的价值来讲，木结构不仅是高投入、高成本、高新技术的堆砌，还应该是推动专业化、细致化、精细化的产品设计，提高木结构的本土化、适应性。从品牌的角度来讲，作为一个有责任的房地产开发公司，应该倡导绿色低碳的品牌理念，要将成熟、绿色、低碳技术应用到木结构项目中，并要考虑到后期的生活使用和物业维持，考虑到如何体现绿色低碳的理念。

（1）木结构建筑进入新一轮发展阶段。

经过20世纪五六十年代开始的几十年沉寂、停滞之后，自90年代末期，我国逐步开始恢复对木结构建筑的学科研究、规范修订和对外交流。从2001年起，我国对木材进口实行零关税政策，越来越多的国外企业进入中国，现代木结构建筑技术也随之而来。

近年来，因建筑市场的大规模发展，尤其是文旅产业成为国民经济新的增长点、规模迅速扩大，使得我国现代木结构建筑呈不断上升趋势。2014年全国木材产业总产值2.7万亿元，进出口总额1380亿美元；截至2013年年底，木材加工规模以上企业数量达1416家。在我国现有木结构建筑保有量约1200万～1500万平方米，包括木结构旧房改造项目、"平改坡"工程项目、木结构别墅、景区度假村木结构住宅和公共建筑、乡村改造项目，以及2008年汶川地震后震区重建中木结构建筑学校、敬老院、农房等。其中，轻型木结构占近70%、重型木结构约占16%、其他形式约占17%。

（2）国家政策的支持和引导。

2015年之前，我国没有针对木结构建筑的国家层面的统一政策，仅有一些地方法规。

2015年8月31日，工信部、住建部联合印发《促进绿色建材生产和应用行动方案》中提出："发展木结构建筑。促进城镇木结构建筑应用，推动木结构建筑在政府投资的学校、托幼、敬老院、园林景观等低层新建公共建筑，以及城镇平改坡中使用。推进多层木—钢、木—混凝土混合结构建筑，在以木结构建筑为特色的地区、旅游度假区重点推广木结构建筑。在经济发达地区的农村自建住宅、新农村居民点建设中重点推进木结构农房建设。"

2016年2月，国家发改委、住建部发布《关于印发城市适应气候变化行动方案的通知》中提出："加快装配式建筑的产业化推动。推广钢结构、预制装配式混凝土结构和混合结构，在地震多发地区积极发展钢结构和木结构建筑。鼓励大型公共建筑采用钢结构，大跨度工业厂房全面采用钢结构，政府投资的学校、托幼、敬老院、园林景观等新建低层公共建筑采用木结构。"同期，《中共中央国务院关于进一步加强城市规划建设管理工作的若干意见》中也提出"在具备条件的地方，提倡发展现代木结构建筑。"

随着一系列国家层面的政策出台，各地也越来越多地把关注的目光投向木结构建筑，通过国家和地方主管部门的引导、科研院所以及相关企业的积极参与，木结构建筑的应用示范得到一定的推进和发展。

（3）木结构建筑相关标准规范不断完善。

随着木结构建筑产业的发展以及对外合作交流的扩大，除了学习借鉴国际上先进的经验、技术、工艺，我国相关科研院所也开展了木结构典型构件耐火极限验证试验研究、木结构房屋模型地震振动台试验研究、结构用材分级研究、规格材强度测试研究、木结构建筑耐久性研究等，其成果成为推广木结构建筑技术应用的重要依据。

截至目前，我国已制订和完善了一系列与低层木结构建筑和木材产品相关的标准规范，已逐渐形成较为完整的技术标准体系，形成了包括设计规范、工程施工规范、工程施工质量验收规范、试验方式标准、技术规范等一系列国家规范和行业规范，以及相关木材产品标准，为木结构建筑行业产业的快速发展、木结构相关标准规范的不断升级和进一步完善奠定了基础。

（4）木结构企业数量增长但基础薄弱、规模较小。

十年前，我国木结构相关企业不到 20 家，现在已经发展到超过 200 家，主要集中在京、津、沪和江浙等发达地区，以及具备木材加工企业基础的东北地区等，仅北京、天津、上海、苏州就占据了近 2/3 的比例。一方面，这些地区经济相对发达，内外陆港口密集、进出口和物流运输便捷，且具备相关行业产业基础、科研力量；另一方面，近年来文旅产业、旅游度假产业发展迅速，有着良好的市场基础和需求。

但同时，我国木结构相关企业中绝大多数为中小企业，且以民营企业为主，即使较大型企业年生产和制造能力也仅为 20000 平方米左右，与国外木结构建筑企业的产能规模相比具有相当大的差距。这些企业中，多为木材加工企业扩大产业链或转型，或常规建筑建造企业增加产品系列等"多种经营"，专门的木结构建筑生产和施工建造企业极为少见。同时，在木结构建筑设计、建造技术、生产工艺等方面，远远落后于国际同行业水平，工厂化、预制化率低，现场施工、现场作业量大，也是造成现阶段木结构建筑成本控制、节能减排等达不到较高标准的一个重要原因。

（5）对木结构建筑的认知和使用范围有限。

虽然木结构建筑在我国有着悠久的历史，但不得不承认在现代木结构持续发展、完善的今天，与欧美及日本、新加坡等发达国家相比还存在很大差距。

由于缺乏对木结构建筑体系的研究、推广和了解，人们对木结构建筑的认知还停留在传统中易燃、易腐、易蛀，且破坏自然资源、成本高、耐用性差，不适合作为长期居住、使用等观念中。因此，除了少数一直沿用传统木结构的特殊地域，木结构建筑被比较广泛接受的大多为景区、度假村、园林景观、休闲别墅以及部分低层、小规模的公共建筑。也正因为如此，造成我国木结构建筑发展动力不足，科研发展、技术升级换代较为落后，企业开工不足、产能不饱，成本相对居高，给行业长期稳定发展带来了不利影响。

3. 木结构建筑发展条件

现代木结构建筑经过多年的发展，在欧美国家已经成为低层、多层住宅建筑的重要结构形式，也非常广泛地应用在各类公共建筑，以及通过相应技术手段应用到高层建筑中。基于木结构建筑方方面面的优势，结合我国经济和社会发展情况，借鉴和学习国际先进经验和技术，开展科技研发、主辅材料和产品试验、生产工艺升级换代，大力推广木结构建筑在各地的适时适当应用，将有利于我国生态可持续发展理念、低碳节能标准的推广实施，促进建筑产业工业化、专业化发展，必将使木结构建筑拥有良好的适用空间和发展前景。

（1）开展对木结构建筑理念、技术的宣传推广。

针对现代木结构建筑在节能环保、结构安全、预制化生产、施工周期短、综合成本低等优势，以及对森林资源的可再生性、循环经济效益等进行广泛的宣传和科普，改善政府主管部门、规划设计单位、地产企业、建造企业、建设施工企业以及公众对木结构建筑的认知，让更多的人消除认识误区，了解木结构建筑的优越性能。

（2）加大木结构建筑国际交流、技术研发。

采用"拿来主义"，鼓励各地政府、科研院所、企业走出去开展国际交流，学习借鉴先进、成熟的技术、经验；同时，利用各方资源开展自主研发、试验，大力支持和组织重点领域和关键技术、工艺以及上下游配套产业的科研，发展中国的木结构建筑体系；相关主管部门、各地政府，应通过财税政策、园区建设支持等手段鼓励有实力、有基础的企业进入或拓展木结构建筑产业。

（3）制定各级、各地优惠政策，完善相关标准规范。

在我国装配式建筑、绿色建筑、绿色建材等的标准规范和评价标识体系中，应将木结构建筑技术纳入国家和地方整体发展计划和财政激励机制中，并研究制定针对木结构建筑的发展规划，以及针对木结构建筑产业、相关配套产业、主辅材料和技术研发等予以财政、金融、税收、补贴资金等各类优惠政策；同时，进一步完善相关规范标准、技术体系的编制、修订。

（4）鼓励在适宜地区设立试点示范项目。

在适宜发展木结构建筑的省市地区进行重点推进，除了传统木结构特色地区、旅游景区、度假村、园林景观等使用率较高的领域外，在棚户区改造、经济适用房、新农村建设等项目中，在经济发达地区低层低密度住宅地产项目、农村自建或统建住宅中，在政府投资的学校、托幼、养老院等公共建筑中，鼓励使用木结构建筑；并设立针对不同建筑规模、使用需求的试点示范项目，作为科研实践、标准规范出台、学习考察和宣传推广的基础。

（5）培养木结构建筑人才队伍和重点企业。

引导高等院校、科研院所、企业通过开展产学研合作、校企合作等方式，以共同研发、技术转让、技术入股等模式，共同参与到木结构建筑产业的发展中。通过在高等院校的专业课程设置，设计、施工单位的建筑设计、构件生产、安装施工、工程监理等培训体系中，加强专业人才队伍的培养和建设。在现代木结构建筑生产企业以及装配式产业园区、产业化基地相关产业链条中，鼓励和培育龙头企业、重点企业，强化产业发展示范作用和内在动力。

（6）推动木结构与钢结构、混凝土结构的混合应用。

为使木结构发展更有动力、活力，适用范围逐步加大，除了发展典型木结构建筑之外，积极推进木框架结构墙体和木质非承载墙体的研发，鼓励设计单位、投资单位、建设单位在新建、改扩建工程中将其应用在钢结构、混凝土结构建筑工程中，并可将其纳入相关新型材料体系中进行推广。

（7）结合装配式产业、BIM 信息技术规范木结构建筑体系。

伴随着装配式产业和 BIM 信息技术的发展，从设计、审图、生产、施工、监理、验收以及后期使用、运维，以及建筑材料、部品部件的认证和准入等一系列管理体系和制度的建立，已经得到很好的发展和完善。在此基础上，推广应用到木结构建筑中，并逐步建立针对木结构建筑的评估体系、准入体系、施工管理体系、检验检测体系、质量监督体系等，实现木结构建筑全生命周期的跟踪管理，不断提高木结构建筑的设计、生产、建造能力和市场竞争力。

4. 木结构建筑的发展前景

在我国木结构建筑必将迅速发展，会得到越来越多的人青睐和选择。

（1）木结构建筑的物质基础。

国内人工速生林的广泛种植，北美的云杉、松木、冷杉（SPF）和俄罗斯的落叶松、樟子松等丰富的资源作补充，为木结构建筑提供了木材的来源保证。此外，我国还有丰富竹材资源，近年来农作物秸秆制板生产技术，为木结构建筑用材开辟了新的途径。随着对人工林的高效加工利用，大量新型结构材料的开发与研制，为木结构建筑提供了物质基础。

（2）木结构建筑的技术基础。

现在国内木材工业的发展，为木结构建筑的应用奠定了技术基础。如我国已经成为人造板生产大国，用于建筑的多层胶合板生产量也位于世界前列。单板层积材（LVL）、定向刨花板（OSB）、冷压胶合梁柱等技术已基本成熟，有的已形成工业化生产规模，只要对一些特别技术（如大跨度胶合梁、弯曲大构件等技术）加以研究应用，从生产和技术角度看建造木结构建筑是完全可行的。

（3）木结构建筑的应用领域。

木结构建筑及其构筑物在我国的应用领域较广，目前主要考虑下列方向发展：①应用于长三角、珠三角（江苏、浙江、广东等）经济发达地区的新农村住宅建设。②地震多发地区（如四川、青海、甘肃、辽宁等）的抗震木结构住宅建设。③风景旅游地区和最佳人居环境城市（海南、云南、苏州、扬州、大连等）的生态环保住宅和园林景观的亭、台、榭、廊、桥等建构筑物建设。④古木建筑的修缮与重建。我国有大量的古木建筑（如应县木塔、故宫、寺庙等），有的已是世界文化遗产，需要重点修缮和保护，还有一些地方对过去因火灾、战争毁坏的古木建筑进行重建。⑤其他木结构建筑等，如体育馆、会堂、影剧院、图书馆、学校、医院、幼儿园等公共建筑。在现代建筑中，利用木结构施工容易、材料轻的特点建造别具风格的异型楼顶，对20世纪70—90年代建造的平顶房进行平改坡的改造工程。

9.2　典型企业

湖北萨莱玛木结构工程有限公司

1. 公司介绍

公司名称：湖北萨莱玛木结构工程有限公司（以下简称萨莱玛公司）。

经营范围：装配式建筑预制构件、木结构预制构件的设计、研发、生产、销售、安装及相关技术咨询，木结构材料及其他建筑材料的生产（不含国家专项规定项目）及销售，文化旅游项目的策划。

企业历史及荣誉：北欧萨莱玛集团，位于芬兰以北的爱沙尼亚首都塔林，成立于1944年，拥有现代木结构建筑理念和领先全球的先进技术，工厂与仓库占地19万平方米。目前，集团向客户交工了超过59万间房屋，其中87%出口到其他欧洲国家、日本、美国及委内瑞拉。集团优选100%欧洲认证优质锯材，业务涵盖了木屋建筑设计、研发、制造、安装等各个环节，满足日常居住、休闲度假，以及幼儿园、养老院、医院、商场、体育馆等公共建筑的需求，为客户提供个性化木结构建筑的整体解决方案。集团木屋作为北欧木屋协会理事企业、爱沙尼亚木屋协会会长企业，70多年中正逐步发展为北欧装配式建筑领域的龙头企业。

萨莱玛公司，是一家崇尚生态与健康生活环境的装配式木结构跨国合资公司，为北欧萨莱玛集团投资的中国总部，通过多年的行业资源整合，形成了以规划设计、装配式木屋研发、装配式木结构生产、工程建造4大业务板块为引领的全行业、多领域的融合发展战略格局，可提供项目从前期规划、项目设计、装配式木结构生产、施工建造、后期运营等一体化解决方案。同时，萨莱玛公司组建品牌中心、营销中心和相关事业部作为覆盖木结构主要消费区域的销售服务网络，旨在汇集行业内顶级专家智慧，倾力打造中国木结构文旅产业整合平台，引领行业专业创新发展。

2. 企业资质

ISO 9001质量管理体系认证、欧盟A级生产控制体系认证、所有建筑原材料可追溯执照、联合国健康人居建筑认证供应商、国际木屋协会荣誉理事单位。

3. 技术能力

萨莱玛公司，规划分期建设厂房和仓库用地300亩，就业员工500人左右，全部投产后生产装配式木结构房屋40万平方米，主要产品装配式木结构别墅、酒店、养老度假木屋、景观木、仿古建筑、木结构公建等。

同时建设木结构装配式产业园，占地300亩，一方面作为欧洲木结构养老建筑、餐饮酒店建筑、幼儿园建筑样板项目展览，另一方面引入北欧顶级设计机构，以及以装配式建筑产业为发动机引入配套企业，成为装配住宅木结构行业最专业的生产基地和行业的领导者。

萨莱玛公司将凭借长期积累的产品核心技术和标准化的建造安装能力，基于大环境需求下，链接人与自然、宜居与养生、人文与风俗等各个元素，以"悦生活"为核心，通过整合项目上下游相关产业资源，为客户提供个性化的整体解决方案，并推动中国装配式建筑及旅游产业共同发展。

4. 设计特色与风格

萨莱玛公司由全球顶级木结构设计师担当产品设计、研发总监，其设计作品获得多项国际装配式木结构建筑奖项。萨莱玛公司将针对客户的需求量身打造精品木屋，并提供专业的服务。设计特色与风格如下。

（1）以项目自身的特质为依据的设计：萨莱玛公司设计依据其建造时间和场所的特征，平衡经济效益和环境资源，遵从传统的人文习俗，针对不同的地域、气候、历史和已经存在的建筑先例，针对不同的项目和不同的居住者，去寻求并找出适宜、得体的解决方案。

（2）以兼容多样式的风格为基础的设计：萨莱玛公司设计在多样的形式中追求平衡。根据业主、社会环境和建筑艺术的要求，设计者以全方位开放的思维参与到共同的目标之中。项目方案设计不仅在多样化中进行创造，并使得不同的建筑风格保持一贯的稳定水准。

（3）以全面和先进的技术为支持的设计：萨莱玛公司设计强调建筑学专业和其他专业的协同步调，把共同的设计构思贯彻到各专业之中。从方案到施工图，从构思概念到建造技术，以多专业的协作联合共同形成完善的项目作品。

（4）四维定制：实现产品风格定制设计、产品应用定制设计、物理环境分析、室内环境分析。其中物理环境分析是对项目的地理位置进行准确定位，根据项目所在地的物理参数（气象、风向、温度、降雨及全年总辐射等变量）更科学地制定项目方案。室内环境分析保证空气速度合理、温度分布均匀，居住舒适度高。

5. 可供货地区

中国及海外部分地区。

6. 产品报价

需根据规划设计提供预算报价。

7. 项目案例

（1）苏嘎教区的它米思泰克幼儿园（2010年装配式房屋一等奖）。

项目地点：爱沙尼亚。

建设时间：2010年。

占地面积：1250平方米。

项目介绍：该幼儿园项目是与当地建筑师和建筑工人合作创建的，涵盖了儿童学习和生活的各个方面。建筑物本身考虑了儿童的成长特性，建造了绿色环保的儿童户外游戏活动空间。建筑物内部设有儿童学习室、休息室、游戏室、活动室，个性化的设计，多元化的考虑，完全符合儿童成长的设计理念。如图9-1所示。

（2）阿鲁集团学院（2015年优秀模块化木结构房屋设计奖）。

项目地点：英国。

建设时间：2013年。

图 9-1　湖北萨莱玛木结构工程有限公司它米思泰克幼儿园案例

占地面积：1300 平方米。

如图 9-2 所示。

图 9-2　湖北萨莱玛木结构工程有限公司阿鲁集团学院案例

（3）爱沙尼亚森林别墅群。

项目地点：爱沙尼亚。

建设时间：2014 年。

占地面积：83 平方米。

数量：9 个。

如图 9-3 所示。

图 9-3　湖北萨莱玛木结构工程有限公司爱沙尼亚森林别墅群案例

（4）项目名称：芬兰别墅群——高科技元素房。

项目地点：芬兰。

建设时间：2015 年。

占地面积：314 平方米。

数量：13 个。

如图 9－4 所示。

图 9－4　湖北萨莱玛木结构工程有限公司芬兰别墅群案例

（5）项目名称：芬兰木屋别墅（Young Designers Award 年轻设计师奖）。

建设时间：2013 年。

占地面积：110 平方米。

如图 9－5 所示。

图 9－5　湖北萨莱玛木结构工程有限公司芬兰木屋别墅案例

（6）项目名称：挪威度假树屋别墅。

项目地点：挪威。

建设时间：2013 年。

占地面积：70～90 平方米。

数量：12 个。

（7）项目名称：瑞典别墅（Villa Design Award 别墅外观设计奖）。

项目地点：瑞典。

建设时间：2013 年。

占地面积：120 平方米。

数量：1 个。

如图 9 – 6 所示。

图 9 – 6　湖北萨莱玛木结构工程有限公司瑞典别墅案例

8. 联系方式

公司网址：www. saaremaahouse. com

热线电话：400 – 088 – 1008

北京品牌中心：13910696036

10　集成房屋

10.1　相关施工规范、标准

《建设工程施工现场临建房屋技术规程（轻型钢结构部分)》（DBJ 01 – 98—2005）

《建筑施工现场装配式轻钢结构临建房屋技术规程》（DBJ 14 – 039—2006）

《轻型集成房屋设计、制作与安装资格等级标准》（中建金协〔2017〕5 号）

《建设工程临建房屋应用技术标准》（DB 11/T693—2009）

《拆装式活动房屋》（CAS 154—2007）

10.2　行业发展现状

10.2.1　集成房屋介绍

集成房屋由结构系统、地面系统、楼面系统、墙面系统、屋面系统组成，每个系统由数个单元模块组成，单元模块在工厂制造完成，房屋现场由单元模块装配完成。集成房屋可拆装、可移动，不破坏土地。实现了千百年来房屋的"不动产"属性到"动产"属性的转变，实现了千百年来"房地产"的房产和"地产"的完全分离。

集成房屋的现场工期，是传统建筑模式的10%～30%。集成房屋的质量更加精细，实现了传统建筑模式厘米级误差到工厂化制造毫米级误差的转变。

1. 特点

集成房屋特点是一种专业化的设计，标准化、模块化、通用化生产，易于拆迁、安装便捷、运输便捷，可多次重复使用、周转的临时或具有永久性质的房屋。

2. 用途

广泛用于建设工地的临时办公室、宿舍；交通、水利、石油、天然气等大型野外勘探、野外作业施工用房；城市办公、民用安置、展览等临时用房；旅游区休闲别墅、度假屋；抗震救灾以及军事领域等用房。

3. 优势

集成房屋与传统的砖混结构房屋相比，新型建材系统的集成房屋具有的优势是无可替代的：一般的砖混结构房屋的墙体厚度多为 240 毫米，而活动房屋在同区域条件下小于 240 毫米。集成房屋的室内可用面积比传统的砖混结构房屋大得多。

集成房屋重量轻，湿地作业少、工期短。房屋热工性能好，集成房屋的墙面板是采用隔热的泡沫彩钢夹心板。集成房屋所用的建材大部分可回收利用降解、造价低、是绿色环保的房屋。砖混结构不环保，大量使用黏土，破坏生态减少了耕地，因此，集成房屋在科技上的突破和应用，将是长期的，将会改变传统意义上的建筑模式，使得人类的居住成本变得更小，居住环境变得更好，更能在环境保护上做出重大贡献。

4. 分类

（1）彩钢活动房。

工地上用的活动板房也是集成房屋的一种，是采用 C 型钢、H 型钢焊接的骨架，墙面板和屋面板采用隔热的彩钢夹心板，组装而成的简易房屋。

（2）轻钢结构房屋。

轻钢房屋具有非常好的保温性能，因为它的设计是以安全、宜居为导向的，本身含有保温层和隔热层，杜绝热桥现象，冬天屋里非常暖和，夏天非常凉爽，真正做到了冬暖夏凉。在绝大部分地区可以基本做到冬天不生火炉，夏天不用空调。

轻钢结构房屋还具备非常好的抗震性，因为它选用轻钢龙骨作为房屋的承重结构，钢结构房屋具有很好的韧性和延展性，可以抵御 8 级以上地震，非常安全、非常实用。

此外，轻钢房屋的建造速度也非常快，一栋 200 平方米的建筑只需几周就能竣工。因为除了地基以外，轻钢房屋所需的材料都是在工厂生产后运输到现场像组装汽车一样组装的，这样不仅降低了施工难度，房屋的质量也很好控制。

（3）木屋。

木结构即承重构件采用方木或圆木制作的单层或多层木结构。木屋不仅冬暖夏凉、抗潮保湿性强，还蕴含着醇厚的文化气息，淳朴典雅。

10.2.2 集成房屋行业发展现状

1. 企业资质分类

根据《轻型集成房屋设计制作与安装资格等级标准》，轻型集成房屋（包括应用于集成住宅、模块化房屋、箱式房屋、冷弯薄壁轻钢集成房屋、临时性活动彩钢板房等）设计、制作与安装资格设特级、一级和二级三个等级。其承担业务范围如下。

特级：可承担各种类型建筑轻型集成房屋工程的设计、产品制造、系统集成、系统安装项目。

一级：可承担单体建筑面积 2 万平方米及以下的中、小型建筑轻型集成房屋的产品制造、系统集成、系统安装项目。

二级：可承担单体建筑面积 5000 平方米及以下的小型建筑轻型集成房屋的产品制造、系统安装项目。

2. 集成房屋行业现状

集成房屋（又称活动房屋）产生于 20 世纪 50 年代末，是一种专业化设计，标准化、模块化、通用化生产，易于拆迁、仓储，可多次重复使用、周转的临时房屋。

（1）国内行业现状。

目前，我国集成房屋行业处于不完全垄断竞争状态，全国集成房屋加工企业已经超过一千家，其中全国性大型集成房屋企业数十家，具有代表性的有雅致集成房屋股份有限公司、榕东活动房股份有限公司、北京诚栋房屋制造有限公司等，其主要集中在上海、江苏、浙江、天津、北京等地，同时行业内还存在大量设施简陋、设备简单、施工粗糙的"作坊式"工厂。集成房屋市场竞争异常激烈，行业中存在着三重竞争，即国内集成房屋企业间的竞争、国内集成房屋企业与国外集成房屋企业间的竞争、现有集成房屋企业与传统建筑企业和上、下游企业转型而来的集成房屋企业间的竞争。

集成房屋行业目前的总体局面是生产企业数量众多，但单个企业规模小；市场集中度低，大部分企业集中在低端市场进行激烈竞争；竞争手段主要是价格竞争。全国性大型集成房屋企业的供货能力强、辐射范围广、产品质量好、服务优良，是大型基建项目的优先供应商，因而基本垄断了高端优质客户。其他众多的生产厂商由于运输半径的限制，只在区域市场生产和销售，相对于全国的市场容量而言其销售份额很小。

导致行业集中度低的原因主要有以下几点：①产业的进入障碍低。从技术、设备上来讲无法构成很高的进入障碍，虽然前期投资较大，但资本的进入热情仍然高涨。②集成房屋行业作为一个新兴产业，其体系还不完善、操作未能完全规范，这也在一定程度上造成了上述高度分散化的局面。比如集成房屋行业中的彩钢活动房无须任何资质认证即可开工生产，其竞争的激烈形势远超过需要国家资质认证的轻钢结构活动房。③交通运输成本较高。集成房屋产品的重量、体积都比较大，远途运输将会大大增加项目建设成本。根据统计，集成房屋企业的经济运输半径一般为一千米，由于受到运输半径限制，必须拥有足够的分支机构才能确保业务的顺利运转，而行业内多数企业则无力维持庞大的覆盖网络。

（2）国外行业现状。

经过近 50 年的发展，集成房屋在欧美与日本市场发展规模以及行业集中度都已达到较高水平。日本形成以大和房屋集团、东海房屋为代表的整体式和折叠式房屋，欧美形成以美国通用设备公司 GE、法国 ALGECO、德国 ALHO 为代表的箱形活动房屋。中国在 20 世纪 70 年代也逐步运用，在 90 年代末，一些企业看到集成房屋在未来的应用会逐渐扩大并可能产生革命性的影响，开始从简单的活动板房制造向生产可永久居住的整体住宅转变。在国内已经形成比较有规模的集成房屋制造公司，其产品以价格低、节能、环保等优越性能，已经远销世界各地。国内已有几家在集成房屋领域研发、生产、施工领先的企业，但大部分小企业专业化水平欠缺，走低价位路线的现象明显。同时，由于我国在这方面还没有完善相关规程，各自为战、自成体系的局面势必会影响推广应用。

在国外，到处可以看到活动房屋，它是由成型的彩钢板和铝材搭建而成的临时房屋。接通水管、煤气管道、电源线，就可以入住了。活动房屋最大的优势就是造价低廉、环保，仅为同面积住房的 1%～10%，建一个普通的居民房需要十个月甚至一年以上，而搭建这样的活动房屋只需一两天就足够了。在悉尼奥运会上这样的活动式住房的优越性几乎被发挥到了极致。

在英国，活动房屋受到上班族的青睐。英国的房地产这几年一直比较红火，新建住房供不应求是直接原因。据英国房屋建筑协会的统计数据表明，2005 年英国全国新建的住宅总数为 1924 年以来的最低水平，这里每年新建的住房只能满足 1/4 家庭需要，而大多数住房是满足高收入阶层的需要。为了缓解英国住房危机，政府亲自上阵"推销"轻钢微型活动房屋，这种活动房屋面积不大，只有 35 平方米。但是功能齐全，卧室装有兼作存储柜的折叠餐桌，厨房内烤箱、电炉、冰箱、洗衣机等样样齐全。

在美国，活动房屋是汽车后面流动的家。美国流行一种可以拖在汽车后面行走的活动房屋。它实际上是一个流动的居室，一个可以移动的家。这房屋看起来很简单，由一个长方形的拖车车身做成，长度为 17 米左右，宽度为 5 米左右。虽然体积不大，但是里面却根据不同的要求分隔成卧室、起居室、浴室和厨房等。可谓"麻雀虽小，五脏俱全"。

国外活动房屋的运输半径一般从 10 千米到 300 千米不等，由于受运输半径限制，必须有足够的分支机构才能确保其租赁业务快速运转。法国 ALGECO 在欧洲 9 个国家有 89 个分支机构，7 家生产基地，超过 1600 名员工；通用公司更是有遍布全球的分公司。庞大的资金规模、技术力量、销售网络、运输系统是确保公司正常运作与竞争的有力武器。

国外活动房屋除了用于临建行业的工地临时用房外，还包括商业的办公楼、商店、实验室；用于工业的厂房；用于公用建筑的学校、幼儿园、疗养院、医院；用于旅游业的旅游别墅、汽车旅馆、酒店、餐厅；用于传统建筑业的民用住宅；等等。

未来的集成房屋将充分运用太阳能、风能、地热能，成为真正自给自足的绿色环保房屋。

11 幕墙施工单位

11.1 相关施工规范、标准

《建筑幕墙》（GB/T 21086—2007）

《建筑门窗幕墙用钢化玻璃》（JG/T 455—2014）

《建筑幕墙用陶板》（JG/T 324—2011）

《建筑幕墙用瓷板》（JG/T 217—2007）

《人造板材幕墙工程技术规范》（JGJ 336—2016）

《建筑幕墙用硅酮结构密封胶》（JG/T 475—2015）

《太阳能光伏玻璃幕墙电气设计规范》（JGJ/T 365—2015）

《建筑门窗幕墙用中空玻璃弹性密封胶》（JG/T 471—2015）

《建筑门窗、幕墙中空玻璃性能现场检测方法》（JG/T 454—2014）

《建筑门窗幕墙用钢化玻璃》（JG/T 455—2014）

《建筑幕墙用平推窗滑撑》（JG/T 433—2014）

《建筑幕墙工程检测方法标准》（JGJ/T 324—2014）

《小单元建筑幕墙》（JG/T 216—2007）

《吊挂式玻璃幕墙用吊夹》（JG/T 139—2017）

《建筑门窗及幕墙用玻璃术语》（JG/T 354—2012）

《建筑幕墙、门窗通用技术条件》（GB/T 31443—2015）

《建筑幕墙用铝塑复合板》（GB/T 17748—2016）

《玻璃幕墙光热性能》（GB/T 18091—2015）

《建筑门窗、幕墙用密封胶条》（GB/T 24498—2009）

《建筑幕墙热循环试验方法》（JG/T 397—2012）

《人造板材幕墙》（13J103－7）

《双层幕墙》（07J103 - 8）

《铝合金玻璃幕墙》（97J103 - 1）（已废止）

《建筑幕墙》（03J103—2 ~ 7）

11.2 行业发展现状

1. 建筑幕墙工程设计企业资质分类

（1）建筑幕墙工程包括玻璃幕墙、金属与石材幕墙、点支承玻璃幕墙、单元式幕墙以及采光屋顶等建筑幕墙工程类型。其他类型的建筑幕墙可参照执行。

（2）建筑幕墙工程设计专项资质设甲、乙两个级别。

（3）承担任务范围

甲级承担建筑幕墙工程专项设计的类型和规模不受限制。乙级可承担各类型幕墙高度在 80 米以下且幕墙单项工程面积在 6000 平方米以下的建筑幕墙工程专项设计。

2. 行业发展状况

（1）国外建筑幕墙工程的发展与现状。

建筑幕墙在国外已经有上百年的发展历史，经历了探索、发展、推广和提升 4 个阶段。

第一阶段：探索阶段（1851—1950 年）。

古代建筑因为材料限制，幕墙装饰应用较少。随着工业化革命，大量新型工业材料应用于建筑中，人们在满足基本住房需求基础上，需要提高住宅的舒适度和观赏价值，因此最早的建筑幕墙应用在欧洲第一次工业革命开始伴随工业材料而逐步兴起。欧洲的玻璃工业发展了 1000 多年，早期的教堂也使用玻璃作为建筑材料装饰美化，但作为整体的幕墙工程应用于建筑上的标志性事件是 1850 年英国伦敦工业博览会上建造的水晶宫，这个建筑的玻璃幕墙被认为是世界上第一个正式采用玻璃幕墙的建筑物。在这个阶段，建筑幕墙应用了新型的玻璃，使用了一种新型的材料防止漏水，增加建筑的装饰保湿效果。采用的新型材料增加了密闭性，改善了隔音效果，同时不断提高密封件的质量，延长其寿命，防止老化。

第二阶段：发展阶段（1951—1980 年）。

第二次世界大战后的第二次工业革命促进了幕墙行业的发展，比如新型的铝型材料大量使用于建筑行业，由于其可塑性强，利用其压制的各种材料形成的幕墙节点构造更为平衡；另外，一些新型的硅酮结构胶具有更好的变形能力，黏结性和寿命也大大增强，这些新材料新技术应用于幕墙工程，使其工艺大为提升，而且单元式幕墙在这个阶段也开始出现。

第三阶段：推广阶段（1981—1995 年）。

材料科学的不断进步，使建筑材料的应用多样化，不仅传统的玻璃不断出现革新，石材、金属、混凝土的新技术和工艺也应用于建筑幕墙。自20世纪80年代开始，单元式幕墙已经形成了配套产业，工厂化供应使幕墙的安装使用更为便捷，而新的大型公用建筑基本上都把幕墙作为标准配置。

第四阶段：提升阶段（1996年至今）。

随着时代发展，以装饰为目的的幕墙逐步向智能化发展。21世纪的主题是科技与环保，而居住的要求更加多元化，同时兼顾生态功能也成为新一代幕墙的发展要求，这给幕墙行业注入了新的活力。智能幕墙随着外界环境变化，利用新型材料，自动进行温度调节，在增加了新型太阳有硅片的双层光电幕墙系统还可以直接获取太阳能为整个建筑提供能源支持，而幕墙随着太阳的角度不同的旋转，还可将采光与温度调节进行有效的结合，未来互联网技术应用，可以过程进行调控，这些都为未来的幕墙发展提供了无限发展和想象空间。

（2）我国建筑幕墙工程的发展与现状。

我国建筑幕墙行业是伴随改革开放起步的，至今仅有40多年的历史，但这40多年以来，建筑幕墙行业伴随着我国城市化进程得到了长足的发展。建筑幕墙行业从无到有，已经形成了一个较为成熟的产业，到2017年中国建筑幕墙行业的产值规模超过4000亿元。1985年建成的长城饭店被认为是国内第一栋现代化玻璃幕墙建筑，进入90年代后，房地产作为龙头行业带动国民经济发展，城市化进程加快，建筑越来越高层化，单一的格子楼不能满足人们的审美需求，建筑幕墙在新型建筑上广泛使用，而且从公共建筑引入到民用建筑。

由于起步晚，早期的建筑幕墙主要是借鉴和模仿，就是拿来主义，这是20世纪以前幕墙行业普遍采用的方式。这个阶段，建筑幕墙行业的监督管理上也是一片空白，行业基本上是无序发展，整个行业缺少相应的技术标准来规范和约束行业的发展。而一些不具备应有资质的小企业靠关系承揽幕墙工程，导致了很多粗制滥造的幕墙工程，出现了各种各样的质量问题和安全隐患。

1996年建设部组织编制的《玻璃幕墙工程技术规范》是我国第一部规范的建筑幕墙指导技术规范，代表着幕墙行业从混乱无序发展逐步纳入了行业规范管理阶段，使得我国建筑幕墙行业走上有序发展的道路。一些规范并未随着建设部撤销而消亡，而是随着中国幕墙建筑市场的发展而不断补充改进，弥补了原来制订的那些标准的不足之处，并增补了以前没有的产品和技术内容，又对门窗幕墙的材料规范、检验规范和验收规范进行了补充，使之成为目前行业发展的基本规范性文件。同时，在规范的市场下，国内逐步涌现出一批实力雄厚的建筑幕墙企业，它们带动了整个幕墙产业走向发展成熟。

进入21世纪，我国建筑幕墙行业迎来了新的发展契机，一些大型工程大量采用了新型幕墙设计，特别是像奥运工程鸟巢、水立方、国家大剧院、央视新楼以及国内众多的新型火车站、机场都大量采用建筑幕墙，使幕墙从最初的配套点缀逐步上升为建筑的突出部分。这些发展，对于技术的要求大为提高，框架从半隐框到隐框甚至全玻璃的要求，不断对工程提出了更高的材料和质量要求，这些高难度的、技术复杂的幕墙工程逐步国产化，大大提升了我国幕墙行业的技术水平、生产能力以及管理水平。一些大的幕墙企业还走向欧美、东南亚的一些国家，承接了很多当地的大型幕墙工程，使得我们的幕墙产品和幕墙技术走向世界。

根据近年来的行业分析报告表明，中国幕墙产业的年产值已远高于同期建筑业，已成为引领我国建筑产业发展的标杆性行业之一。由于受到全球经济一体化的影响及2008—2009年全球金融危机的冲击，国外市场出现疲软的状态，对大型建设项目的投资大幅萎缩，甚至部分已处于停工状态。与之相反，国内的房地产业还处于高速增长阶段，这必然导致许多先进国家的幕墙领军企业加速进入中国市场，并通过直接投资、企业兼并、控股、融资等方式参与国内幕墙工程市场的角逐。与此同时，凭借多年来在国内外市场上竞争经验积累，我国幕墙行业骨干企业在研发、设计、生产与施工等技术方面已经接近或达到国外先进技术水平。凭借我国原料、人力资源成本较低的优势，一些大型骨干幕墙企业还积极拓展海外市场，并且取得重大突破。世界幕墙行业的技术、经济资源已向中国等具备一定市场规模，并且有相应工业基础的发展中国家集中和转移。在当前，我国幕墙行业的发展状况和发展趋势具有以下特点。

①市场发展趋于理性，行业逐步规范化。在国内幕墙的中高端工程市场，业主方对于价格的敏感度在逐渐下降，更多关注于幕墙施工企业的技术、业绩、产品质量及资金、管理能力等方面。这也必然引导幕墙企业走向经营规模化、资源集成化、生产精益化的发展道路。

②市场容量迅速扩大。由于我国城市化进程还处于加速发展阶段，主要以公共建筑为最终载体的建筑幕墙装饰产品需求量一直增速不减，建筑幕墙的市场空间不断扩大。建筑幕墙的用户从早期单一的政府机关单位，发展至今天以企事业单位，特别是商业房地产市场为主。在幕墙供应方面，不但以往老牌的幕墙企业在继续扩张，其他仍处于观望状态的资本也纷纷投入这一行业。

③市场发展的重心从一线大城市转移到二、三线城市。随着国家一系列产业结构调整政策及区域重新规划，幕墙市场也从早期的北、上、广、深等一线大城市及环渤海、长三角、珠三角三大经济圈逐渐扩展至中西部省会城市和东部二、三线城市。

④产品升级和技术创新速度加快。随着新材料、新工艺、新技术的出现以及国外先进产品的不断引进，国内建筑幕墙产品也紧跟国际潮流，逐步向高效节能、绿色环保、智能化、高技术化的方向发展。大型幕墙企业对单元式幕墙等高度工业化的产品技术的研究也不断深入、标准化水平不断提高，单元幕墙、双层呼吸式幕墙、光伏幕墙、绿色生态幕墙等高新产品逐渐取代普通产品进入中高端市场。

12　装配式 PC 构件及设备生产厂商

12.1　相关生产规范、标准

《装配式混凝土结构住宅建筑设计示例（剪力墙结构）》（15J939－1）

《装配式混凝土结构表示方法及示例（剪力墙结构）》（15G107－1）

《预制混凝土剪力墙外墙板》（15G365－1）

《预制混凝土剪力墙内墙板》（15G365－2）

《桁架钢筋混凝土叠合板（60mm 厚底板）》（15G366－1）

《预制钢筋混凝土板式楼梯》（15G367－1）

《装配式混凝土结构连接节点构造（楼盖结构和楼梯）》（15G310－1）

《装配式混凝土结构连接节点构造（剪力墙结构）》（15G310－2）

《预制钢筋混凝土阳台板、空调板及女儿墙》（15G368－1）

《混凝土结构工程施工质量验收规范》（GB 50204—2015）

《混凝土结构工程施工规范》（GB 50666—2011）

《装配式建筑评价标准》（GB/T 51129—2017）

《钢筋机械连接技术规程》（JGJ 107—2016）

《钢筋套筒灌浆连接应用技术规程》（JGJ 355—2015）

《装配式混凝土结构技术规程》（JGJ 1—2014）

12.2　行业发展现状

12.2.1　PC 混凝土概念与相关产品分类

1. PC 混凝土概念

预制装配式混凝土结构（简称 PC）其工艺是以预制混凝土构件为主要构件，经装配、连接，结合部分现浇而形成的混凝土结构。PC 构件是以构件为加工单位进行工厂化制作而形成的成品混凝土构件。

以美国为代表的欧美国家，于第二次世界大战之后率先提出并实施 PC 构件产业化之路。PC 构件具有高效节能、绿色环保、降低成本、提供使用功能及性能等诸多优势。近年来，建筑产业化、节能减排、质量安全、生态环保等建筑新理念为 PC 构件产业发展带来了契机，城镇化进程中的大量基础设施建设，要求标准化、快速建造的高质量保障房建设，急需生产大量的 PC 构件。

PC 构件部品在工厂成批量生产，按施工进度要求配送，将传统的建筑工地变成建筑构件生产工厂的"总装车间"。产业化流水线生产的预制构件质量水平高、工业化程度高，工厂成型模具和生产设备一次性投入后可重复使用，同时减少了现场装配的劳动力资源投入。

2. 预制构件主要产品类型

PC 构件产品按照应用领域不同可分为建筑工程 PC 构件和市政工程 PC 构件两大类。

建筑工程 PC 构件主要产品为预制墙板、预制梁柱、预制楼板、预制楼梯、预制阳台、窗台板、空调板等其他构件。

预制墙板分为承重墙板、非承重墙板两类。承重墙板包括预制剪力墙外墙板（三明治墙板）、预制剪力墙内墙板（普通 PC 墙板）；非承重墙板有复合外墙板（保温装饰外墙板）、复合内墙板（轻质隔音内隔墙）、普通轻质隔墙板。

预制混凝土楼板主要产品有预制叠合楼板、预制预应力空心楼板、免支撑支模现浇楼板等类型。

市政工程 PC 构件主要产品为预制管廊、预制管桩、盾构管片、高铁轨道板、轨枕、预制挡土墙、围墙、检查井等其他部品。

12.2.2 装配式构件生产行业发展现状

1. 政府鼓励与产业推动政策

《国务院办公厅关于大力发展装配式建筑的指导意见》对优化部品部件生产提出以下要求：引导建筑行业部品部件生产企业合理布局，提高产业聚集度，培育一批技术先进、专业配套、管理规范的骨干企业和生产基地。支持部品部件生产企业完善产品品种和规格，促进专业化、标准化、规模化、信息化生产，优化物流管理，合理组织配送。积极引导设备制造企业研发部品部件生产装备机具，提高自动化和柔性加工技术水平。建立部品部件质量验收机制，确保产品质量。

住建部《"十三五"装配式建筑行动方案》（以下简称《行动方案》）要求到 2020年，全国要培育 200 个以上装配式建筑产业基地。

为鼓励建筑工业化发展，配合《行动方案》要求，国家和各地区政府出台了一系列优惠政策，如选取试点项目、扶持建筑工业化基地建设，对采用装配式建造方式的住宅奖励建筑面积、降低地价、建筑节能专项扶持资金补贴，以及在供地面积总量中落实装配式建筑的建筑面积比例等。一批重点开发区对住宅产业化建设加大了招商引资力度；国家积极推进的住宅产业化基地建设项目，推动了住宅产业化的发展。

2. 行业发展现状

随着我国住宅产业化基地建设的积极推进，发展了一批符合住宅产业现代化要求的产业关联度大、带动能力强的龙头企业。这些企业具备较强的技术集成、系列开发、工业化生产、市场开拓与集约化供应的能力，积极研究标准化、系列化、配套化和通用化的新型工业化住宅建筑体系、部品体系与成套技术，对提升产业整体技术水平起到了积极推进作用，成为工业化生产行业示范企业。

除传统的预制构件生产厂商外，近年来，各建设集团、地产公司、投资集团纷纷成立住宅工业公司、新型建筑科技公司，各级城市也在纷纷引入高质量产业园区建设项目，目前已建设或准备立项建设多个建筑产业工业园区、住宅产业化基地、绿色建筑集成生产基地、新型材料工业园。对建造方式的创新、建筑产业的转型升级起到示范、引领、推动作用。

全国新建改建的新型预制构件生产线数百条。各大集团建设的住宅产业化生产基地，一般运营建设 PC 预制构件自动化流水线至少两条，有固定模台构件车间、钢筋加工车间，配备完备的混凝土实验室、室内混凝土搅拌站、室外成品堆场及企业文化展示中心。根据地域发展和服务范围，PC 构件生产厂设计年产能一般为 10 万～30 万立方米，产业园区 PC 构件年生产能力一般为 60 万～150 万立方米。在 PC 工厂规模、PC 构件生产能力、生产管理与产品研发等方面都取得了较大突破。

在行业迅速发展的同时，我们应该看到行业发展的缺陷和不足。

在 PC 构件生产管理方面，应结合现场施工管理技术和手段，加强 PC 构件生产过程管理和质量控制，提升 PC 构件生产制造整体水平。加强 PC 构件生产与现场安装技术协调研究，如预制构件深化设计与构件施工的构造配合、预制构件生产加工质量控制、预制构件运输及吊装、墙体安装防护等。

加强 PC 构件产品研发，重点研制新型高品质预制构件、新型节能环保材料预制构件，如三明治剪力墙外墙板、保温装饰复合外墙板、轻质隔音复合内隔墙板等。同时应加大预制构件设备辅材和构造研究等。

12.3　典型企业

12.3.1　沈阳卫德住宅工业化科技有限公司

1. 企业介绍

沈阳卫德住宅工业化科技有限公司，是为适应国家建筑工业化发展而成立的一家高科技企业，作为国内较早一批专注于建筑工业化的团队，卫德住宅科技掌握从前期的工艺规划、工厂建设到 PC 产品的深化设计、生产、安装的全套技术，并为客户提供建筑工业化全套解决方案。

公司前身是辽宁荣昌集团构件事业部，2007 年开始与万科合作研发建筑工业化相关技术，2012 年公司独立运营。公司下设深化设计部、工艺研发部、运营研发部和市场服务部，拥有一支高素质专业技术团队，参与编写或审核的国家标准有《工业化建筑评价标准》《钢筋连接用灌浆套筒》，地方标准有辽宁省《装配整体式剪力墙结构设计规程》《装配整体式混凝土构件生产和施工技术规范》、吉林省《装配整体式混凝土剪力墙结构体系居住建筑技术规程》等。

公司拥有丰富的装配整体式项目实施和 PC 工厂建设运营业绩，作为国内这个产业最早期的参与者和研发者之一，致力于推动中国建筑工业化事业的发展，促进中国建筑业转型升级，并提供建筑工业化 PC 工厂全套技术服务。

2. 装配式业务优势

提供建筑工业化 PC 工厂全套技术服务：工艺设计、建厂服务、深化设计、模具设计、生产培训、安装培训。

3. 装配式项目案例

已为包括天津住宅集团、西安建工集团、中建海峡建设发展有限公司、北京市政路桥集团、中国二冶集团有限公司等近 20 家 PC 工厂提供全程技术服务，并为山西省政府、西安市政府、中国水泥和混凝土制品协会等做过建筑工业化方面的诸多培训。

完成万科金域蓝湾 27#楼、万科城、万科春河里、沈阳凤凰新城保障房、沈阳惠生保障房等。

4. 联系方式

公司名称：沈阳卫德住宅工业化科技有限公司

公司地址：辽宁省沈阳市沈北新区蒲河大道 888 号东北总部基地

公司电话：024－66801091

公司网址：http：//www.chinaeasypc.com

联系人：张楠（女士）

12.3.2 北京市产业化住宅部品名录

北京市产业化住宅部品名录

公司名称	主要产品
北京城建建材工业有限公司	叠合板，楼梯，阳台板，外墙板，空调板，内墙板

公司名称	主要产品
北京建工新型建材科技股份有限公司	预制混凝土空调板，预制混凝土内墙板，预制混凝土叠合板，预制混凝土阳台板，预制混凝土外墙板，预制混凝土楼梯板，预制混凝土隔墙板
北京市燕通建筑构件有限公司	预制混凝土空调板，预制混凝土阳台板，预制复合墙板－预制混凝土内墙板，预制复合墙板－预制夹心保温外墙板，预制混凝土楼梯
北京榆构（集团）有限公司	预制空调板，预制装饰板，预制阳台板，预制外墙板，预制楼梯，预制内墙板，预制叠合板
北京中铁房山桥梁有限公司	预应力混凝土铁路桥梁、轨枕、各类混凝土预制构件、金属结构件、机械配件
北京珠穆朗玛绿色建筑科技有限公司	预制空调板，预制叠合楼板，预制墙板，预制阳台板，预制楼梯
北京住总万科建筑工业化科技股份有限公司	预制墙体、梁柱、叠合板、阳台板、空调板、楼梯、景观构件
多维联合集团有限公司	普通预制钢支撑，普通预制钢楼梯，普通预制钢柱，普通预制钢梁
河北榆构建材有限公司	预制阳台板，预制内墙板，预制叠合板，预制装饰板，预制空调板，预制外墙板，预制楼梯
天津工业化建筑有限公司	预制叠合楼板，预制楼梯，预制空调板，预制夹心保温外墙板
天津远大兴辰住宅工业有限公司	预制叠合梁，预制叠合楼板，预制楼梯，预制隔墙板，预制混凝土夹心保温剪力墙板，预制内墙板，预制空调板
远大住宅工业（天津）有限公司	混凝土预制构件、轻质建筑材料、金属结构（冶炼除外）、门窗、橱柜、家具、卫生洁具、电力电子元件
正方利民工业化建筑科技股份有限公司	楼梯，空调板，桁架叠合楼板，阳台板，外墙板，内墙版，桁架叠合楼板
中国二十二冶集团有限公司	预制楼梯，预制内墙板，预制混凝土叠合楼板，预制夹心保温外墙板，预制阳台板
中建二局安装工程有限公司	普通预制钢柱，普通预制钢梁，普通预制钢支撑
中建科技（北京）有限公司	预制地下综合管廊预制构件、地铁管片建筑管片预制构件、各类结构体系装配式工业建筑预制构件
中建科技天津有限公司	预制叠合楼板，预制楼梯，预制隔墙板，预制混凝土空调板，预制叠合梁，预制混凝土内墙板，预制夹心保温外墙板（三明治体系）
中铁六局集团丰桥桥梁有限公司	预制外墙板，预制空调板，预制叠合板，预制楼梯，预制阳台板，预制内墙板

13 装配式非承重墙板生产企业

13.1 相关生产规范、标准

《现浇金属尾矿多孔混凝土复合墙体技术规程》（JGJ/T 418—2017）

《钢边框保温隔热轻型板》（JG/T 513—2017）

《建筑用发泡陶瓷保温板》（JG/T 511—2017）

《建筑隔墙用轻质条板通用技术要求》（JG/T 169—2016）

《尾砂微晶发泡板材及砌块》（JG/T 506—2016）

《可拆装式隔断墙技术要求》（JG/T 487—2016）

《外墙保温复合板通用技术要求》（JG/T 480—2015）

《非结构构件抗震设计规范》（JGJ 339—2015）

《建筑结构保温复合板》（JG/T 432—2014）

《建筑用真空绝热板》（JG/T 438—2014）

《建筑轻质条板隔墙技术规程》（JGJ/T 157—2014）

《建筑防火涂料有害物质限量及检测方法》（JG/T 415—2013）

《建筑模数协调标准》（GB/T 50002—2013）

《绿色工业建筑评价标准》（GB/T 50878—2013）

《人造板工程节能设计规范》（GB/T 50888—2013）

《钢铁渣粉混凝土应用技术规范》（GB/T 50912—2013）

《铁尾矿砂混凝土应用技术规范》（GB 51032—2014）

13.2 行业发展现状

13.2.1 相关产品分类与介绍

1. 相关产品分类

（1）按照功能分类。

装配式轻质墙板按照功能分为：非承重复合墙板、轻质隔墙板、其他类型墙板。

复合墙板根据使用部位不同又分为复合外墙板、复合内墙板，复合外墙板一般为保温装饰一体墙板、复合内墙板为轻质隔音内隔墙板。

轻质隔墙分为轻质外挂板、内墙装饰板两种类型。

其他墙板指围墙板、声障板、防火墙板、遮阳板等产品。

（2）按照材料类型分类。

装配式轻质墙板按照原材料类型不同分为：轻质混凝土墙板、预制水泥墙板、其他材料墙板。

2. 主要墙板产品介绍

（1）保温装饰一体化板外墙板。

保温装饰一体化板也叫节能保温装饰一体板，是由黏结层、保温装饰成品板、锚固件、密封材料等组成。分为五大系列产品：氟碳金属漆饰面系列、聚氨酯金属漆饰面系列、氟碳实色漆饰面系列、聚氨酯实色漆饰面系列和仿石材、仿花岗石饰面系列。其饰面层、载体层、保温层所用材料如下。

饰面层：真石漆饰面、艺彩石饰面、转印仿石饰面、氟碳实色饰面、氟碳金属漆饰面、天然石材饰面。

载体层：天然花岗石、高强度无机树脂板、高强度铝板、优质钢板。

保温层：EPS 聚苯板、XPS 挤塑板、石墨聚苯板、无机岩棉板、真金板、聚氨酯板。

（2）轻质隔音内隔墙板。

轻质隔墙板是一种新型节能墙材料，由无害化磷石膏、轻质钢渣、粉煤灰等多种工业废渣组成，经变频蒸汽加压养护而成。内层装有合理布局的隔热、吸声的无机发泡型材或其他保温材料。

轻质水泥夹芯复合板有水泥岩棉夹芯板、水泥聚苯颗粒砂浆夹芯板、发泡水泥夹芯板、水泥膨胀珍珠岩夹芯板四种类型。

13.2.2 非承重墙板生产行业发展现状

1. 政府鼓励与产业推动政策

2014 年 12 月，国家发展改革委、科技部、工业和信息化部、财政部、环境保护部、商务部六部委联合印发《重要资源循环利用工程（技术推广及装备产业化）实施方案》，对产业废弃物资源化利用提出以下要求："到 2017 年，在共伴生矿产资源、尾矿、粉煤灰、煤矸石、冶炼渣、工业副产石膏、赤泥、建筑废物等领域研发 60～70 项具有自主知识产权的技术、装备，推广 50～60 项先进适用技术、装备"。"研发建筑废物的分类与再生骨料处理技术、建筑废物资源化再生关键装备、新型再生建筑材料应用技术工艺。推广再生混凝土及其制品制备关键技术、再生混凝土及其制品施工关键技术"。

2015 年 4 月，《中共中央国务院关于加快推进生态文明建设的意见》正式发布，提出"完善再生资源回收体系，推进建筑垃圾资源化利用。"

2. 行业发展现状

建筑墙板行业隶属墙体材料，由于板材规格尺寸工整、易于成型、便于机械化生产，而且板材一般规格较大、结构性强，特别适合采用整体式装配，能做到生产工业化、产品标准化、规格尺寸模数化、施工装配化。此外，轻质墙板原材料能最大限度地利用固体废弃物和建筑垃圾，是适合的新型再生建筑材料制品。

随着建筑工业化、住宅产业化进程的加快，我国综合利废力度的加大，以及相应产品国家标准、施工和验收规范陆续颁布实施，极大地促进了我国建筑隔墙板行业的发展。行业发展体现以下态势：

（1）隔墙板产品。

隔墙板集多功能于一体，满足轻质、高强、隔热、隔声、防水、低收缩等功能。

隔墙板尺寸向大块型方向发展，以满足建筑工业化部品化及现代机械化施工的需求。

（2）技术装备生产企业。

建筑隔墙板技术装备水平有所提高，为行业注入了新的动力。以北京紫微斯达、山东天意、河南玛纳等为代表的，从事轻质墙板成型机械设计与全自动生产线研发的建材机械制造企业，研制的建筑隔墙板成套设备及生产线，基本实现了关键设备国产化及设备成套自动化的突破。

（3）面临问题及研究方向。

墙板行业面对的问题是如何围绕新需求开辟新领域，提高质量、档次和品牌，如何解决传统产能过剩、新的高档的产品供给不足的问题。

在技术研发方面，除进一步加大复合、节能墙体性能研究外，需进一步加强再生材料墙板研制、工业化施工技术研究及设备研制、自动化高质量墙板生产装备研制等领域研究。

墙板技术装备研究：如墙板成型机械真空机理研究与装备开发、墙板板头及接缝榫槽的精加工及相关加工装备研究与装备开发、墙板隔声复合材料及相关装备研究与装备开发、精加工板材生产及自动化墙板施工及自动化可装配及拆卸的研发等。

墙板工业化施工：如加强墙板施工组装设备的技术研发、墙板接缝材料的选择及研发等。

新型再生建筑材料墙板研制：如高效利用固体废弃物和建筑垃圾作为墙板原材料、新型再生建筑材料应用技术工艺、再生混凝土及其制品制备等关键技术。

13.3 典型企业

江苏久诺建材科技股份有限公司

1. 企业介绍

公司名称：江苏久诺建材科技股份有限公司。

经营范围：建筑材料的研发及技术转让、技术服务；仿石砂浆、涂料（危险化学品除外）的生产销售及技术转让；腻子的销售；建筑装饰装修工程设计与施工；自营和代理各类商品及技术的进出口业务；外墙保温材料、保温装饰一体板的研发、生产、安装。（依法须经批准的项目，经相关部门批准后方可开展经营活动）

公司类型：集研发、生产、销售、设计、施工为一体的系统化方案提供商。

企业历史及荣誉：久诺公司从 1996 年开始从事外墙装饰，久诺集团在外墙装饰领域拥有 20 年专业经验，全国设有两大生产基地，36 个办事处及分公司，五大工程技术服务中心，2015 年建成投产的久诺金坛生产基地按照"现代化、自动化、标准化"进行建设，自动化称量装置、智能化加料系统等，全面提升产品品质和色差可控性。新生产基地一期的建成，成为亚洲真石漆最大生产基地及国内最大仿石饰面保温装饰一体板制造企业之一。目前，基地二期正在装修，已于 2018 年 6 月完工。

久诺始终立足行业高度，践行企业价值，为客户提供优质的成品，致力于成为民族骄傲品牌。久诺不单单是一个优质的原材料生产商，更是一家外墙装饰系统整体解决方案的供应商。久诺从成本控制、设计深化、产品体系、施工组织、售前售后服务五个层面，首创外墙装饰系统，赋予建筑外在的表达力与沟通力。久诺自涉足真石漆行业以来，从产品研发到应用技术及经营理念自始至终保持着领先态势，创下众多行业第一，推动行业向更好更高层面发展。久诺是行业内首家推出隔热真石漆、氟硅体系真石漆、高仿石系列真石漆、低温与高温真石漆、超级防污真石漆、特殊基面真石漆、弹性真石漆的外墙装饰企业。并且是首家建立超 600 个外墙仿石问题案例库、超过 1000 种石材仿真数据库，首家受邀参与行业标准起草与制定的企业。

作为首家登录央视的真石漆品牌，久诺长期服务的客户包括万科、绿城、绿地、万达、世茂、龙光、中海、九龙仓、华润、新城等上百家知名地产商，并被评为 500 强开发商首选外墙真石漆品牌。连续多年被评为中国建筑装饰百强企业，目前已积累了近 2 亿平方米的成功案例，连续多次在中国房地产 500 强测评上被评为 500 强首选外墙装饰系统服务供应商、500 强装饰保温一体板首选供应商。

2. 企业资质

建筑装修装饰工程专业承包二级资质；职业健康安全管理体系认证证书、质量管理体系认证证书、环境管理体系认证证书、中国环境标志产品认证。

3. 技术能力

工厂面积：130 亩。

产能：在保温装饰一体板领域，久诺以真石漆，艺彩石仿石材饰面为中心，日产能 6000 平方米，年产能将达到 200 万平方米，同时含金属氟碳饰面系统。

深化设计能力：久诺拥有 35 人的行业顶尖设计团队，36 位资深的注册一、二级建造师及 50 位项目经理团队，超 3000 人的优质施工班组，构筑起久诺强大的系统化、一站式的服务体系。

4. 可供货地区

全国地区及国外部分地区。

5. 装配式项目案例

泰兴新城吾悦广场项目：项目位于泰兴市鼓楼北路东侧、根思路南北两侧（南北地块），是集商业住宅为一体的大型综合体项目。项目总规划用地 172616 平方米，其中北地块 38105 平方米（总建筑面积 83760 平方米，其中回迁商铺 10425 平方米、住宅 53250 平方米），南地块 134511 平方米（总建筑面积 432995 平方米，其中商业 83000 平方米，住宅 192464 平方米）。

6. 其他

承诺保修年限为 2 年，使用年限为 25 年。在安装工程中，所提供的材料及施工工艺质量符合相关国家质量技术标准要求，如出现质量问题及其他情况，我公司将积极配合贵方及时提供解决方案，并完成需做修缮的作业工程。

7. 联系方式

公司地点：江苏省常州市金坛区直溪工业集中区直东路 168 号

全国 24 小时服务热线：4000 - 968 - 967

14 装配式建筑部品生产设备厂商

14.1 相关产品分类

装配式建筑部品生产设备主要包括 PC 构件生产线及控制系统、PC 构件生产线设备。

（1）PC 生产线及控制系统。

PC 生产线按照生产产品类型不同有以下几种类型：PC 自动化流水生产线、PC 模台生产线、地铁盾构管片生产线、管廊生产线、高铁轨道板生产线、中小型构件生产线、预应力长线台座生产线、自动化钢筋生产线。

PC 自动化流水生产线主要包括预制墙板生产线、预制构件生产线、预制楼梯生产线、预制桩生产线等。

PC 模台生产线有中央移动模台生产线、固定模台生产线、中央运输车墙板生产线、成组立模墙板生产线。

中小型构件生产线有多功能预制构件生产线、专用预制构件生产线、高效建筑构件生产线。

（2）PC 构件生产线设备。

PC 构件生产线由构件生产机械、模台模板机械、模具系统、输送系统、吊装系统组成，包括养护窑、钢筋加工设备、混凝土搅拌站机械设备、环保设备等配套设备。包含的主要机械设备如下：

构件生产机械：凹槽板机械、拉毛机、振捣与赶平系统、翻转机、侧立机、堆垛机；布料机、喷油机、抹光机、拉毛机、振捣机；数控划线机/标绘器、激光切割机；托盘旋转设备；混凝土配料机；振动台及控制系统。

模台模板机械：固定模台、移动台模、翻转模台、振动模台、循环模台、特制模台；模台驱动装置、边模回转线、模台存取机；边模输送机、模板输送线、模板线端横移车、模具清洁/注油、模具清理机、脱模剂喷涂机；底模托盘、底模清洁机和上油机、侧力脱模装置、喷涂脱模剂装置；翻模机、码模机；置模机械手、拆模机械手。

模具系统：成组立模、立体模板系统、并列式模板、长线模板；梁模、柱模、楼梯模具、桁架模具、叠合楼板边模、大型预应力屋面板模具、预应力混凝土双 T 板模具、外挂墙板钢模、夹心三明治保温墙模具、阳台、窗模；异型模具管廊；声屏障模具；边模及磁力块。

输送系统：预制件运输车、重型叉车、抓取式装库车、电瓶车、地轨装库车、摆渡车、低压轨道车、输料车、天轨装库车、摆渡横移车、十字中央运输车/搬运超重机；混凝土运输系统；运板平车、码垛车；楼板起吊平台、倾斜台、构件外运平台、横移装置。

吊装系统：滑轮运输轨道；横向起重小车；码模吊具；起吊机、自动吊具、提升料斗、锥斗；立起吊装台；驱动轮、行走轮。

养护窑：智能化养护窑；预养护窑/初凝库；预养护系统及温控系统；立体养护库/立体蒸养窑；硬化室。

钢筋加工设备：钢筋网焊接设备、钢筋网折弯机、钢筋桁架铺设设备、自动化钢筋折弯机。

机器人：钢筋加工机器人、喷漆机器人、模具机器人、大型绘图仪。

混凝土搅拌站机械设备：混凝土搅拌主机、配料机、砂石分料系统。

环保设备：粉尘加湿机系列、阀门系列等。

14.2　行业发展现状

各类生产线由国内机械设备制造企业、建筑机械生产企业和国外设备供应商提供，根据客户需求提供从建厂咨询、规划到生产线投产的全套服务。

由于我国装配式建筑行业的快速发展，早期德国、芬兰等国家在 PC 机械设备生产制造方面有多年历史的老企业纷纷进驻中国市场，各大集团纷纷引进国外成套生产线设备，但是在装配式建造实践中也发现了各种问题。目前，我国各大建筑机械设备制造企业积极开发研制适合本国 PC 构件生产特点和施工特点的生产线及配套设备。

目前，我国专门从事建筑机械制造研发、混凝土预制构件生产线研发和制造的企业有河北雪龙、河北新大地、玛纳公司、三一集团、山东天意、上海庄辰等公司；一批从事大型机电设备研发制造的国有企业近几年也开始进军预制混凝土行业，如鞍山重型矿山机器有限公司，从事高端自动化钢筋加工装备研发及生产的天津建科机械，从事装配式建筑模具设计与制造的南京仁创，研发与制造混凝土搅拌站（楼）机械的四川久和等。

在行业迅速发展的同时，我们应该看到行业发展的缺陷和不足。本土工业化生产线机械制造水平与国外有较大差距，对进口成套设备依赖较强，高端智能设备研制较少，生产管理系统水平较低等。

15 装配式建筑其他部品及服务提供商

15.1 装配式建筑生产配套部品简介

装配式生产配套系统除生产线设备供应外，还需要配套辅材生产供应、施工安装配套机械供应。配套辅材包括 PC 施工辅材及密封材料，施工安装配套机械包括支撑系统、吊装系统、大型预制件运输系统。

PC 施工辅材种类繁多，主要设备类型及产品如下。

灌浆设备：钢筋连接套筒用高强度浆料灌浆机、电动灌浆泵、手动灌浆枪、出浆口堵头。

灌浆料系列：套筒专用灌浆料、封缝用座浆料。

套筒与连接机械：半灌浆套筒、柱用全灌浆套筒、梁用整体式套筒、梁用分体式套筒、注浆波纹管、钢筋直螺纹滚丝机、钢筋剥肋滚丝机、套筒与模板固定组件。

连接件：阳台连接件、环形连接器、重折弯连接件、剪轨连接件、螺栓式连接件、钢结构连接件、纤维增强紧固件、装配槽、重折弯连接装置预制件连接。

固定装置与吊装系统：PC 构件模板磁力固定装置、预埋锚栓吸盘、不锈钢固定磁盒、球形吊装锚件、拉杆系统、起吊锚固系统、承插锚固件、锚栓系统、旋转吊环、吊钩、橡胶球、圆头吊钉。

锚固系统与锚固件：预制板锚固系统、胸墙翅托、线型夹心板锚固件、砖结构非承重固定系统、槽式预埋件及栏杆固定系统、灌浆支撑锚固件、幕墙支撑系统、砖砌幕墙支撑系统。

保温拉结件：FRP（纤维增强复合材料）保温连接件系列、不锈钢保温连接件系列。

减音元件：减音元件、楼梯减音盒。

15.2　装配式建筑生产配套部品及服务提供商

　　装配式建筑生产配套产品及服务供应商包括国外老牌预制混凝土结构配件、密封材料生产商，国内近些年新成立的从事工业化建筑专用连接产品生产和技术服务的科技公司、从事密封材料产品生产的新型材料公司，以及提供建筑工业化设计方案和技术、预制构件模具、设备及材料产品的代理商。

16 智能家居集成企业

16.1 相关施工规范、标准

《智能家居系统》（DL/T 1398—2014）

《物联网智能家居 设备描述方法》（GB/T 35134—2017）

《泛在物联应用 智能家居系统 技术要求》（YDB 123—2013）

《小区数字化智能家居管理系统》（DB35/T 1294—2012）

《智能家居系统设计导则》（DB44/T 1446—2014）

《数字家庭智能家居终端设备自动识别规范》（DB44/T 726—2010）

《智能家居监控系统测试规范》（DB50/T 488—2013）

《智能家居监控系统技术要求》（DB50/T 489—2013）

《智能家居控制系统设计施工图集》（03X602）

16.2 行业发展现状

1. 智能家居设计与安装企业资质分类

智能家居设计与安装企业设计资质分为综合资质和专项资质，综合资质是指智能家居系统资质，包括智能照明、智能家电控制、家庭影院及背景音乐、智能遮阳系统、酒店客房控制系统、暖通空调、养老院控制系统、室内环境监测八个专项；专项资质分为智能照明专项、智能家电控制专项、家庭影院及背景音乐专项、智能遮阳系统专项、酒店客房控制系统专项、暖通空调专项、养老院控制系统专项、室内环境监测专项。

（1）设计资质分级标准。

申请智能家居综合资质企业应当符合以下条件：

①具备法人资格，工商注册资本不少于100万元人民币；

②具有承担各类智能家居项目设计能力，独立承担过不少于3项单项工程造价在200万元人民币以上的智能家居项目设计与安装，项目反馈良好；

③由资深的智能家居设计师或项目管理人员担任总设计师；专业的智能家居设计师人员2人以上，智能家居安装工程师2人以上；从事综合布线、影音工程、暖通空调、电气等专业技术人员各不少1人；

④有与开展智能家居业务相适应的先进设备和固定工作场所；

⑤通过国家质量体系认证或有完善的质量保证体系。

申请智能家居专项资质的室内装饰企业应当符合以下条件：

①具备法人资格，工商注册资本不少于100万元人民币；

②具有承担各类智能家居项目设计能力，独立承担过不少于2项单项工程造价在50万元人民币以上的智能家居项目设计与安装，或者不少于5项单项工程造价在20万元人民币以上的智能家居项目设计与安装，项目反馈良好；

③由资深的智能家居设计师或项目管理人员担任项目工程负责人；专业的智能家居设计师人员1人以上，智能家居安装工程师或者从事申请专业资质方向的专业技术人员不少于2人；

④有与开展设计业务相适应的设备和固定工作场所；

⑤通过国家质量体系认证或有健全的技术和经营管理制度。

（2）智能家居设计与安装企业资质一般适应的营业范围。

智能家居综合资质：可承担各类智能家居系统项目，包括别墅豪宅智能家居项目、普通住宅智能家居项目、智能小区项目、办公智能化装饰项目、酒店客房控制项目。

智能照明专项资质：可承担各类建筑与住宅室内空间照明的智能控制设计与施工安装工程。

智能家电控制专项资质：可承担住宅内家电、电源开关插座的智能控制设计与施工安装工程。

家庭影院及背景音乐专项资质：可承担住宅、办公会议室、会所等室内空间的专业家庭影院及背景音乐的设计、调试、施工安装工程。

酒店客房控制专项资质：可承担宾馆酒店客房中的酒店客房控制系统、客房智能家居系统的设计、施工安装工程。

暖通空调专项资质：可承担住宅内的家用中央空调、新风系统、地暖系统、太阳能热水系统、太阳能发电系统、净水等舒适环境系统的设计与施工安装工程。

2. 中国智能家居行业发展历程

智能家居在我国发展可划分为以下四个阶段。

第一阶段：萌芽期/智能小区期（1994—1999年）。

这是智能家居在中国的第一个发展阶段，整个行业还处在一个概念熟悉、产品认知的阶段，这时还没有出现专业的智能家居生产厂商，只有深圳有一两家代理销售美国智能家居的公司从事进口零售业务，产品多销售给居住国内的欧美用户。

第二阶段：开创期（2000—2005 年）。

这个阶段，国内先后成立了五十多家智能家居研发生产企业，主要集中在深圳、上海、天津、北京、杭州、厦门等地。智能家居的市场营销、技术培训体系逐渐完善。此阶段，国外智能家居产品基本没有进入国内市场。

第三阶段：徘徊期（2006—2010 年）。

2005 年以后，由于上一阶段智能家居企业的野蛮成长和恶性竞争，给智能家居行业带来了极大的负面影响：包括过分夸大智能家居的功能而实际上无法达到这个效果、厂商只顾发展代理商却忽略了对代理商的培训和扶持导致代理商经营困难、产品不稳定导致用户高投诉率。行业用户、媒体开始质疑智能家居的实际效果，由原来的鼓吹变得谨慎，连续几年市场销售出现增长减缓甚至部分区域出现销售额下降的现象。

2006—2007 年，大约有 20 多家智能家居生产企业退出了这一市场，各地代理商结业转行的也不在少数。许多坚持下来的智能家居企业，在这几年也经历了缩减规模的痛苦。正在这一时期，国外的智能家居品牌却暗中布局进入了中国市场，如罗格朗、霍尼韦尔、施耐德等。国内部分存活下来的企业也逐渐找到自己的发展方向，例如青岛海尔等企业。

第四阶段：融合演变期（2011—2020 年）。

进入 2011 年以来，市场明显呈增长势头，而且宏观的行业背景是房地产受到调控。智能家居的放量增长说明智能家居行业进入了一个拐点，由徘徊期进入了新一轮的融合演变期。接下来的 3～5 年，智能家居一方面进入一个相对快速的发展阶段，另一方面协议与技术标准开始主动互通和融合，行业并购现象开始出现甚至成为主流。

3. 中国智能家居行业现状

根据中国报告大厅发布的《2016—2021 年中国智能家居行业发展分析及投资潜力研究报告》，我国智能家居潜在市场规模约 5.8 万亿元，2018 年我国智能家居市场总规模达到 225 万亿元，发展空间巨大。其中，家电类智能家居产品市场份额最高。预计我国智能家居市场未来 3～5 年的整体增速约为 13%，市场爆发时点尚未到来，如下图所示。我国智能家居行业分类数据统计如下表所示。

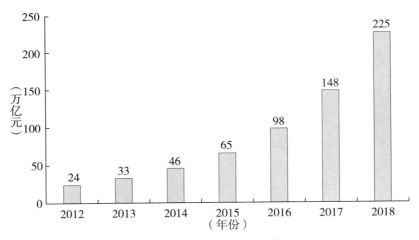

我国智能家居行业市场规模

资料来源：中国报告大厅。

我国智能家居行业分类数据统计

类别	传统产品存量规模（亿元）	假设智能产品合理价格（元）	潜在智能产品规模（亿元）	市场增速	行业集中度	市场规模占比（％）
智能照明	2300	十几至几十	6742	25%～30%	较低	12
智能空调	11025	5000 以上	16538	较慢	高	28
智能冰箱	9788	4000 以上	14682	较慢	高	25
智能洗衣机	7623	3000 以上	11434	较慢	高	20
智能门锁	700	几百至上千	3300	20%	较低	6
智能遮阳	1997	250	4992	较慢	较低	9
运动与健康监测	—	几百至上千	89	50%～100%	较低	0.2
家用摄像头		250	538	较快	较低	0.9
合计	—	—	58315	—	—	—

资料来源：中国报告大厅。

从占比来看，家电类智能家居产品市场份额最高，智能空调、智能冰箱和智能洗衣机三者市场占比合计超过70%。但是由于产品价格和功用性等问题，家电类智能家居设备整体增速较慢。另外，智能照明、智能门锁、运动与健康监测和家用摄像头不仅价格相对较低，而且能够满足消费者的即时需求，因此市场增速相对较快。由于智能家电产品市场占比较高且增速较慢，因此有可能拉低我国智能家居市场的整体增长水平。

在发展空间方面，我国智能家居行业潜在市场规模巨大。根据中国室内装饰协会智能化委员会的分类，智能家居系统产品共分为二十个类别，包括控制主机、智能照明系统、电器控制系统、家庭背景音乐、家庭影院系统、对讲系统、视频监控、防盗报警、电锁门禁、智能遮阳、智能家电、暖通空调系统、太阳能与节能设备、自动抄表、智能家居软件、家居布线系统、家庭网络、运动与健康监测、花草自动浇灌、宠物照看与动物管制。

从社会基础上说，目前越来越多的小区都实现了宽带接入，信息高速公路已铺设到小区并进入了家庭。智能家居建设和运行所依托的基础条件已经初步具备。前几年的智能家居概念的纷争炒作已经悄悄地起到了市场培育和消费者教育的作用，大家的认知程度有很大的提升。

从技术角度上说，智能小区的技术发展已从分散控制阶段、现场总线阶段发展到了 TCP/IP 网络技术阶段，解决了小区各设备分布式控制集中管理和在小区内实现区域性联网的问题。智能家居核心设备与智能家居终端配套技术的不断成熟和部品化为智能家居终端的研发推广配备了根本条件，如液晶屏数字显示技术及网络技术的日益成熟等。在功能设定方面，智能家居厂家也从纯粹为了扩大影响力，制造所谓"门槛"到注重开发能真正对住户和物业管理有好处并且能有效使用的功能上。

从市场角度上说，随着市场竞争的日趋激烈，越来越多的房地产开发商积极地把高端家居智能化系统配入所开发楼盘作为全新卖点。相对房屋售价的突飞猛涨，智能家居的投入成本提高不多，已经属于可以接受的范围。随着大房地产集团在全国的布局，新的理念也随之扩散，比如绿城集团全国范围内采用了基于 TCP/IP 的智能家居设备。

2016 年，全球范围内信息技术创新不断加快，信息领域新产品、新服务、新业态大量涌现，不断激发新的消费需求，成为日益活跃的消费热点。我国市场规模庞大，正处于居民消费升级和信息化、工业化、城镇化、农业现代化加快融合发展的阶段，信息消费具有良好的发展基础和巨大发展潜力。我国政府为了推动信息化、智能化城市发展，也发表了关于促进信息消费扩大内需的若干意见，大力发展宽带普及、宽带提速，加快推动信息消费持续增长，这都为智能家居、物联网行业的发展打下了坚实的基础。

经过两年的洗礼，到了 2016 年智能家居行业的总体竞争态势有了很大的改变，从单品走向套装、解决方案等。智能家居在发展之初，以智能单品打开市场，而单品也具有针对性，但是从智能家居本身的发展来看，智能家居是一整个系统，单品是其中的一环，如果说智能单品是智能家居的话，那是不准确的。目前，以单品打天下的少了，整体解决方案逐步出台。从物联在年初的"巨浪"套餐系列，霍尼韦尔、360 等，都相继出台智能家居整体解决方案系统。

此外，国家也出台了相关政策以鼓励智能终端产品创新发展，为整个行业的良性发展奠定了坚实的基础。面向移动互联网、云计算、大数据等热点，加快实施智能终端产业化工程，支持研发智能手机、智能电视等终端产品，促进终端与服务一体化发展。支持数字家庭智能终端研发及产业化，大力推进数字家庭示范应用和数字家庭产业基地建设。鼓励整机企业与芯片、器件、软件企业协作，研发各类新型信息消费电子产品。支持电信、广电运营单位和制造企业通过定制、集中采购等方式开展合作，带动智能终端产品竞争力提升，夯实信息消费的产业基础。

相关机构预测，随着技术的成熟和设备的智能化，一场电子革命即将到来。在二级市场上，智能家居概念异军突起，大幅上涨，市场前景广阔，有望成为市场下一个风口。

16.3　典型企业

青岛海尔智能家电科技有限公司

1. 企业介绍

公司名称：青岛海尔智能家电科技有限公司。

经营范围：家电、通信、电子产品、网络工程技术开发与应用，网络家电及集成电路产品的生产、销售及售后服务，智能化系统设备安装、调试、设计、施工，消防工程设计、施工，建筑机电安装工程设计与施工（不含特种设备），建筑装修装饰工程设计与施工，计算机网络系统集成，软件开发及服务，智能电子产品的开发、生产和销售，广告设计、制作与发布，经济信息咨询（不含金融、期货、证券），货物进出口、技术进出口（法律行政法规禁止类项目除外，法律行政法规限制类项目待取得许可后经营）；第二类增值电信业务中的信息服务业务（不含固定网电话信息服务和互联网信息服务；增值电信业务经营许可证，有效期限以许可证为准；依法须经批准的项目，经相关部门批准后方可开展经营活动）。

经济性质：其他有限责任公司。

企业历史及荣誉：青岛海尔智能家电科技有限公司，隶属于海尔集团，企业成立于 2006 年 3 月 1 日，注册资金 1.8 亿元，是全球智能化产品的研发制造基地。公司拥有近 20 名博士在内的高素质智能家电专业设计团队，从事智能家电、数字变频、无线高清、音视频解码、网络通信等芯片以及 UWB、蓝牙、RF、电力载波等技术的研发，并整合全球资源网络，与多家国际知名企业建立联合开发试验室，提出了智能家居、远程医疗、网络超市、故障反馈、智能安防、智能酒店等解决方案。公司建立了强大的 U－Home 研发团队和世界一流的实验室。海尔 U－Home 以提升人们的生活品质为己任，提出了"让您的家与世界同步"的新生活理念，不仅为用户提供个性化产品，还面向未来提供多套智能家居解决方案及增值服务。公司倡导的这种全新生活方式被认为是未来家庭的发展趋势，多次得到党和国家领导人的高度评价。在国家和各部委的大力支持下，专门设立国家重点实验室，进行科技攻关与成果转化，我国数字家电类国家重点实验室、数字家庭网络国家工程实验室陆续在海尔建立。

2. 企业资质

工程设计建筑智能化系统专项一级、电子与智能化工程专业承包一级、建筑机电安装工程专业承包三级、信息系统集成及服务三级、安全技术防范工程设计施工一级。

3. 技术能力

工厂占地 200 余亩，现有员工 1200 人左右，管理人员 230 人左右，公司拥有经验丰富的工程技术人员和管理人员，严格执行 ISO 9001 和 ISO 14001 管理体系，充分发挥"创造资源、美誉全球"的精神，不断推出市场美誉度产品，满足用户的要求。公司产品现已广泛应用于移动电话、家用电器、智能家居、办公设施及工业控制类产品、数码产品以及其他信息终端显示领域。

U – Home 有 3 个生产基地：青岛、上海、厦门。

（1）青岛基地。

SMT 产能：10000H（点）/天。

组装产能：总装线 6 条（根据订单需求调整）。

$300 \times 6 = 1800H$ /天，$1800 \times 25 = 45000H$/月。

青岛基地主要生产高端的智能终端及可视对讲系列，面对的主要是集团型客户及重要客户。

青岛有专门的研发基地负责客户提出的需求及定做产品。

（2）上海基地。

SMT 4 条，波峰焊 2 条，总装线 5 条，其中 3 条线用于智能家居产品生产（根据订单需求调整）。

SMT 产能：8000H/天（产品不一样，产能不一样）。

智能家居产品组装产能：$300 \times 3 = 900$/天，$900 \times 25 = 22500H$/月。

物联网模块产品：空气盒子、Wi – Fi 模块、物联网洗衣机、中端的智能终端及智能家居产品。

（3）厦门基地。

SMT 5 条，波峰焊 2 条，总装 6 条（根据订单需求调整）。

SMT 产能：$300 \times 6 = 1800H$ /天，$1800 \times 25 = 45000H$/月。

厦门基地主要生产中低端的对讲系列；以上按中端智能终端折算，产能为 112500H/月，合计年产能 135 万台/年。

4. 可供货地区

全国范围。

5. 产品报价

运输价格：整体价格包含运费。

开票种类及税点：增值税专用发票，17%或11%。

6. 其他

U-Home以"U+智慧生活开放平台"为技术支持框架，通过通信网、互联网、广电网、电力网等多网融合的网络平台，采用有线与无线网络相结合的方式，把所有设备通过信息传感设备与网络相连，从而实现了"智慧家庭""智慧社区""智慧城市"的互联互通，并通过网络实现了3C产品、智能家居系统、安防系统等的智能化识别和管理以及数字媒体信息的共享。

作为互联网时代美好住居生活解决方案提供商，海尔U-Home已经7年蝉联中国智能家居十大品牌第一名，目前已经成长为全球领先的智能家电家居产品研发制造基地，主要业务领域涉及智慧家庭、智慧社区、智慧城市、养老社区的方方面面。

海尔U-Home拥有高素质智能家电家居专业设计团队，从事智能家电、数字变频、无线高清、音视频解码、网络通信等芯片以及UWB、蓝牙、电力载波等技术的研发，并整合全球资源网络，与多家国际知名企业建立联合开发试验室，提出了涵盖智慧空气、智慧用水、智慧饮食、智慧娱乐、智慧安防、智慧健康的智慧家庭、智慧社区乃至智慧城市的一系列解决方案。

7. 联系方式

全国销售总监：王敦成

联系电话：18653287213

邮箱：18653287213@163.com

17 整体家具部品体系厂商

17.1 相关生产规范、标准

《住宅整体卫浴间》（JG/T 183—2011）

《整体浴室》（GB/T 13095—2008）

《卫生陶瓷》（GB 6952—2015）

《陶瓷片密封水嘴》（GB 18145—2014）

《室内装饰装修材料　木家具中有害物质限量》（GB/T 18584—2001）

17.2 行业发展现状

1. 整体家具行业发展概况

整体家具是指结合消费者个性化需求，对厨柜、衣柜、木门、浴室洁具、配饰等家居产品进行统筹配置与合理安排，以达到居室空间结构、色彩、功能协调统一的家居产品组合，主要包括整体厨柜、整体衣柜、卫浴洁具、地板、墙纸、石材、室内门、装饰五金等产品。欧派集团主要经营整体家居产品中的整体厨柜、整体衣柜、整体卫浴和定制木门等。

（1）我国家具行业发展状况。

我国经济的持续快速发展为家具行业提供了良好的发展条件。经过多年的发展，我国家具行业已形成了一定的产业规模，行业内大部分企业已经实现了自动化或半自动化制造，生产工艺更加成熟，并出现了一些具有国际先进水平的家具明星企业和家具配套企业。我国家具企业在国际家具市场的地位正日渐提高，并逐步成为支撑国民经济、丰富国民生活的重要产业之一。近年来，我国家具制造业的主营业务收入继续保持高速增长，2008—2015 年，我国家具制造业主营业务收入值的年均复合增长率约为 15.76%。

（2）我国整体厨柜行业发展状况。

随着城市化进程的不断加快，人们生活质量和品位的提高，高品质整体厨柜（含厨房电器）的市场需求逐渐增长，我国整体厨柜行业在借鉴与融合西方厨柜技术之后，整体厨柜产品在设计、品质、功能上得到了极大提升，整体厨柜由功能性、配套性不断向舒适性、艺术性发展。目前，整体厨柜产品已经被消费者广泛接受，2012 年 8 月，凤凰家居网公布整体厨柜消费市场调研数据，在购置厨柜的方式方面，69.2% 的消费者选择购买整体厨柜，13% 左右的消费者选择购买成品厨柜，10.7% 左右的消费者选择自行聘请木工上门打造，另有 7% 左右的消费者选择已安装整体厨柜的精装住宅。

2. 整体家具行业发展前景

近年来，由于整体家居产品所具备的个性化设计、100% 空间利用、美观时尚、环保节约、质量稳定、规模化生产等诸多优点，伴随着经济持续快速发展，整体家居行业已经取得了长足的发展。未来，随着社会认知度的不断提高，市场需求的进一步释放，整体家居行业将拥有需求旺盛、潜力巨大、空间广阔的发展前景。

（1）2012 年城镇居民人均住宅建筑面积 32.91 平方米，比 1978 年增加 6.7 平方米，增长近 5 倍。随着我国住房建设的发展，城镇居民居住面积的增加，居民对各类家具产品的需求也不断提高，这为整体家居产品的消费奠定了良好的市场基础。

（2）城镇化进程加快将促进整体家居行业发展。

我国正处于城镇化快速发展时期，全国城镇化率（城镇人口占总人口比重）从 2011 年的 51.27% 提高到 2015 年的 56.1%，年均增加 1.2 个百分点。

（3）城镇居民可支配收入增长将带动整体家居的消费和升级。

随着宏观经济的发展，我国城镇居民可支配收入持续增长，居民消费能力大大提升，从 2001 年到 2015 年，我国城镇居民人均可支配收入由 6859.6 元上升至 31195.0 元，年均复合增长率为 11.43%。随着可支配收入的提高，居民消费结构和消费理念也出现了一定的变化，影响居民消费行为的因素从单纯的价格因素逐渐发展到品牌、质量、信誉、服务以及购物环境等综合因素，这为整体家居行业迅速发展奠定了良好的基础，并带动整体家居行业的消费升级。

（4）房地产市场的稳健运行将为整体家居行业提供良好的发展空间。

伴随着城镇化建设的推进，我国房地产市场一直保持稳定的增长势头。我国商品住宅房屋竣工面积从 2001 年的 2.46 亿平方米增至 2015 年的 7.38 亿平方米，年均复合增长率为 8.16%；住宅商品房销售面积从 2001 年的 1.99 亿平方米增至 2015 年的 11.24 亿平方米，年均复合增长率为 13.16%。住宅商品房销售面积的增长推动了整体家居市场不断扩大。

2001—2015 年，我国房地产开发住宅投资额从 4216.68 亿元增至 64595.00 亿元，年均复合增长率达到 21.52%。

同期，商品住宅新开工施工面积从 2.93 亿平方米增至 10.67 亿平方米，年均复合增长率达到 9.67%。近年来，我国房地产住宅的新开工施工面积和投资额均维持在相对较高水平，在这种情况下，未来几年将会有相应数量的新建住宅商品房，这为整体家居行业提供了充足的市场容量，如果考虑到存量新房的一次装修、存量住宅的二次装修等，整体家居产品的市场容量将进一步提高，因此，整体家居行业将具备良好的发展空间。

（5）居民消费潜力释放将拉动整体家居消费增长。

多年以来，我国居民消费占 GDP 的比重一直低于欧美发达国家。随着抑制我国消费的因素逐渐消除，在消费升级和消费普及两种因素的共同作用下，我国居民的消费水平和消费规模将会获得长期、持续的增长，2015 年全年社会消费品零售总额 300931亿元，比上年增长 10.7%，其中家具类增长 16.1%。在这样的大背景下，居民消费潜力具有很大的释放空间，并拉动整体家居消费的持续稳定增长。

2015 年全年，全国社会消费品零售总额 300931 亿元，比上年增长 10.7%。其中，限额以上单位消费品零售额 142558 亿元，增长 7.8%。家具类全年零售额 2445 亿元，同比增长 16.1%。家具类零售额在经历前期高速增长后回归合理增长区间，2015 年结束了连续四年的零售额增速下滑趋势，增速开始缓慢复苏，这将为家具市场未来的健康发展提供充足动力。

17.3　重点企业

1. 广东欧派家居集团股份有限公司企业介绍

欧派家居集团股份有限公司创立于 1994 年，是中国住宅厨房家具行业的领先品牌，拥有国际化家居产品制造基地。欧派以住宅厨房家具为龙头，带动相关产业发展，包括全屋定制、衣柜、卫浴、木门、墙饰壁纸、厨房电器、寝具等，形成多元化产业格局，是国内综合型的现代整体家居一体化服务供应商。

欧派全年生产厨柜近 50 万套，日产量平均达 1500 套；全年生产衣柜近 73 万套，日产量平均达 2000 套。已经建成了广州、清远、天津、无锡四大生产基地，西部基地正在筹建中。

2. 博洛尼家居用品（北京）股份有限公司企业介绍

博洛尼，中德合资企业。拥有德国合资企业生产的博洛尼厨柜、家具、沙发、衣帽间、内门和地板等产品。并与意大利设计师广泛合作，同时打造了国内顶尖研发团队。与拥有百年历史的厨柜公司 RWK 合资，推出博洛尼·威廉品牌进口厨柜。将德国的制造优势与中国的人工优势完美结合，降低生产成本。博洛尼以人群的社会属性作为出发点，寻找在文化、个性、阅历上具有共同特性的人，并为他们量身设计人格延展的 18 种极具代表性的居住空间。

博洛尼公司生产基地总面积达 36 万平方米，拥有德国先进的 8 条生产线及 32 毫米柔性化生产系统，通过 ISO 9000 质量体系认证。

3. 青岛海尔厨房设施有限公司企业介绍

骊住海尔住建设施（青岛）有限公司，前身是青岛海尔厨房设施有限公司，成立于 1997 年，致力于为消费者提供一流的个性化厨房精品。

2002 年海尔集团引进德国 HOMAG、意大利 BIESS 的全自动生产线，德国舒乐公司负责全套生产线工艺及布局，SAP 公司负责 ERP 项目的设计和实施，在青岛建成世界领先的整体厨房数字化生产基地，年生产能力达到 150000 套。

4. 宁波柏厨集成厨房有限公司企业介绍

宁波柏厨集成厨房有限公司是方太集团高端厨柜品牌，柏厨秉承方太的信仰，认为：作为一家追求卓越的企业，不仅仅要为顾客提供世界一流的产品和服务，还要积极承担社会责任。

2007 年，方太迁入占地 25 万平方米的杭州湾工业园区，方太集成厨房引进 5 条先进设备，年产量 30 万套。

5. 金牌厨柜股份有限公司企业介绍

自 1999 年创立起，金牌厨柜 18 年专注厨柜，重新定义中国专业厨柜标准，拥有 9 大专业优势，10 年品质保证。至今，金牌厨柜拥有厦门总部、江苏泗阳两大生产基地，累计已建厂房及配套设施近 30 万平方米。公司不仅在意大利米兰设立研发设计中心，拥有行业国家级"厨房工业设计中心"，更是在世界各地精选环保、优质的原材料，引进德国豪迈生产设备，构建专业化柔性生产线，生产高品质厨柜产品。凭借金牌厨柜独有的 GIS 工业化柔性定制智能解决方案，以专业产业链融合信息化生产，保障高效交付能力，为全球客户提供专业厨柜的个性化定制服务，客户遍布美国、中东（迪拜）及澳大利亚等发达国家和地区。

6. 广东佳居乐厨房科技有限公司企业介绍

广东佳居乐厨房科技有限公司创立于 1994 年，是一家集研发、设计、生产、销售、服务为一体的专业化储衣柜品牌企业。企业自建工业园区 20 万平方米，拥有德国进口储衣柜专业成套设备，已具备年产 15 万套储衣柜生产能力。

7. 志邦厨柜股份有限公司企业介绍

志邦厨柜成立于 1998 年，是中国厨柜行业的早期开拓者，志邦专注厨房领域，以更懂生活的设计优势，构建"乐享厨房"的生活理念，现已成为中国专业的厨房生活品牌。志邦拥有国内为数不多的规模级厨柜制造基地，以整体厨柜为核心，为消费者提供全方位的厨房产品，千余家专卖店遍布全国，每年为数十万用户建立和完善更为舒适的厨房生活。

优秀的品质和良好的口碑，使志邦厨柜成为万科、恒大等知名地产商的重要战略合作伙伴。同时产品远销海外，出口至澳洲、北美、东南亚、中东等国家和地区，品牌影响力享誉全球。

8. 皮阿诺厨柜（中国）品牌运营机构企业介绍

2002 年，皮阿诺率先将法式风格引入中国，掀起了"品味厨房"的生活新风尚。发展至今已成为亚洲一流的厨柜生产制造基地，配备全套数控柔性生产线与经验丰富的专业团队，年产能突破 10 万套。800 余家加盟店、近千家专营商场服务中国。品牌先后荣获中国厨柜行业十大品牌、中国厨卫百强领军企业十强、中国房地产工程采购"金伙伴"奖 5E 供应商、全国工商联厨柜专业委员会副会长单位、行业内"国家奥林匹克体育中心专用产品"等殊荣；并通过中国环境标志产品、ISO 14001 环境管理、ISO 9001 质量管理等权威认证。致力于中国厨房环境的改善。

9. 南京我乐厨柜家居制造有限公司企业介绍

我乐厨柜家居成立于 2005 年 8 月 28 日，经过 13 年发展，已成功跻身中国厨柜行业前三，我乐致力于帮助消费者构筑良好的厨房生活，并以良好的产品和服务赢得了客户的认可，取得了稳健的发展和市场成功。

位于南京市江宁区的我乐厨柜中国生产基地，是一个"信息化、高速化、自动化、智能化、立体化"五化一体的厨柜生产基地，总占地面积达 9 万平方米，年产能达 36 万套。2016 年建成的我乐溧水生产基地占地是现有厂房面积的 6 倍，建成投产后的产能达 60 亿，高于现有工厂 22 倍的生产效率。我乐厨柜引进多套全自动化柔性生产线，旨在促成我乐溧水生产基地各个板块工厂高效智能的生产需求，为我乐建造"智能工厂"，实现家居工业 4.0 革命而努力。

10. 河南省大信整体厨房科贸有限公司企业介绍

大信厨柜公司于 1999 年组建，是专业从事家用厨柜、衣柜、厨房电器、水槽、水家电及五金功能件的生产、研发及供应的企业。

世界领先的大信工业园，装备了可靠专业的现代化生产设备，品质得到 ISO 9001 质量体系的保障，其产品全面达到或优于国家标准，每天可生产 1000 套厨柜，其生产、设计、安装能力领先。被中国建筑装饰协会厨卫工程委员会评为"中国厨柜领军企业十强"，大信品牌产品是中国建筑装饰协会厨卫专业委员会向 2008 奥运会推荐产品之一，并被国家住房和城乡建设部纳入国家保障性住房建设材料、部品采购信息平台。

17.4　典型企业

17.4.1　北京盛世新锐科技发展有限公司

1. 企业介绍

公司名称：北京盛世新锐科技发展有限公司

公司成立于 1998 年，创立"豪赛尔 – HOSAIL"品牌，秉承"源于专业，融于生活"的经营理念，作为北京地区知名品牌之一，公司的产品和服务在业内屡获殊荣：

2008 年荣获"中装协年度百强评选 30 强"；2014 年荣获"中装协厨卫百强整体厨柜发展力企业十强"和"适老产品发展力企业"；2016 年荣获中装协厨卫百强"适老产品发展力企业"；2014 年参与中装协主导的《住宅厨房建筑装修一体化技术规程》的编撰工作。

自 2009 年以来公司大力投入住宅产业化、装配式建筑与内装产业化，部品设计标准化、生产组装模块化的研究及具体项目的实践应用。2012 年参与了北京市建委主导的《保障性住房厨房标准化设计和部品体系集成》的编撰工作。2014 年参与了《北京市公共租赁住房标准设计图集》的编撰工作。2017 年参与了"宜居中国住宅产业化和绿色建筑发展联盟"主导的《装配式建筑系统集成和部品部件使用指南》的编撰工作；同时参与了"中国建筑设计标准研究院"主导的《装配式内装修技术标准》的编撰工作。

自 2010 年以来公司陆续参与北京市多个装配式项目的建设，参与了政府主导的多个公租房、保障房、廉租房、棚户区改造项目，取得了有关部门的好评和良好的社会效应。

自 2009 年以来公司持续对适老化无障碍厨房进行了理论研究和实践探索，并参与了中国残联多个省级展示中心无障碍厨房的设计及施工。2009 年参加住交会"明日之家"无障碍厨房展示。2011 年和 2012 年代表中国残联参加了国际福祉博览会，自主研发的智能无障碍厨房深受新闻媒体及业界人士好评。同时参与了"香河大爱城"等养老项目的设计工作。

装配式建筑和养老是当前政府主导并大力推广的两项重要产业，给我们带来前所未有的机遇和挑战。我们以敏锐的眼光、先进的理念、专业的服务投身于这场伟大的时代变革之中。

2. 企业资质

中国家具协会团体会员；

北京家具行业协会会员；

中国建筑装饰协会厨卫工程委员会常务会员单位；

中国保护消费者基金会质量可信放心产品；

2008 年中国厨卫百强—厨柜品牌企业 30 强；

2014 年中国厨卫百强—整体厨柜发展力企业 10 强；

2014 年中国厨卫百强—适老产品发展力企业。

3. 技术能力

产品标准：严格执行国家厨房家具标准，严格按照欧洲工业化 32 毫米体系结构生产。

工厂面积、生产设备：20000 平方米以上工厂面积，流水线 4 条。

产能：年产 2 万套。

4. 可供货地区

全国各个地区。

5. 装配式项目案例

项目1：北京石景山区铸造村集资建房遗留项目——首钢钢结构装配式项目样板间。

项目2：深圳裕景家园装配式项目样板间。

项目3：北京实创永丰产业基地（新）C4/C5公租房项目A/B组团——"青棠湾"样板间。

项目4：济南"港新园"装配式项目样板间。

17.4.2　广州美京家具有限公司

1. 企业介绍

公司名称：广州美京家具有限公司。

经营范围：

板式家具、全铝家具的设计、研发、生产、加工、安装；家具成品及材料、配件批发、零售、省级特许经营代理、进出口贸易等。

灯具、照明系统设计、研发、生产、加工、安装；灯具成品及材料、配件批发、零售、省级特许经营代理、进出口贸易等。

企业历史及荣誉：前身是广州风尚组装饰设计公司，成立于2001年。2017年转注册为广州美京家具有限公司，是飞利浦、中国电信、中国南方传媒、凯悦酒店管理集团等企业的合作供应商。多次获国家级、省市级、行业协会的专业奖项。

2. 技术能力

产品标准：工厂有广州市厂区、佛山市厂区、中山市厂区、岑溪市厂区，工厂总面积达1万平方米；家具生产设备为南兴数控、拓雕数控、红马数控、新力亚数控全自动生产线。灯具自动装配生产线。

产能：家具产能1200平方米/月。灯具产能400万元/月。

设计研发能力：拥有设计研发、深化设计、优化设计团队，拥有博士、硕士、资深设计师及深化设计师共36人，人员遍布新加坡、广州、北京、南宁。

3. 可供货地区

全国及东南亚国家。

4. 其他

配合建筑设计、精装设计进行相应的深化设计、优化设计；

根据建筑设计、精装设计的要求，进行相应家具、灯具设计研发；

根据建筑设计、精装设计的要求，提供成品家具、灯具及材料配件的实物样品。

企业优势：公司及工厂地处珠江三角洲腹地，周边配套成品及服务设施完善，材料、配件品质优良，种类丰富。加工设备先进，设计团队强大，产业工人经验丰富，生产效率高，产品性价比高。

5. 联系方式

地址：广州市南沙区凤凰大道金茂湾 C1 栋 503

联系人：李展海 执行董事

电话：13911894869

邮箱：2919579344@qq.com

18 整体厨房、卫生间部品体系厂商

18.1 相关生产规范、标准

《住宅厨房及相关设备基本参数》（GB/T 11228—2008）

《环境标志产品技术要求 厨柜》（HJ/T 432—2008）

《住宅厨房家具及厨房设备模数系列》（JG/T 219—2007）

《住宅整体厨房》（JG/T 184—2011）

《住宅厨房建筑装修一体化技术规程》（T/CECS 464—2017）

《厨房家具》（QB/T 2531—2010）

《家用厨房设备 第 1 部分：术语》（GB/T 18884.1—2015）

《家用厨房设备 第 2 部分：通用技术要求》（GB/T 18884.2—2015）

《家用厨房设备 第 3 部分：试验方法与检验规则》（GB/T 18884.3—2015）

《家用厨房设备 第 4 部分：设计与安装》（GB/T 18884.4—2015）

《厨房家具·厨房家具和器具的协调尺寸》（DIN EN 1116—2004）

《厨房设备·形式·计划·原则》（DIN 66354—1986）

《家用和类似用途电器的安全 整体厨房器具的特殊要求》（GB 4706.107—2012）

《家用和类似用途电器的安全 厨房机械的特殊要求》（GB 4706.30—2008）

《家用和类似用途电器的安全 整体厨房器具的特殊要求》（GB 4706.107—2012）

《食具消毒柜安全和卫生要求》（GB 17988—2008）

《吸油烟机》（GB/T 17713—2011）

《住宅厨房模数协调标准》（JGJ/T 262—2012）

《住宅厨房建筑装修一体化技术规程》（T/CECS 464—2017）

《灯具 第 2-2 部分：特殊要求 嵌入式灯具》（GB 7000.202—2008）

《灯具 第 1 部分：一般要求与试验》（GB 7000.1—2015）

《电气照明和类似设备的无线电骚扰特性的限值和测量方法》（GB 17743—2017）

18.2 相关产品分类

1. 装配式建筑集成厨房部品

由吊柜、地柜、台面和各类功能五金配件组成。其基本构造划分为台面、吊柜和地柜。台面可使用不同材质，包括石英石台面、人造石台面、不锈钢台面等。台面上装有炉灶和水槽，在炉灶的上方装有抽油烟机。在台面下边的柜体为地柜。地柜包括调整脚和各种功能柜体标准化模块，调整脚与地面接触，可调整台面一定量的高度。地柜内装有很多功能部件，如碗碟拉篮、飞碟、连动式拉篮等。台面上的柜体为吊柜。由吊柜挂件与墙体进行连接，通过挂件可对吊柜的安装位置进行调整。吊柜内装有很多功能部件，如升降拉篮等。台面、吊柜、地柜可根据用户的个性化需求配置不同材质的门板，包括实木、PVC 吸塑、三聚氰胺双饰面板、不锈钢、烤漆、防火板、PVC 包覆、镜面树脂板、UV 漆、纳米板……在吊柜、地柜的端面装有色彩与材质统一的侧封板。

2. 住宅厨房家具部件根据基本功能进行分类

分为储藏、洗涤、烹调 3 种基本功能，根据厨房的功能进行合理的分区设计，并配置不同功能的标准模块，同时依据厨房的面积大小和人口使用情况快速地匹配出合理的设计方案。

3. 住宅厨房家具的主要布置形式

单排的厨房设计：将食物储存区、洗涤区、准备区、烹饪区、成品区等按照直线一字排开，通常适用于面积不大、比较狭窄的厨房。

双排的厨房设计：将工作区安排在两条平行线上。在工作区域和中心的分配上，经常将洗涤区和准备区安排在一起，而烹调区通常单独设计。

L 字形的厨房设计：将厨柜从某一个墙角双向展开形成 L 形，这种配置比较简单经济，节省空间。

U 字形的厨房设计：将厨柜分三面设计，所需空间较大，但中央动线不会受到干扰。适合较大的厨房。

岛台型的厨房设计：将厨柜的某一部分设计成像岛屿一样与其他部分分开，通常岛屿部分设计成洗涤区或烹饪区，或者两者兼有，同时与其他各功能区均可就近使用。

4. 住宅厨房家具按门板材质分类

可分为实木门板、吸塑门板、烤漆门板、三聚氰胺双饰面门板、UV 漆门板等。

实木门板：实木门板根据芯材进行分类，分为实木和复合实木两种。

特点有以下几方面。

个性化：天然的纹理、色彩、质感丰富。高贵性：类似于传统匠艺的精雕细琢，彰显高贵典雅。保值性：类似于古典实木家具的特点，时间越久越有价值。环保性：天然的木材经加工而成，更加环保。

吸塑门板：采用的是 PVC 膜，基材中密度板厚度 18 毫米、20 毫米、22 毫米，表面是 PVC 膜，通过高温高压真空正负压机一次成型，特点：无须封边，整体密封性强，可铣型，造型丰富美观，视觉效果好，耐划、耐热、耐高温，不易变色。

烤漆门板：分为钢琴烤漆、金属烤漆，钢琴烤漆门板是以高档中密度纤维板为基材，采用优质聚酯漆为面漆，采用无气喷涂工艺，经过 22 道工序加工而成，特点：色彩鲜艳，并可根据客户要求调制颜色，漆膜丰满，漆膜韧性好，漆面镜面效果好；金属漆是以高档环保双贴中密度纤维板为基材，采用高档汽车漆为面漆，采用汽车喷漆生产工艺，经过 25 道工序生产加工而成，漆面效果可与高档汽车的表面相媲美，特点：漆膜厚、漆膜的韧性好，不变色；由于汽车漆喷涂在汽车上长期在户外，所以金属漆烤漆门板的耐变色性远远优于其他烤漆，高温和阳光直射的情况下不会变色；门板表面的金属质感强；门板表面漆膜的硬度高、耐划性优于其他烤漆门板。鉴于以上优点，客户厨房内空间较大或开放式厨房、厨房内有阳光直射的可建议客户优先选用金属烤漆门板，而厨房空间较小、厨房内没有阳光直射的情况下可优先选用钢琴烤漆系列。

三聚氰胺门板：俗称整体成型板或防火板，基材为刨花板，表面经过高温高压压贴三聚氰胺浸渍纸进行饰面，具有一定抗酸抗碱的性能。制作厨柜的箱体板一般选用的是 16 毫米厚和 18 毫米厚两种。特点：色彩丰富，可选范围大，耐磨、耐划痕、耐酸碱、耐烫、耐污染，不易变形。

UV 漆门板：UV 是 Ultraviolet（紫外线）的英文缩写，UV 漆就是紫外线固化漆，也称光引发涂料。特点：表面光滑度高，镜面高光效果明显；漆膜丰满，色彩丰满诱人；环保健康，UV 板解决了世纪环保难题，不但本身不含苯等易挥发性物质，而且通过紫外光固化，形成致密固化膜，降低基材气体的释放量；不褪色，通过对比实验证明，UV 饰面板与传统板材比较，有更优良的理化性能，保证 UV 板经久不失色，并解决了色差现象；耐刮擦，高硬度越磨越鲜亮，常温固化长期不变形；耐酸碱抗腐蚀，UV 板能抵御各种酸碱消毒液的洗礼，更加安全可靠。

18.3　行业发展现状

1. 住宅厨房家具行业发展现状

国内住宅厨房家具行业稳步成长。整体厨柜逐步成为厨柜消费的主要方式，行业规模稳步增长、市场集中度相对较低。自 20 世纪 80 年代引入中国以来，整体厨柜凭借时尚美观和其他组件的合理搭配逐步成为厨柜消费的主要模式，2016 年整体厨柜的行业规模达到 909 亿元，其中省会和直辖市等一线城市是消费主力，消费占比接近 40%，从渗透率上看2015年整体厨柜已经超过30%。从竞争格局看，整体厨柜市场比较分散，2015年厨柜业务收入规模超过10亿元的公司仅有欧派家居、科宝博洛尼和志邦厨柜，CR6在20%左右。

整体厨柜行业空间广阔，规模已达千亿元。家具行业稳步增长，定制领域成为新蓝海。近年来我国家具制造业的主营业务收入继续保持稳定增长，截至2016年我国家具制造业主营业务收入达到8559.5亿元。2012—2016年，我国家具制造业主营业务收入值的年均复合增长率约为9.8%，与2000—2012年的26.4%年均复合增长率相比有明显下降，家具行业增速放缓。在消费升级、消费者变迁等驱动因素下，定制家具领域正在高速增长，成为家具行业中的新蓝海。

整体厨柜市场近年来快速发展，渗透率稳步增长。整体厨柜自20世纪八九十年代传入中国以来，行业快速增长，逐渐成为消费者首选的厨柜消费模式。根据前瞻产业研究院发布的报告，到2016年我国整体厨柜行业的市场规模达到909亿元；从渗透率上看，2005年我国使用整体厨柜产品家庭比例仅为6.8%，到2015年这一比例已升至31.7%，略低于欧美发达国家35%的平均水平。

整体厨柜企业产品出现多样化，只有少数企业只生产厨柜。瑞研智库此次对国内31家具有代表性的厨柜企业进行了调查。结果表明，目前厨柜行业现状主要表现为以下几个方面：①整体厨柜行业年销售额超过1亿元的企业为数不多；②整体厨柜企业产品开始出现多样化，单生产销售厨柜的只有少数企业；③整体厨柜行业品牌开始集中，但品牌企业要战胜众多小型厨柜企业依然需要很长时间；④整体厨柜企业的经销商渠道战略显示出较强的差异化发展；⑤整体厨柜企业的盈利情况比较好。

2. 住宅厨房家具行业发展层面的问题

提高住宅厨房的功能与质量，涉及建筑业和家具制造业两大产业部门，目前的状况是这两大产业部门由于没有统一的标准，还未形成产业链，使住宅产业不能有效地拉动制造业的发展，存在诸多问题需要合理解决。

（1）住宅厨房家具行业发展层面的问题。

目前，国内住宅厨房家具产品产业化程度低下。加入世界贸易组织以来，国外品牌产品生产企业如西门子、伊莱克斯、阿尔诺、柏丽、科勒等已经进入中国市场，国内住宅厨房家具产品标准化程度低，质量参差不齐，总体上产业化水平低下，使得国内企业与国外企业在国内市场和国际市场的竞争中处于不利局面。

国内涉及厨卫方面的两大产业部门不协调。功能完善的厨卫装修涉及厨卫建筑设计、安装施工以及家具、家电、五金等行业，其中建筑设计与安装属于建筑部门，家具、家电、五金属于制造部门，由于历史上管理体制方面的原因使这两大产业部门不协调，分别执行各自的不同标准，没有形成完整的产业链，严重影响了住宅建设中厨卫功能与质量的提高，具体表现在模数不协调和接口不规范，厨房卫生间产品的成套化、标准化、系列化问题没有很好解决，不能配置成套厨卫设备。

厨卫家具、电器及五金制品在模数及接口上不符合建筑部门的要求。一方面厨卫在建筑装修工程中需要大量厨卫产品；另一方面制造业的产品不符合建筑模数和接口要求，建筑工程上无法大批采用，造成在厨卫装修中马路游击队泛滥而引发很多问题，建筑业不能有效地拉动厨卫家具、家电及五金制品的发展。

（2）住宅厨房家具行业技术层面的问题。

①厨卫设施模数与建筑模数的协调问题。

建筑业的模数与机械行业的模数一样，讲的是一种协调关系，一种配合关系。比如在机械行业中，螺栓与螺杆的模数必须协调，否则螺帽就拧不到螺杆上。厨卫设备与厨卫建筑空间模数如果不协调一致，也会产生类似问题，造成浪费，带来经济损失。

缺乏相关标准的指导，使施工单位在开发和建设住宅时，厨房、卫生间的平面尺寸无章可循，平面类型多种多样，混乱、庞杂，随意性极大。由于厨房平面的不统一，导致厨房产品规格尺寸多，缺乏互换性、通用性、配套性和扩展性，与建筑设计难以协调。

②节能问题。

一些生产厂家往往只追求厨卫的外观设计而忽视了建筑节能的问题。工程验收时，发现马桶、洗漱盆和浴缸在使用时极其不方便，最后只好砸掉，重新安装，这是当前普遍存在的现象，造成严重的资源浪费。

③施工问题。

厨房在建筑施工上也存在着很多问题。由于施工安装上，离不开锯、填、嵌等原始施工方法，施工处于粗放型和小作坊型的水平。导致成品的质量档次始终处于低层次，工业化生产受到限制。

④厨电结合面临的诸多问题。

随着厨房装修行业的发展，电器（如冰箱、洗碗机、电烤箱、微波炉等）进入厨房，这是必然的趋势，但是厨电如何进行有效的结合、扩展厨房功能等许多问题待解决。

⑤管线接口混乱、不配套。

长期以来，在厨房内各类管线与接口混乱局面一直不能有效改善，是令施工方和使用者十分头疼的问题，使厨卫无法实现集成化设计，影响厨卫整体功能的提高。

综上所述，目前零售厨房家具市场发展态势呈现出的诸多问题，都需要进行产业升级，淘汰低级产能，这样更有利于行业的发展，然而这些恰恰是装配式建筑系统集成部品住宅厨房家具产品的优势。

18.4 典型企业

18.4.1 贝朗（中国）卫浴有限公司

1. 企业介绍

公司名称：贝朗（中国）卫浴有限公司。

经营范围：生产整体卫浴设备，热水器，研发、生产、销售整体卫浴产品及配件、住宅系统集成产品，公司自产产品的安装，并从事家电产品机板组件及零部件的进出口、批发业务（不涉及国有贸易管理商品，涉及配额、许可证管理商品的，按国家有关规定办理申请。）

经济性质：股份有限公司。

企业历史及荣誉：贝朗卫浴在原有生产线基础上不断升级改革，最高年产量可达6.5万套。秉承"关爱有家"的品牌主张以及"安全、专业、人性化"的核心价值，为我国乃至全世界的家庭创造和提供安全、舒适、友善的卫浴生活。贝朗魔块装配式浴室，为关爱不同年龄层次的家庭成员而创造，安全、专业的设计，人性化的卫浴功能，不仅营造了极致舒适的生活体验空间，更给予了人们无微不至的关怀。它是现代化工厂标准化生产的产物，由防水盘、壁板、顶板构成整体空间。空间内部黄金布局，使用功能齐全，可任意搭配各种功能洁具，风格多变、一体化设计，提供防水、给水、排水、光环境、通风、安全、收纳、热工环境等全方位解决方案。

2. 技术能力

生产基地：依托雄厚的集团资源，拥有四大部品生产基地——10万平方米番禺生产基地、26.6万平方米珠海生产基地、2万平方米齐齐哈尔生产基地、25万平方米国之四维重庆生产基地，精于各种高档水龙头零组件、排水器、温控阀及浴室配件的设计、开发和制造，提供高品质的卫浴部品。

先进设备：日本长府浴槽电铸型成型机、日本MOTOMAN喷涂/打印机器人、大型SMC模压成型机。

产能：拥有苏州、浙江两大设计研发制造基地，目前苏州制造基地1.35万平方米，年产量达6.5万套。浙江制造基地正在建设中，建成后总产能可达20万套/年。

技术优势：六大技术（超高温SCM材质、弹性彩钢模技术、空间抗菌清洁技术、能源循环节能技术、模块急速拼接技术、阻水式电路技术）。

3. 产品介绍

（1）定制化整体装配式卫浴（Unit Bathroom，UB）。

产品特点：干法施工，4小时从毛坯到使用的快捷安装，具有质量可靠，防水抗渗、安装便捷、整体风格统一等特点。

产品优势如下。

①滴水不漏：一体化专业防水盘，无须防水/水泥，彻底消除传统卫生间渗漏隐患，降低维护成本。

②干法施工：高标准工业化制造，现场拼装，即装即用，过程安静无敲打声响，维修项直降80%以上。

③环保安全：采用高级别环保材料，无有害气体挥发，生产、组装过程中不污染环境，无建筑垃圾、扬尘产生。

④延长房屋寿命：防水、保温、不破坏墙体结构，省去内外墙传统的砌筑及抹灰，减少渗漏开裂，耐用超过 20 年，提供终身服务。

⑤提升空间使用：省去内墙及地面修葺的空间损耗，整体收纳设计，提升空间使用率。

（2）防水盘。

防水盘一体化模压成型，滴水不漏，由 SMC、树脂、碳纤维、碳酸钙组合而成的防水盘具备耐磨、抗腐蚀、防滑、保温等优势，最大承重可达 200 千克。

产品特点：加强筋、一体成型、防渗漏、1.25% 坡度、防滑保温、阻隔异味、可拆卸地漏、止水墙轨。

（3）壁板。

壁板为多层复合结构，有发泡型彩钢板、石膏型彩钢板、SMC、发泡瓷砖。易于改造、防霉抑菌、保温隔音、干式勾缝、结构稳固。

4. 可供货地区

全球（海内外）地区。

5. 项目案例

东京希尔顿酒店、大阪日航酒店、法国南泰尔公寓、浙江宝业大和会稽山别墅、漠河北极村首长别墅、雅世合金公寓、万达长白山酒店、天津九河国际村、上海虹桥别墅、外蒙古四季花园。

6. 其他

UB 联合建筑商、设计院共同探讨与结构相关联的集成卫浴解决方案。

7. 联系方式

杨磊：13515002670

18.4.2 苏州海鸥有巢氏整体卫浴股份有限公司

1. 企业介绍

公司名称：苏州海鸥有巢氏整体卫浴股份有限公司。

经营范围：生产整体卫浴设备、热水器，研发、生产、销售整体卫浴产品及配件、住宅系统集成产品，公司自产产品的安装，并从事家电产品机板组件及零部件的进出口、批发业务（不涉及国有贸易管理商品，涉及配额、许可证管理商品的，按国家有关规定办理申请）。

经济性质：股份有限公司（非上市）。

2. 技术能力

公司拥有一支海内外工作经验丰富的精英团队，也培养着极富创造力的年轻设计师群体；设计安全、专业、人性化的卫浴间，满足不同年龄人士对舒适卫浴享受的追求。

2016 年，海鸥卫浴成功收购苏州有巢氏 90% 股权、苏州年产 6.5 万套定制整装卫浴空间项目，将业务拓展至整装卫浴领域，诞生了苏州海鸥有巢氏整体卫浴股份有限公司，并在苏州建立了 1.35 万平方米的设计研发制造基地。

公司引进日本长府浴槽电铸型成型机、日本 MOTOMAN 喷涂/打印机器人、大型 SMC 模压成型机等先进生产设备，将先进的技术及工艺运用于整装卫浴主体及零部件的制造。每一道工序极致严谨，每一个产品出厂前都在先进、全面的实验室内经过反复测试，质量优异。

苏州海鸥有巢氏整体卫浴股份有限公司生产和销售整体卫浴及住宅产业化系统集成产品，在原有生产线基础上不断升级改革，最高年产量可达 6.5 万套。

3. 可供货地区

中国。

4. 联系方式

地址：江苏省苏州市吴中经济技术开发区旺山工业园天鹅荡路 3 号

电话：400 - 828 - 8656

网址：www. ubath. cn

18.4.3　惠达卫浴股份有限公司

1. 企业介绍

公司名称：惠达卫浴股份有限公司。

经营范围：生产和销售卫生陶瓷制品、建筑陶瓷制品、卫生陶瓷洁具配件、整体浴室、整体厨柜、建筑装饰、装修材料；高中档系列抛光砖、墙地板；坐便盖、水箱配件、塑料制品、卫生瓷配套产品；文化用纸、胶印纸的加工；原纸销售；纸板、纸箱加工；本企业生产、科研所需的原辅材料、机械设备、仪器、仪表及零配件的进口业务；木质门窗批发、零售；普通货运；网上销售本公司自产的产品；自营代理各类商品和技术的进出口业务。（国家限制和禁止的除外）

经济性质：股份制上市公司。

企业历史及荣誉：惠达卫浴始建于 1982 年，历经 36 年发展，成为中国规模较大、历史较为悠久的卫浴家居用品企业之一，每年为大众提供近 1000 万件的卫浴家居产品，涉及陶瓷卫浴、浴室家具、墙地砖、五金龙头及配件、厨柜、木门等领域，被 2008 北京奥运会、2010 上海世博会和众多五星级酒店所应用。惠达在北京、上海创立两个设计研发中心，一个博士后工作站。2012 年 2 月 3 日，住房和城乡建设部正式批准惠达成为国家住宅产业化基地；2013 年，国家发改委、科技部、财政部、海关总署、国家税务总局五部委认定为"国家认定企业技术中心"；2016 年度荣获"整体卫浴领军企业十强"证书；2017 年度荣获"整体卫浴类"十大品牌证书；经世界品牌实验室及评测委员会评估，惠达卫浴的品牌价值达 177.65 亿元；2017 年 11 月 9 日，惠达卫浴被住房和城乡建设部办公厅列在第一批装配式建筑产业基地的名单内。

惠达坚信，家居生活品质是人类文明进程的重要元素。因此，我们用每一件产品传递对生命的赞美，立百年之业，惠达天下。

2. 企业资质

（1）企业营业执照（三证合一）。

（2）安全生产标准化证书。

（3）ISO 9001 质量管理体系认证。

（4）ISO 4001 环境管理体系认证。

（5）职业健康安全管理体系认证。

（6）中国环境标志产品认证。

（7）2017 年品牌价值证书。

（8）国家住宅产业化基地企业。

（9）国家认定企业技术中心。

（10）装配式建筑产业基地。

（11）与碧桂园合作获得战略合作伙伴。

（12）2016 年整体卫浴领军 10 强。

（13）2017 年中国卫浴十大品牌。

（14）企业信用评价 AAA 级信用企业。

（15）质量突出贡献奖。

3. 技术能力

产品标准：惠达卫浴股份有限公司担保所提供的产品及配件在设计、制造工艺及产品性能上符合国家标准，具体参照如下：《住宅整体卫浴间》（JG/T 183—2011）、《整体浴室》（GB/T 13095—2008）、《卫生陶瓷》（GB 6952—2015）、《陶瓷片密封水嘴》（GB 18145—2014）、《木质柜》（QB/T 2530—2011）和《室内装饰装修材料　木家具中有害物质限量》（GB/T 18584—2001）。

工厂面积：165 万平方米。

生产设备：整体卫浴生产设备：2 条 SMC 片料生产线和整体模压生产线、20 台 300～4000 吨位的压机，配有先进的实验室和检测设备；卫生陶瓷生产设备：拥有 180 台球磨机、450 台高压注浆设备、165 台机械手施釉机、17 条天然气隧道窑；拥有 2 条卫浴五金生产线：设备涵盖重力铸造机、CNC 机加工中心设备、机械手抛光机、自动铜镍铬电镀环行线等；拥有 2 条浴室家具生产线：设备涵盖自动封边机、德国豪迈开孔设备、UV 滚涂生产线、全封闭面漆房等；墙地砖生产设备：拥有全自动压力机 13 台、全自动辊道窑 6 条、印花施釉线 8 条、喷墨印花机 5 台、抛光线 2 条。

产能：实现年产整体卫浴 10 万套，卫生陶瓷及配件 1000 万件，五金龙头及配件 260 万件，不锈钢水槽 15 万件，浴室柜 60 万套，浴缸 85 万件，淋浴房 50 万件，拥有 4 条年产 720 万平方米的抛光砖及仿古砖生产线，3 条年产 900 万平方米的内墙砖生产线。

深化设计能力：具备深化设计能力人数 550 人，产品设计多次获得德国红点设计奖、意大利 A'Design Award 设计奖、红星奖等。

4. 可供货地区

在国内，惠达是卫浴行业品牌化运营的先行者，经过国内市场建设，惠达拥有服务网点近 3000 家，从大中城市一直延伸到乡镇，把惠达产品和服务输送到千家万户，并在核心城市设有区域中心仓库（如北京、郑州、西安、武汉、长沙、南京、福州、南昌、成都、佛山、沈阳、呼和浩特等），确保货物及时迅速到达，供货辐射区域广泛；在国外，惠达依托强大的研发、制造能力及全球化的服务体系，产品远销全球 100 多个国家和地区。

5. 装配式项目案例

项目名称：

（1）万科城、万科蓝山、万科金域精装项目。结构方式：整体卫浴。

（2）中国人民解放军国信信息学院干部学院。结构方式：整体卫浴。

（3）定州红都宾馆。结构方式：整体卫浴。

（4）徐州青皮树酒店。结构方式：整体卫浴。

技术特点：

（1）整体设计，以人为本：融合人体工程学，体现功能和美学的完美结合。

（2）整体生产，质量恒定：整体浴室底盘一次模压成型，独特翻边锁水设计。

（3）整体提供，配件全套：一站式解决客户需求。

（4）整体安装，高效专业：采用结构化组装方式，按图施工，精确高效。

（5）整体服务，后顾无忧：专业售后团队数千人，无后顾之忧。

（6）干法施工，节约资源：精细化配给，干法施工。

（7）个性化定制，多种选择：材料多种选择，满足不同档次全系列提供不同用户需求。

（8）安装效率高，工序简单：4～8 小时即可完成一套整体浴室的安装，干净卫生快捷。

6. 其他

（1）公司随项目进展，全程提供施工过程中的技术指导工作；为保证高效服务，公司设置专职小组，调动集团服务资源，积极配合项目运行。

（2）惠达集团产品种类涵盖卫生陶瓷、浴室家具、卫浴五金、浴缸、淋浴房、墙地砖等，为客户方提供一体化整体卫浴的解决方案。

（3）惠达集团综合产销能力较大，工厂具备强大的工程服务能力及交付能力。

（4）惠达卫浴于 2017 年 4 月 5 日上市，经世界品牌实验室及评测委员会评估，品牌价值达 177.65 亿元；前后被国家发改委、科技部、财政部、海关总署、国家税务总局五部委认定为"国家认定企业技术中心";荣获"整体卫浴领军企业十强""整体卫浴类"十大品牌等殊荣;同时经住房和城乡建设部正式批准成为国家住宅产业化基地;被住房和城乡建设部办公厅列在第一批装配式建筑产业基地的名单内。

（5）惠达成功和碧桂园地产、保利地产、恒大地产、万达地产、远洋地产、宝能地产、金融街地产等大型房地产达成战略合作，持续供货，合作状况良好；惠达产品前后进入奥运会场馆、世博会场馆、大运会场馆，获得人们的认可，同时通过惠达卫浴的 36 年发展，目前在工程业绩上贯穿在各地的工程场所，成为消费者熟悉的品牌。

7. 联系方式

联系人：李世东

联系方式：13313299055

19　屋顶绿化解决方案厂商

19.1　相关生产规范、标准

《建筑结构荷载规范》（GB 50009—2012）

《建筑设计防火规范》（GB 50016—2014）

《建筑物防雷设计规范》（GB 50057—2010）

《喷灌工程技术规范》（GB/T 50085—2007）

《地下工程防水技术规范》（GB 50108—2008）

《屋面工程质量验收规范》（GB 50207—2012）

《地下防水工程质量验收规范》（GB 50208—2011）

《建筑工程施工质量验收统一标准》（GB 50300—2013）

《屋面工程技术规范》（GB 50345—2012）

《硬泡聚氨酯保温防水工程技术规范》（GB 50404—2007）

《微灌工程技术规范》（GB/T 50485—2009）

《坡屋面工程技术规范》（GB 50693—2011）

《建设工程施工现场消防安全技术规范》（GB 50720—2011）

《绝热用挤塑聚苯乙烯泡沫塑料（XPS）》（GB/T 10801.2—2002）

《聚氯乙烯（PVC）防水卷材》（GB 12952—2011）

《低压电气装置第 7-705 部分：特殊装置或场所的要求　农业和园艺设施》（GB 16895.27—2012）

《土工合成材料聚乙烯土工膜》（GB/T 17643—2011）

《高分子防水材料　第 1 部分：片材》（GB 18173.1—2012）

《弹性体改性沥青防水卷材》（GB 18242—2008）

《塑性体改性沥青防水卷材》（GB 18243—2008）

《绝热用硬质酚醛泡沫制品（PF）》（GB/T 20974—2014）

《喷涂聚脉防水涂料》（GB/T 23446—2009）

《绝热用聚异氰脲酸酯制品》（GB/T 25997—2010）

《热塑性聚烯烃（TPO）防水卷材》（GB 27789—2011）

《园林绿化工程施工及验收规范》（CJJ 82—2012）

《民用建筑电气设计规范》（JGJ 16—2008）

《喷涂聚脲防水工程技术规程》（JGJ/T 200—2010）

《城市绿化和园林绿地用植物材料　木本苗》（CJ/T 24—1999）

《种植屋面用耐根穿刺防水卷材》（JC/T 1075—2008）

《种植屋面工程技术规程》（JGJ 155—2013）

19.2　相关产品分类

按材料或者适用的结构体系或者部位进行分类，介绍目前本品类下常用产品分类；为手册使用人提供同类产品可选类别，各类别的优缺点。

屋顶绿化材料主要有以下类别：绝热材料、防水材料、排（蓄）水材料和过滤材料、种植土、种植植物、种植容器、设施材料和园林小品。

具体类别如下。

类别1：绝热材料。

喷涂硬泡聚氨酯、硬泡聚氨酯板、挤塑聚苯乙烯泡沫塑料保温板、硬质聚异氰脲酸酯泡沫保温板、酚醛硬泡保温板。

类别2：防水材料。

类别2.1：耐根穿刺防水材料。

弹性体改性沥青防水卷材、塑性体改性沥青防水卷材、聚氯乙烯防水卷材、热塑性聚烯烃防水卷材。

类别2.2：防水材料。

所有适用于屋面的防水材料。

类别3：排（蓄）水材料。

凹凸型排蓄水板、网状交织排水板、级配碎石、陶粒。

类别4：过滤材料。

聚酯无纺布。

类别5：种植土。

田园土、改良土、无机种植土。

类别6：种植植物。

乔木、绿篱、色块植物、藤本植物、草坪。

类别 7：种植容器。

类别 8：设施材料。

灌溉系统、电气系统、照明系统、标识系统、消防设施、园林小品、休闲设施。

19.3 行业发展现状

1. 企业资质分类

目前屋顶绿化企业资质分为三级：一级企业、二级企业、三级企业。其对应的各资质标准如下。

（1）一级企业资质标准。

①注册资金 2000 万元以上。

②6 年以上的经营经历，获得二级企业资质 3 年以上，独立的专业的园林、绿化施工的法人企业。

③近 3 年独立承担过不少于 5 个 5 万平方米且工程造价在 450 万元以上的已验收合格的园林绿化综合性工程。

④苗圃生产培育基地在 200 亩以上，并具有一定规模的园林绿化苗木、花木、盆景、草坪的培育、生产、养护能力。

⑤企业经理具有 8 年以上的从事园林绿化经营管理工作的资历或具有园林绿化专业高级技术职称，企业总工程师具有园林绿化专业高级技术职称，总会计师、总经济师具有中级以上技术职称。

⑥园林绿化专业人员以及工程、管理、经济等相关专业类的专职管理和技术人员不少于 30 人。具有中级以上职称的人员不少于 18 人，其中园林专业中级职称人员不少于 8 人，园林专业高级职称人员不少于 2 人，建筑、结构、水、电工程师各不少于 1 人。

⑦企业中级以上专业技术工人 30 人以上，其中高级专业技术工人 10 人以上，包括绿化工、花卉工、瓦工、木工、电工等相关工种。

⑧企业固定资产现值在 2000 万元以上，企业年工程产值在 4000 万元以上。

（2）二级企业资质标准。

①注册资金 1000 万元以上。

②3 年以上的经营经历，并获得三级企业资质 3 年以上，独立的专业的园林、绿化施工的法人企业。

③近 3 年独立承担过不少于 5 个 2 万平方米以上且工程造价在 200 万元以上的已验收合格的园林绿化综合性工程。

④苗圃生产培育基地在 100 亩以上，并具有一定规模的园林绿化苗木、花木、盆景、草坪的培育、生产、养护能力。

⑤企业经理具有 5 年以上的从事园林绿化经营管理工作的资历或具有园林绿化专业高级技术职称，企业总工程师具有园林绿化专业高级技术职称，总会计师、经济师具有中级以上技术职称。

⑥园林绿化专业人员以及工程、管理、经济等相关专业类的专职管理和技术人员不少于 20 人。具有中级以上职称的人员不少于 12 人，其中园林专业中级职称人员不少于 5 人，园林专业高级职称人员不少于 1 人，建筑、结构、水/电工程师各不少于 1 人。

⑦企业中级以上专业技术工人 20 人以上，其中高级专业技术工人 6 人以上，包括绿化工、花卉工、瓦工、木工、电工等相关工种。

⑧企业固定资产现值在 1000 万元以上，企业年工程产值在 2000 万元以上。

（3）三级企业资质标准。

①注册资金 200 万元以上。

②企业经理具有 2 年以上的从事园林绿化经营管理工作的资历或具有园林绿化专业中级以上技术职称，企业总工程师具有园林绿化专业中级以上技术职称，总会计师、经济师具有初级以上技术职称。

③园林绿化专业人员以及工程、管理、经济等相关专业类的专职管理和技术人员不少于 12 人。具有中级以上职称的人员不少于 8 人，其中园林专业中级职称人员不少于 3 人，建筑工程师 1 人。

④企业中级以上专业技术工人 10 人以上，其中高级专业技术工人 3 人以上。

2. 企业经营范围

（1）一级企业经营范围。

可承揽各种规模以及类型的园林绿化工程。包括：综合性公园、植物园、动物园、主题公园、郊野公园等各类公园，单位附属绿地、居住区绿地、道路绿地、广场绿地、风景林地等各类绿地。

可承揽园林绿化工程中的整地、栽植、建筑及小品、花坛、园路、水系、喷泉、假山、雕塑、广场铺装、驳岸、桥梁、码头等园林设施及设备安装项目。

可承揽各种规模以及类型的园林绿化综合性养护管理工程。

可从事园林绿化苗木、花卉、盆景、草坪的培育、生产和经营。

可从事园林绿化技术咨询、培训和信息服务。

（2）二级企业经营范围。

可承揽 8 万平方米且工程造价在 800 万元以下的园林绿化工程。包括：综合性公园、植物园、动物园、主题公园、郊野公园等各类公园，单位附属绿地、居住区绿地、道路绿地、广场绿地、风景林地等各类绿地。

可承揽园林绿化工程中的整地、栽植、建筑及小品、花坛、园路、水系、喷泉、假山、雕塑、广场铺装、驳岸、桥梁、码头等园林设施及设备安装项目。

可承揽 20 万平方米以下的园林绿化养护管理工程。

可从事园林绿化苗木、花卉、盆景、草坪的培育、生产和经营，园林绿化技术咨询和信息服务。

（3）三级企业经营范围。

可承揽 3 万平方米且工程造价在 300 万元以下的园林绿化工程。包括：单位附属绿地、居住区绿地、道路绿地、风景林地等各类绿地。

可承揽园林绿化工程中的整地、栽植、建筑及小品、花坛、园路、水系、喷泉、假山、雕塑、广场铺装、驳岸、码头等园林设施及设备安装项目。

可承揽 10 万平方米以下的园林绿化养护管理工程。

可从事园林绿化苗木、花卉、草坪的培育、生产和经营。

3. 行业发展现状

（1）历史。

屋顶花园的历史可以追溯到公元前 2000 年左右，在古代幼发拉底河下游地区（即现在的伊拉克）的古代苏美尔人最古老的名城所建的"大庙塔"，就是屋顶花园的发源地。20 世纪 20 年代初，英国著名考古学家伦德·伍利爵士，发现该塔三层台面上有种植过大树的痕迹，真正的屋顶花园是在亚述古庙塔以后 1500 余年才发现的著名的巴比伦"空中花园"，它之所以被世人列为"古代世界七大奇迹"之一，其意义绝非仅在于造园艺术上的成就，而是古代文明的佳作。巴比伦"空中花园"是于公元前 604 年—公元前 562 年，新巴比伦国王尼布加尼撒二世娶了波斯国一位美丽的公主，名叫塞米拉米斯，她日夜思念故国山乡，郁郁寡欢。国王为了取悦于她，下令在平原地带的巴比伦堆筑土山，并用石柱、石板、砖块、铅饼等垒起每边长 125 米，高达 25 米的台子，在台子上层层建造宫室，处处种植花草树木。建造巴比伦"空中花园"耗费了大量的人力、物力、财力，是皇家贵族的享受，它反映古代帝王所追求的奢侈生活。

（2）我国发展现状。

我国自 20 世纪 60 年代起，才开始研究屋顶花园和屋顶绿化的建造技术。随着我国改革开放的进程，旅游事业得到空前的发展。为了改善城市生态环境，增加城镇的人均绿地面积等的需要，屋顶花园、屋顶绿化、屋顶养花才真正进入城市的建设规划、设计和建造范围。

如将北京建成区现有的 6979 万平方米建筑平屋顶面积的 30% 进行屋顶绿化，可实现屋顶绿化相当于在北京城市中心区又建成了 27 个紫竹院公园，可提高城市绿化面积 769.8 万平方米，使绿地每年滞尘量增加 192.45 吨，全年吸收二氧化硫量增加 3.95 吨，大大改善大气质量。

从 1983 年长城饭店建成北方地区第一座屋顶花园至今，北京一直在尝试采用新技术进行屋顶绿化。

据不完全统计，北京有屋顶绿化的建筑不到城市现有建筑总数的 1%。不同时期建筑屋顶绿化目前有几百余处，面积约 60 万平方米。北京市建成市区可进行绿化的屋顶面积约 6979 万平方米，其中多层楼屋顶（18 米以下）约占 70%，高层楼约占 30%。

国内其他地区屋顶绿化建设始于 20 世纪 60 年代。随着国内经济建设的突飞猛进，人居环境和生活质量的评价日益受到重视。例如重庆、上海、深圳、杭州、长沙等国内各大城市，屋顶绿化自发地以各种形式展开。

上海市静安区人民政府 2002 年 6 月 1 日发布的《关于上海市静安区屋顶绿化实施意见（试行）的通知》，提出从 2002 年起，凡列入当年屋顶绿化实施的项目，每完成 1 平方米奖励 10 元。上海市绿化管理局 2002 年 11 月发布了《关于组织编制屋顶绿化三年实施计划的通知》。

广东省深圳市人民政府于 1999 年 11 月发布了《深圳市屋顶美化绿化实施办法》，并制定全市屋顶美化绿化的规划和实施办法，组织全市屋顶美化绿化工作的检查、督促和考评。广东省于 2000 年发布了《关于我省城市屋顶美化和防护（防盗）网、空调器及室外管道规范装设的意见》，提出各市可参照深圳市的做法，结合本地实际，提出建筑物屋顶美化绿化的措施。

四川省已于 1994 年颁布地方标准《蓄水覆土种植屋面工程技术规范》。四川省成都市于 2005 年全面实施屋顶绿化方案，在 2005 年年底达到人均屋顶绿化面积 0.5 平方米。2005 年 3 月成都市特别规定：成都市五城区、龙泉驿、青白江、新都、温江区以及双流县和郫县范围内新开工的楼房，凡是 12 层楼以下，40 米高度以下的中高层和多层、低层非坡屋顶建筑必须按要求实施屋顶绿化。凡成都市范围内建筑竣工时间在近 20 年以内、产权明晰、满足房屋建筑安全要求的建筑均应根据条件实施屋顶绿化。屋顶绿化经费采取"以奖代补"的政策，并由市、区、社区三级组织开展"优秀屋顶花园"等评选活动。

综合我国各地屋顶绿化的建造方式，大致归纳为下面两种类型：花园式屋顶绿化和简单式屋顶绿化。

花园式屋顶绿化，其特点是根据屋顶具体条件，选择小型乔木、低矮灌木和草坪、地被植物进行屋顶绿化植物配置，设置园路、座椅和园林小品等，提供一定的游览和休憩活动空间的复杂绿化。此类屋顶绿化主要是针对新建建筑，以充分发挥屋顶绿化的生态效益、提高人在屋顶活动的舒适性为主要目标。景观效果好，且具有绿化效果持久、可与建筑同寿命的优点，其生态效益是简单式屋顶绿化生态效益的 6 倍。

简单式屋顶绿化，其特点是利用低矮灌木或草坪、地被植物进行屋顶绿化，不设置园林小品等设施，一般不允许非维修人员活动的简单绿化。简单式屋顶绿化主要针对既有建筑而言，可以解决旧建筑屋顶荷载小、防水薄弱、灌溉不便、养管不力等问题，具有荷载较轻的优势，对于建筑屋面具有发挥生态效益、美化屋顶景观的作用。

（3）国外发展现状。

西方发达国家在 20 世纪 60 年代以后，相继建造各类规模的屋顶花园和屋顶绿化工程，如美国华盛顿水门饭店屋顶花园、美国标准石油公司屋顶花园、美国 DT&T 公司屋顶花园、英国爱尔兰人寿中心屋顶花园、加拿大温哥华凯泽资源大楼屋顶花园、德国霍亚市牙科诊所屋顶花园、日本同志社女子大学图书馆屋顶花园，这些与建筑设计统一建在屋顶的花园，多数是在大型公共建筑和居住建筑的屋顶或天台，向天空展开。也有建在室内成为建筑内部共享空间的；有游览性的，也有仅能观赏，游人不能入内的屋顶绿化；有的不仅在平屋顶上修建，还在坡屋顶上修造草场式绿化屋顶。

19.4　典型企业

唐山德生防水股份有限公司

1. 企业介绍

公司名称：唐山德生防水股份有限公司。

经营范围：防水材料制售。

经济性质：股份有限公司（新三板上市企业）。

企业历史及荣誉：公司成立于 2000 年，是一家集防水材料研发、生产、销售、施工为一体的集团化公司。集团包括唐山德生、天津禹红、新疆德生建科以及深圳德生等全资子公司，产品覆盖防水卷材、防水涂料、沥青瓦三大种类。销售网络覆盖全国，产品出口到美国、韩国、俄罗斯等国家。

作为中国房地产 500 强开发企业首选供应商，中国防水行业质量提升示范企业，德生防水一贯坚持自主知识产权开发和应用，致力于打造创新型产品和施工工法，拥有中国建筑防水行业"标准化实验室"、河北省首家"建筑防水工程技术研究中心"以及"天津市博士后创新实践基地"。已经参与起草、制定十余项产品国家标准，申报获得多项美国及欧盟专利、近两百项国家专利及数项省市级科技成果。唐山德生和天津禹红均为国家高新技术企业，分别被认定为河北省企业技术中心及天津市企业技术中心，拥有中国防水匠施工团队，为行业打造多个金禹奖工程。董事长李德生被任命为中国建筑防水协会副会长，多次代表中国建筑防水协会出访欧美许多国家进行交流考察。

2015 年 8 月 19 日，德生防水成功在新三板挂牌上市，德生防水的上市对中国建筑防水行业的发展有着里程碑的意义，也是德生防水迈向资本市场的历史性一步。

2. 企业资质

防水防腐保温工程专业承包一级资质、全国工业产品许可证、环境管理体系认证、质量管理体系认证、职业健康安全管理体系认证、CTC 认证、美国 FM 认证。

3. 技术能力

产品标准：国标。

工厂面积、生产设备：占地 30 万平方米、拥有 18 条国内先进卷材及涂料生产线。

产能：年产 SBS、自粘等沥青类卷材 1 亿平方米，TPO、TPE 等高分子类卷材 3000 万平方米，非固化、聚氨酯、JS 等防水涂料类产品 6 万吨的生产能力。

深化设计能力（资质、人员）：技术中心拥有涵盖新型材料开发、产品工艺开发、产品工法研究、技术支持等方向的专业技术人员数十名，其中高级工程师 2 名，防水工程师 3 名，工程师 7 名，助理工程师 11 名。主要以原创性创新、自主开发、引进技术消化吸收、产学研合作、企业间技术合作等方式进行先进技术的科学研究。

4. 可供货地区

中国国内各地区以及美国、韩国、俄罗斯等国家。

5. 屋顶绿化项目案例

北京清华科技园盛景大厦屋顶绿化。

烟台中信大厦屋顶绿化。

遵化龙凤社区 45#楼屋顶绿化。

6. 联系方式

电话：400 – 612 – 5108

邮箱：tsdsfs@ 126. com

20　门窗生产安装企业

20.1　相关生产规范、标准

《建筑门窗术语》（GB/T 5823—2008）

《建筑门窗洞口尺寸系列》（GB/T 5824—2008）

《建筑外门窗保温性能分级及检测方法》（GB/T 8484—2008）

《建筑用塑料门》（GB/T 28886—2012）

《建筑用塑料窗》（GB/T 28887—2012）

《建筑模数协调标准》（GB/T 50002—2013）

《建筑采光设计标准》（GB 50033—2013）

《建筑门窗洞口尺寸协调要求》（GB/T 30591—2014）

《装配式混凝土建筑技术标准》（GB/T 51231—2016）

《装配式钢结构建筑技术标准》（GB/T 51232—2016）

《装配式木结构建筑技术标准》（GB/T 51233—2016）

《工业化住宅建筑外窗系统技术规程》（CECS 437—2016）

20.2　相关产品分类

装配式建筑门窗按材质不同，可分为铝合金窗、塑钢窗、带钢副框窗等。由于各类门窗有各自的特点、功能和性能，并能满足不同气候环境、功能和性能的要求，得到了不同程度的应用。

20.3　行业发展现状

20.3.1　装配式门窗技术要求概述

装配式建筑技术标准与门窗相关的特殊要求主要有五个方面：洞口模数协调化、设计标准化、功能集成化、安装装配化和管控信息化。其他的相关设计、制造、安装、验收等与传统门窗产品基本一致。

1. 洞口模数协调化

标准中均对门窗洞口模数做了明确要求："……门窗洞口宽度等宜采用水平扩大模数数列 2nM、3nM（n 为自然数）。""……门窗洞口高度等宜采用竖向扩大模数数列 nM。""门窗部品的尺寸设计应符合现行国家标准《建筑门窗洞口尺寸系列》（GB/T 5824—2008）和《建筑门窗洞口尺寸协调要求》（GB/T 30591—2014）的规定。"

门窗的洞口尺寸应符合模数规定。根据《建筑模数协调标准》（GB/T 50002—2013）规定，基本模数的数值为 100 毫米（1M 等于 100 毫米），整个建筑物和建筑物的一部分以及建筑部件的模数化尺寸，应是基本模数的倍数。导出模数分为扩大模数和分模数，扩大模数基数应为 2M、3M、6M、9M、12M 等，分模数基数应为 M/10、M/5、M/2。根据此规定，门窗洞口宽度应为 200 毫米、300 毫米的整数倍，洞口高度应为 100 毫米的整数倍。

根据少规格、多组合的原则，门窗的洞口模数建议进一步扩大为 3M 的整数倍，即 3M、6M、9M、12M、15M、18M。

2. 设计标准化

标准中对装配式建筑门窗标准化设计有如下规定："装配式建筑应采用模块及模块组合的设计方法，遵循少规格、多组合的原则，从而实现建筑及部品部件的系列化和多样化。""装配式建筑立面设计应符合下列规定：…外窗等部品部件宜进行标准化设计。""外门窗应采用在工厂生产的标准化系列产品，并采用带有披水板等的外门窗配套系列部品。""部品部件尺寸及安装位置的公差协调应根据生产装配要求、主体结构层间变形、密封材料变形能力、材料干缩、温差变形、施工误差等确定。"

可以看出，门窗设计标准化应从以下几个方面进行。

首先是门窗尺寸的标准化。门窗产品尺寸应对相应洞口尺寸进行减尺以保证正常安装。门窗传统的安装方式分为湿法安装和干法安装，湿法安装指无附框安装方式，而干法安装多指附框安装的方式。装配式建筑门窗的安装也可分为无附框安装方式和附框安装方式，其中附框安装方式又可分为预埋附框和后置附框。无附框安装和预埋附框安装时，洞口尺寸均为标准洞口尺寸，合理减尺即可；后置附框安装时，还应合理减去附框的尺寸。

其次是分格的标准化。对门窗分格来说，一个较重要的考虑因素就是开启扇，因此建议首先确定开启扇的尺寸。对于平开窗，建议分格尺寸宽度为 600 毫米，高度可选为 800 毫米、1000 毫米、1200 毫米。其他分格可依据开启扇的尺寸确定。

最后是安装构造的标准化。对装配式建筑而言，建议优先考虑预埋附框的安装方式。

3. 功能集成化

装配式建筑门窗作为建筑外围护构件，应集成传统的建筑门窗所应承担的主要功能。标准规定："外围护系统应根据装配式建筑所在地区的气候条件、使用功能等因素来综合确定抗风性能、抗震性能、耐撞击性能、防火性能、水密性能、气密性能、隔声性能、热工性能和耐久性能要求。"对于装配式建筑门窗，应综合考虑其抗风压性能、气密性能、水密性能、保温性能、遮阳性能、隔声性能、采光性能、耐久性能、防火性能等。

因此，装配式建筑门窗设计时应综合考虑以上性能，根据各地的指标要求进行性能和功能设计。

4. 安装装配化

标准规定："装配式建筑的部品部件应采用标准化接口。""外门窗应可靠连接，门窗洞口与外门窗框接缝处的气密性能、水密性能和保温性能不应低于外门窗的有关性能。""预制外墙中外门窗宜采用企口或预埋件等方式固定，外门窗可采用预装法或后装法设计，并满足下列要求：①采用预装法时，外门窗框应在工厂与预制外墙整体成型；②采用后装法时，预制外墙的门窗洞口应设置预埋件。"

标准中所说的"预装法"规定外门窗框应在工厂与预制外墙整体成型，指的是直接将窗框预埋在外墙里，这种做法会导致外窗更换困难，不推荐采用。

装配式建筑门窗安装建议采用标准中提出的"后装法"，即外墙洞口设置预埋件的方式。该方法便于门窗更换。

5. 管控信息化

标准规定："装配式建筑设计宜采用建筑信息模型（BIM）技术，建立信息化协同平台，采用标准化的功能模块、部品部件等信息库，统一编码、统一规则，全专业共享数据信息，实现建设全过程的管理和控制。"

作为装配式建筑重要的部品部件，建筑门窗也应建立统一编码、统一规则的信息库。该信息库应能给出洞口尺寸、外窗尺寸和分格、外窗的性能信息等，供建筑师选用。

目前国家还未正式出台专门针对装配式门窗的技术规程。2018 年 4 月 25 日，由中国建筑科学研究院有限公司主编的中国工程建设标准化协会标准《装配式建筑用门窗技术规程》编制启动暨第一次工作会议在北京召开。编制工作有序进行中。

20.3.2 门窗行业发展现状

近年来，随着房地产行业以及城镇化进程的推进，门窗行业迎来了突飞猛进的发展。据国家统计数据，2017年我国门窗行业市场规模已经突破6600亿元，未来随着我国门窗行业的不断创新与变革，行业市场仍将维持增长态势。

目前来看，我国众多门窗生产企业集中分布在珠三角、长三角、环渤海地区和东北、西南、西北地区六大生产基地，从过去小规模的作坊式生产，转变为今天大规模成品化、集成化、品牌化的发展，初步形成了中国门窗产业化集群。广大的南方地区以及众多大城市，大多数使用铝门窗；东北、西北、华北等北方寒冷地区主要使用塑料门窗。门窗的型材不同、种类不同，应用的场合也不同，起到一定节能保温作用的隔热断桥铝门窗常被用于中低档的楼房建筑中，而实木复合门窗、铝木复合门窗则往往被应用于中高档的楼房建筑中。华东地区市场规模占比高达39.74%；华南地区和东北地区占比分别为19.92%和16.24%，其余地区占比均在15%以下。总之，我国门窗行业区域发展仍以华东地区为主。

建筑门窗的发展趋势是：标准化、信息化、系统化、工业化、产品化。

1. 标准体系不完善

标准体系不完善表现在两个方面：一是装配式建筑标准体系不完善；二是适应装配式建筑的门窗标准体系不完善。目前装配式建筑国家层面仅有几本建筑技术标准，均为宏观指导性标准，缺乏相应的设计、制造、施工、验收等专用标准的支撑，而且是英语装配式建筑的门窗标准。目前除了仅有的几本洞口模数协调标准外，在设计、制造、安装、验收等环节均缺乏相应的技术标准。在此背景下，中国建筑科学研究院也申报了协会标准《装配式建筑门窗技术规程》，目前已经获得立项，该规程在此背景下对适应于装配式建筑的门窗进行了详细规定。

2. 门窗标准化普及程度低

目前，我国门窗标准化还仅限于材料和配件层面的标准化，应用于工程领域的门窗产品的标准化还远远不够，主要原因是传统模式下我国建筑门窗尺寸、分格的标准化没有完成。传统的建筑模式下，由于窗型尺寸和分格设计的随意性较大且洞口施工偏差较大，使得门窗企业必须现场逐个复核洞口尺寸而无法按图纸给定尺寸生产加工，且由于尺寸太多导致无法规模化生产。仅有个别大型房地产开发企业在内部实现了一定程度的门窗标准化，但对于整个国家层面是远远不够的。

3. 门窗制作、安装工艺对各种装配式构造的适用性低

装配式建筑要求对传统的门窗制造和安装方式进行大的变革。目前很多装配式建筑门窗还是采用传统的安装方式，即工厂仅预埋附框、框和玻璃先后在现场安装的方式，严格来讲这种传统制造安装方式与装配式建筑理念是背道而驰的；研发新型附框、

安装适配构造进行门窗整体安装将是装配式建筑门窗的重点内容。

4. 新型产业链的调整

装配式建筑门窗要求产品标准化、系列化、制造工业化、施工装配化、功能集成化和产品信息化，这必然会导致建筑门窗行业新一轮的洗牌。研发实力强、思路调整快的企业在率先完成适应装配式建筑的调整之后其产值短期内必然呈指数增长，而大多数企业则面临倒闭或沦为代工厂的境地，一段时间优胜劣汰之后必然会出现几大品牌企业几乎垄断整个市场的情况。

21 装配式装修地板部品体系厂商

21.1 相关生产规范、标准

《实木复合地板》（GB/T 18103—2013）

《室内装饰装修材料　人造板及其制品中甲醛释放限量》（GB 18580—2017）

《室内装饰装修材料聚氯乙烯卷材地板中有害物质限量》（GB 18586—2001）

《建筑工程施工质量验收统一标准》（GB 50300—2013）

《建筑地面工程施工质量验收规范》（GB 50209—2010）

《木质地板铺装工程技术规程（附条文说明）》（CECS 191—2005）

《聚氯乙烯卷材地板　第 1 部分：非同质聚氯乙烯卷材地板》（GB/T 11982.1—2015）

《重组竹地板》（GB/T 30364—2013）

《木质地板铺装、验收和使用规范》（GB/T 20238—2018）

《地采暖用木质地板》（LY/T 1700—2007）

《浸渍纸层压木质地板》（GB/T 18102—2007）

《阻燃木质复合地板》（GB/T 24509—2009）

《室内木质地板安装配套材料》（GB/T 24599—2009）

《橡塑铺地材料　第 1 部分：橡胶地板》（HG/T 3747.1—2011）

《绿色保障性住房技术导则（试行）》（LSDZ—2013）

《实木复合地板》（GB/T 18103—2013）

《实木地板　第 1 部分：技术要求》（GB/T 15036.1—2018）

《高耐磨漆饰实木地板》（GB/T 31745—2015）

《装配式建筑评价标准》（GB/T 51129—2017）

《实木地板通用要求》（ISO 17959：2014）

21.2 相关产品分类

装配式地板也称活动地板，它是由各种型号规格和材质的面板块、桁条、可调支架等组合拼装而成。支架一般有铝合金、铸铁、钢丝杆、金属、优质冷轧钢板等种类。桁条有角钢、锌板、优质冷轧钢板等。面板底面用铝合金，中间由玻璃钢浇制成空心夹层，表面由聚酯树脂加抗静电剂、填料制成的抗静电塑料贴面；铸铝合金表面粘中软塑料；平压刨花板双面贴三聚氰胺甲醛树脂装饰板；或采用双面贴塑刨花胶合板。采用导电涂料封边，除了密封垫采用导电橡胶条，交接部位均采用导电胶粘剂。

装配式地板与基层地面或楼面之间所形成的架空空间，不仅可满足敷设纵横交错的电缆和各种管线的需要，而且通过设计，在架空地板的适当部位设置通风口，还可以满足静压送风等空调方面的要求。

装配式地板具有质量轻、强度大、表面平整、尺寸稳定、面层质感良好、装饰性好等特点，此外还有防火、防虫鼠侵害、耐腐蚀等性能。

其中地板面板按材料分，有实木地板、实木复合地板、强化复合地板、竹木地板、软木地板等。

21.3 行业发展现状

我国现今的木地板市场非常活跃，实木地板尤其备受消费者喜爱。市场上实木地板销量较大，其次是强化木地板，其他几种木地板销量平均。

1. 形成品牌集中的建材市场

目前国内很多区域的建材市场大大小小，品牌相对不够集中。而在 2018 年，国内两大卖场巨头——红星美凯龙和居然之家率先发布了千店计划，未来这些主流的家居连锁卖场将成为行业内的标杆，形成品牌集中，品牌优异的现代化购物中心。

2. 进口地板褪去优势

目前在国内很多人还是信赖外国的环保地板品牌，但是随着国家对于环保要求的提高，国内木地板质量已经赶超很多国外品牌。中国木地板出口量在 2018 年有望达到 1500 万平方米，所以未来进口地板的优势将越来越小。

3. 实木地板供需不足，多因素导致实木地板上涨

目前，很多原材料出口国家都已经开始限制了木材的进出口，部分国家甚至开始禁止砍伐木材，这就导致了实木原木的供应量减少，实木地板价格全线上涨。此外逐年增加的人力成本、环保要求成本等都在促使着木地板价格上涨，但是实木地板需求量在增大，所以未来实木地板价格还将继续走高。

4. 行业转型开始加剧

现如今地热取暖逐渐成为市场的主流，很多地板企业也紧紧跟随市场，开始研发实木地热地板系列。

5. 环保优先

从环保角度来看，越来越多的客户开始关注环保健康的地板产品，客户会优先选择环保的实木地板、实木地热地板。其次选择无醛制造、0醛制造、F4星、E0级地板，最后会选择E1级地板。

其中，F4星，是国际最严格的健康标准——日本农林JAS标准，是属于木制建材的最高等级，更被认为是国际上最为健康的地板标准。

E0级地板，甲醛释放量平均值小于0.5mg/L，也是欧洲国家的环保标准，甲醛释放量对室内环境几乎没有影响。

E1级地板，甲醛释放量平均值小于1.5mg/L，是国家强制环保标准。

22　装配式装修集成吊顶部品体系厂商

22.1　相关生产规范、标准

《家用和类似用途多功能吊顶装置》（GB/T 26183—2010）

《建筑用集成吊顶》（JG/T 413—2013）

《公共建筑吊顶工程技术规程》（JGJ 345—2014）

22.2　相关产品分类

集成装配化吊顶系统又称整体吊顶、整体天花顶，就是将吊顶模块与电器模块均制作成标准规格的可组合式模块，安装时集成在一起，能真正达到快速安装且方便的效果。装配式吊顶分为轻钢龙骨石膏板吊顶、铝合金龙骨吊顶等。铝扣板吊顶应用较为广泛。

集成吊顶天花铝扣板有滚涂板、纳米技术方板、拉丝板、阳极氧化板、浮雕工艺板、双色板等。

（1）滚涂板：耐高温性能好，铝的熔点为660摄氏度，一般的温度达不到它的熔点。环保性强，不易变黄氧化，采用无烙处理液进行操作，弥补了腹膜板易变色的缺陷；滚涂油漆含有活性化学分子，促使材料表面形成一种保护层。活性化学分子稳定易回收，满足环保要求。耐腐蚀，因为其表面有一层严密的氧化膜，具有很强的附着力，抗氧化性，耐酸、碱性强，耐腐蚀、耐衰变、耐紫外线照射等特点。

（2）纳米技术方板：采用的基板严格按照出口质量标准，采用300铝型材加入镁、锰微量元素，更大限度提升底板的伸缩性和强度。表面采用三道优质涂料，干燥固化后，再对板面进行高性能纳米处理，真正起到缩油、易清洁的功能，使板面色彩均匀细腻、柔和亮丽而且不易划伤变色。

（3）拉丝板：在亮光拉丝的基础上做了进一步的产品升级，运用高速磨砂及二涂二烤的生产工艺对产品进行改变，通过224℃～225℃的高温并在高压的状态下对产品表面的纹理和色彩高泽度进行改变，形成一种独特的纹理光层，具有古典金属质朴感，有效地增加了产品的高档感和外观感。

（4）阳极氧化板：采用业内领先的阳极氧化处理技术，是铝的电化学氧化。将铝的制件作为阳极，采用电解的方法使其表面形成氧化物薄膜。金属氧化物薄膜改变了表面状态和性能，如表面着色，提高耐腐蚀性、增强耐磨性及硬度，保护金属表面等。采用流水线割模具一次成型技术，产品尺寸精度更高，安装平整度更高。

（5）浮雕工艺板：运用了目前最先进的浮法空刻浮雕工艺，在精选铝材外加设一层着色层，其上有由反光浮雕等螺距排列而组成的反光带。因此具有自然反光性好、轮廓清楚、排列整洁、美观、寿命较长、不氧化等特点，让产品本身具有了立体的触摸感及暖色调，特别是西域风情的推出更让传统的家饰空间中增添了异域的风情。

（6）双色板：就是以滚涂、磨砂板为基材，通过热转印的技术在其表面做上各种各样的颜色和图案花式，莱斯顿的双色板采用的是高档汽车的油墨，而其他的通常采用的是普通的油漆。双色板色差的稳定性、附着度、色彩都比普通的油漆好。

22.3　行业发展现状

集成吊顶的出现对传统产品市场造成了强烈的冲击，而且其成长的爆发力足以抵消经济危机带来的装修市场的负增长。随着集成吊顶企业对产品功能不断完善以及设计上不断进步，集成吊顶的应用领域将牢牢占据厨卫空间，更有可能从这块狭小的空间内走出来，走向面积更大的客厅、卧室，甚至是更为宽广的工装领域。

集成吊顶行业作为一个新兴的行业类别，同时也是一个高速发展的行业，使得集成吊顶市场已经进入品牌混乱期，越来越多的企业进入这个行业，搅乱了市场、品牌、品质、价格。由于集成吊顶行业80%以上是中小型企业，行业经营的门槛太低（技术含量比其他行业相对较低、初期投资较少），大量生产企业的涌现也使得行业竞争加剧。因此在规模、技术、资金方面，尤其是在品牌推广等方面存在着较大的差距，全国性的集成吊顶品牌屈指可数，行业内所谓知名品牌较多，但是被市场和消费者认知和信赖的品牌集成吊顶几乎没有。

近年来集成吊顶厨卫市场规模持续扩大，是建材行业中发展最快的子品类之一。2012—2016年全国集成吊顶市场规模复合增速超过20%，预计到2020年全国集成吊顶市场容量有望超过250亿元，2015—2020年复合增长率有望保持在15%的水平。

根据中国吊顶网的数据，集成吊顶在厨卫领域的渗透率仅为20%左右，主要集中在一、二线城市，三、四线城市仍以传统吊顶为主，2018年"两会"提出积极推进三、四线城市房地产去库存，加之二次装修将在未来五年内进入爆发期，集成吊顶的市场规模会迎来新一波的扩张。

23 装配式装修隔墙及墙饰面板部品体系厂商

23.1 相关生产规范、标准

《室内装饰装修材料 人造板及其制品中甲醛释放限量》（GB 18580—2017）

《建筑隔墙用轻质条板通用技术要求》（JG/T 169—2016）

《声学 建筑和建筑构件隔声测量 第 6 部分：楼板撞击声隔声的实验室测量》（GB/T 19889.6—2005）

《建筑隔声评价标准》（GB/T 50121—2005）

《色漆和清漆 铅笔法测定漆膜硬度》（GB/T 6739—2006）

《建筑幕墙用铝塑复合板》（GB/T 17748—2016）

《纤维增强硅酸钙板 第 1 部分：无石棉硅酸钙板》（JC/T 564.1—2018）

《民用建筑隔声设计规范》（GB 50118—2010）

《建筑用轻钢龙骨》（GB/T 11981—2008）

《建筑材料及制品燃烧性能分级》（GB 8624—2012）

《纤维水泥制品试验方法》（GB/T 7019—2014）

23.2 相关产品分类

装配式隔墙按材料分为普通钢筋混凝土板、隔热性能好的轻集料混凝土板、振动砖壁板和粉煤灰、矿渣等工业废料制成的板。按成型方式分为单一材料的实心板和空心板、钢筋混凝土和保温材料复合成型板。

目前国内可作为装配式墙板使用的主要墙板有：承重混凝土岩棉复合外墙板、薄壁混凝土岩棉复合外墙板、混凝土聚苯乙烯复合外墙板、混凝土珍珠岩复合外墙板、钢丝网水泥保温材料夹芯板、SP 预应力空心板、加气混凝土外墙板与真空挤压成型纤维水泥板（简称 ECP）。

墙饰面板主要有：木板饰面板、塑料饰面板、纸质饰面板、金属饰面板等。常见的木饰面板分为天然木质单板饰面板和人造薄木饰面板。人造薄木贴面与天然木质单板贴面的外观区别在于前者的纹理基本为通直纹理或图案有规则；而后者为天然木质花纹，纹理图案自然，变异性比较大、无规则。特点：既具有了木材的优美花纹，又达到了充分利用木材资源，降低了成本。也可按照木材的种类来区分，市场上的饰面板大致有柚木饰面板、胡桃木饰面板、西南桦饰面板、枫木饰面板、水曲柳饰面板、榉木饰面板等。

OSB 板是以原木为原材料，通过专业自动化设备，经旋切、烘干、施胶（PMDI 异氰酸酯胶）、热压成型等工艺制成的一种优质板材。OSB 板作为一种环保建筑装饰材料，在北美、欧洲、日本等发达国家已广泛用于建筑、装饰、家具、包装等领域，是细木工板、胶合板的升级换代产品。具有环保、防潮、强韧性，稳定不变形；整体均匀性好，便于加工；保温隔热性能好；吸声性能强的优点。

23.3 行业发展现状

加气混凝土墙板具有技术工艺较成熟、轻质、高强、节能、防火、隔音等优点，可加工性好，可以满足不同气候区建筑节能的需要。按照设计要求将若干块加气混凝土墙板拼成装配式模块，经表面处理和装饰处理制备节能装饰一体化装配式外墙板，充分体现部品的标准化设计、工厂化制造、机械化施工，大大提高工程精度，减少建筑垃圾，切实做到"四节一环保"，是目前应用较多的墙板材料。

目前，国内装配式墙板的研发、生产与应用已经有了很大的发展。复合墙板的不断深入研究、墙板设计理论的完善、墙板节点形式的改进、墙板安装技术的完善、新型材料的使用，将有力地推动复合墙板在工程中的应用。加气混凝土外墙板和挤出成型水泥纤维墙板具有轻质、高强、节能、防火、防水、结构一体化功能，将成为当前和今后推广应用的方向。

23.4 典型企业

23.4.1 北京建和社工程项目管理有限公司

1. 企业介绍

公司名称：北京建和社工程项目管理有限公司。

经营范围：保险兼业代理；工程项目管理；技术推广服务；家居装饰及设计；电

脑图文设计、制作；销售机械设备、五金交电、建材、日用品；租赁建筑机械；货物进出口。

经济性质：有限责任公司（自然人独资）。

企业历史及荣誉：公司成立于 2010 年，前身为赛福建物项目管理有限公司，从成立之日起，长年从事日企在华投资建设工程的施工项目管理工作。公司从业人员绝大部分为日本留学、研修归国人员。2008 年开始，公司开始发展日本进口装配式住宅部品推广业务，并在 2009 年参与了北京第一个全装配式装修项目——雅世合金公寓的装配式墙地面深化设计工作，并承接了装配式地面部分的施工。由于长时间从事进口装配式墙地面部品的推广工作，对装配式建筑部品的工作原理和意义有了更加深入的了解。2014 年，公司开始将工作重心转移到装配式部品国产化上，考虑到中日建筑环境、市场、政策、质量标准等有所差异，公司借鉴国内外产品的特点，结合中国国情，快速进行了装配式地面、墙面专用部品的研发和生产，并形成了属于自己的一套成熟、系统的装配式地面、墙面架空体系并形成了产品标准和施工规程，成为国内同行业的领跑者。除了多次将产品运用在各种建设项目上，公司还参与《钢结构绿色住宅技术规程》《上海市工程建设规范——居住建筑室内装配式装修工程设计规范》中墙地面部分的技术规范制定工作；参与《中国百年建筑评价指标体系研究》与《城市住宅》2016 年第 2 期编写，以及济南工业大学的装配式建筑课程教材编写工作、北京林业大学装配式建筑课程培训工作。

2. 产品介绍

（1）S 系列墙面点龙骨。

产品名称：S 系列墙面点龙骨。

适用范围：新建建筑、既有建筑的墙面装配式装修。

适用条件：混凝土、砖砌结构墙体基层、ALC 轻质隔墙板基层。

产品性能：握钉力 753N；允许使用荷载 2143N；剪切荷载 1054N。

技术说明：点龙骨黏接在墙面基层，通过高低调节功能，使支撑点标高一致，形成标高统一的支撑面，在此支撑面上进行板材安装或黏接。高度调节范围 18～49 毫米。

（2）M 系列地面点龙骨。

产品名称：M 系列地面点龙骨。

适用范围：新建建筑、既有建筑的地面装配式装修。

适用条件：室内外混凝土地面结构基层。

产品性能：高度可调节，允许使用荷载 35kN。

技术说明：点龙骨黏接在地面基层，通过高低调节功能，使支撑点标高一致，形成标高统一的支撑面，在此支撑面上进行板材安装形成地面装饰基层，以便在基层上铺贴木地板或黏接瓷砖，或在支撑面上安装龙骨铺装室外塑木地板或安装室外石材。

高度调节范围 25 ~ 600 毫米。

（3）C 系列地面点龙骨。

产品名称：C 系列地面点龙骨。

适用范围：新建建筑、既有建筑的地面装配式装修。

适用条件：室内混凝土地面结构基层。

产品性能：高度可调节，允许使用荷载 4kN。

技术说明：C 系列地面点龙骨提前调节至设计要求标高，随铺板随安装，全部安装后用专用工具进行标高微调，形成标高正确统一的地面装饰基层，用以铺设木地板、地毯、卷材等柔性材料。高度调节范围 13 ~ 78 毫米。

3. 项目案例

（1）工程名称：北京雅世合金公寓。

施工部位：外墙和分户墙贴面装饰、地面木地板架空。

项目规模：贴面装饰 50000 平方米、木地板 8500 平方米。

施工时间：2010 年。

（2）工程名称：中国建筑标准设计院地下改造工程。

施工部位：木地板架空、玻化砖架空、地毯架空。

项目规模：2100 平方米。

施工时间：2015 年。

（3）工程名称：招商地产北京某办公楼工程。

施工部位：室外石材架空。

项目规模：3100 平方米。

施工时间：2016 年。

（4）工程名称：招商地产深圳培训中心室内改造。

施工部位：木地板架空、地毯架空。

项目规模：2308 平方米。

施工时间：2015 年。

（5）工程名称：中国驻巴基斯坦大使馆官邸。

施工部位：木地板架空。

项目规模：2500 平方米。

施工时间：2014 年。

4. 其他

除供应产品外，还可提供施工安装、技术咨询、施工指导。

5. 联系方式

公司电话：010 - 51900417

23.4.2 唐山富安建筑科技有限公司

1. 企业介绍

经营范围：建筑材料的批发、零售，纤维水泥板、硅酸钙板、建筑用透水砖的制造等。

经济性质：有限责任公司（国有独资）。

成立时间：2016 年。

2. 产品介绍

产品应用于医院走廊、厨房、卫生间等，具有防火、耐水、防腐、高强、耐久等特点。产品 100% 无石棉，甲醛含量 E0 级，安全环保产品；方便安装，节省工时。

3. 联系方式

公司注册地址：河北省唐山市路北区唐古路西侧新华立交桥北侧

公司网址：http：//25968408．pe168．com

23.4.3 维德木业（苏州）有限公司

1. 企业介绍

维德木业（苏州）有限公司是由香港维德集团于 1993 年投资 3000 万美元独资创建的现代化大型木材加工企业。香港维德集团始创于 1963 年，是首批进入中国投资的外资企业，1981 年投资建设江苏第一家外资企业——中国江海木业有限公司；1993 年，占地 1.2 平方千米、总投资 3.5 亿美元的维德工业城入驻苏州国家高新技术产业开发区，是当时江苏最大的外商投资项目，被国家五大部门评为中国木材综合加工能力全国第一。公司拥有多项国家发明专利，并荣获国家技术发明二等奖。

2. 技术能力

产品类别：装配式各类墙体产品，装配式木制品各类产品，铝合金线条等。

产品名称：单面挂墙板、双面挂墙板、系统门、系统柜、系统收口条。

技术说明：使用钢制龙骨做支撑结构，结构力好，稳定性强，不易变形；防火性好；结合配件，可干挂不同种类面板，如木饰面、石材、玻璃、墙布等；结合不同铝合金收口条，对天花、地面、阴阳角进行处理，对墙面进行不同块面分割、造型。单、双面成品墙体均可配套各类门、柜，系统化进行节点连接设计，保证装饰线条收口的系统化贯穿及一致性。

产品特性：空间最大化利用，装配式墙体使空间大小、位置可变化；墙面材料多元化使用与分隔。拆组、维修便捷，更换容易。

技术手段：所有面材、部件工厂化生产，机械化施工，系统化信息管理。

服务项目：对设计效果图结构深化；配合业主对材质选择、材质进行设计；样板房展示；工程管理；客户资料信息化存档；拆组服务；售后维修。

3. 产品介绍

（1）单侧挂环保成品木饰面板系统。

①适用范围：可广泛搭配不同饰面板的木饰面板，连接门扇结构。可与双面钢制龙骨系统连接，实现单双面墙体转换，结合各类柜类组合。

②技术说明：饰面板离墙厚度≥50毫米；龙骨、配件及外露金属型材均采用≥0.8毫米镀锌耐腐蚀优质钢材，镀锌层厚度≥14微米，外露可见型材的表面颜色处理采用喷涂工艺。所有型材应是在隔墙制造商工厂内成形加工，生产过程必须采用全自动化的连续滚压、逐渐成形的工艺，以保证型材组件的强度及精度稳定；要求隔墙的钢质龙骨的安装从地面到结构板底，结构顶板与地面之间整体安装，在吊顶处不做连接，以铝合金收边处理，也可饰面板直接到顶，满足最好的结构强度要求。为了满足隔墙系统的统一性，要求结构、饰面、门框、门扇、门用五金系统必须与隔墙系统配套，同时有系统配套的吊顶/地面收口系统。并要求当需要对成品隔墙重新布局时型材可以重复使用和单元系统可独立拆装。

③功能技术硬性要求及参数：

隔声性能要求：隔音量 ≥42分贝。

环保要求：所有材料必须达到国家 E1 级环保要求，系统结构强度符合国家标准。

抗外界物质影响性能：隔墙表面能抵抗在使用过程或清洗过程中接触到的以下物质：蒸馏水（电离水）、依他尼酸、氨水、茶水、咖啡。

清洁性能：用普通工具和方法，从隔墙上去除各种性质污渍，而不影响隔墙正常使用功能的性能。

密封和减震性能：饰面材料与钢质型材之间，要求软性接触，以降低隔墙的震颤及提高隔墙的密闭和隔音效果。

更换性能和重复使用性能：除龙骨上可以用螺丝连接固定外，隔墙其余部件都是通过承插式固定安装，不允许电焊接点，便于拆装；当需要对隔墙重新布局时，型材和饰面可重复多次拆装，使用在不同位置。

（2）双面环保实体饰面成品组合隔墙系统。

①主要材质：所有龙骨及型材要求为钢制，其厚度≥0.8毫米，采用大厂的优质合金钢材。饰面形式隔墙两侧采用木饰面及墙纸饰面形式，要求其实木饰面板整体厚度为12～15毫米，表面采用≥0.6毫米厚实木皮，表面≤−5分光的亚光处理，采用环保的 UV（紫外线光固化油漆）底漆＋水性面漆连续加工工艺处理，要求纹理清晰，饰面板基材必须符合环保和防火要求，饰面板整体必须满足 E1 级环保和 B1 级防火要求。

②安装要求、装饰效果。

钢制龙骨安装到结构顶，以利于隔墙强度及减震要求，吊顶上口由隔墙厂家统一封闭，同时空腔内需填充防火隔音棉，以达到强度、隔音的功能要求；双层实体饰面结构，模数宽度为1000～1200毫米；高度同吊顶高度，横向不分割，要求每块面板均可以单独拆卸；地面 40 毫米木制踢脚线处理，饰面与吊顶间直接到顶处理；实体饰面板分隔采用竖向分隔形式，饰面面板之间采用密拼处理，有配套的实木或墙纸板实体转角收口系统；系统含配套的墙面、转角及吊顶收口系统。

③主要技术及验收指标。

饰面板基板达到国家规定的 B1 级的防火等级，饰面板基板达到国家规定的 E1 级的环保等级，隔墙系统满足隔音系数≥42 分贝的要求，悬挂柜系统可承载 100 千克。

（3）成品隔墙系统配套门框、实木门扇、门用五金。

配套的门框：要求为与门扇一致的木皮及颜色，材质为木质，门框厚度≥45 毫米。

配套的实木复合门扇：厚度 45 毫米，面饰 0.6 毫米厚实木皮，其环保等级必须满足 E1 级的要求（提供权威机构质检报告），其整体性能必须符合《室内木质门》（LY/T 1923—2010）的标准。

配套的门用五金，要求合页、把手、门碰及锁体根据业主需求而定，系统只包含门用基本五金，不包含门控五金。

4. 项目案例

项目名称：平房乡新村建设（三期）B-7-1 地块产业化住宅楼展示区产业化实体楼工程。

项目地点：北京定福庄平房乡新村建设（三期）B-7-1 地块。

产品应用范围：电梯厅、核心筒、廊道等公共区域、房间分隔墙体、电视墙、主题墙等背景装饰墙面、储物收纳空间。

5. 联系方式

公司地址：江苏省苏州市浒墅关经济开发区维德工业城

邮编：215151

公司主页：http：//www.vicwoodtimber.com.cn

联系人：洪人旭　13918873985

　　　　　张　于　13739172011

　　　　　朱巧玲　13913595826

24 密封及防水材料厂商

24.1 相关生产规范、标准

《建筑防水卷材试验方法 第1部分：沥青和高分子防水卷材 抽样规则》（GB/T 328.1—2007）

《种植屋面工程技术规程》（JCJ 155—2013）

《地下工程防水技术规范》（GB 50108—2008）

《建筑防水材料老化试验方法》（GB 18244—2000）

《地下防水工程质量验收规范》（GB 50208—2011）

《屋面工程技术规范》（GB 50345—2012）

《屋面工程质量验收规范》（GB 50207—2012）

《工业化住宅建筑评价标准》（DG/TJ 08 - 2198—2016）

《装配式住宅整体卫浴间应用技术规程》（DBJ 41/T158—2016）

《建筑密封材料试验方法》（GB/T 13477—2017）

《绿色产品评价 防水与密封材料》（GB/T 35609—2017）

由于现在我国还没有新的装配式建筑密封胶的标准规范（虽然新版 GB/T 14683 已经颁布，但还没正式实施），目前装配式建筑密封胶选胶时经常参照的是 JC/T 881—2017《混凝土接缝用密封胶》标准或 GB/T 14683—2017《硅酮和改性硅酮建筑密封胶》标准。

24.2 相关产品分类

随着我国加快建筑业的产业升级，装配式建筑近年来呈现快速发展之势，装配式建筑密封胶作为外墙板缝防水的第一道防线，其性能直接关系到工程的防水效果，也越来越引起大家的关注。目前市面上建筑密封胶生产厂家众多，种类繁多。依据基础聚合物的不同可大致分为：硅酮密封胶（SR）、聚氨酯密封胶（PU）、硅烷改性聚醚密封胶（SMP，国外也称作 MS 胶）、硅烷改性聚氨酯密封胶（SPU）。

硅酮胶（SR）是以聚二甲基硅氧烷为主要原料制备而成的密封胶，该密封胶具有优良的弹性，耐候性好，但是也有一定缺陷，如可涂饰性差。

聚氨酯胶（PU）是以聚氨酯预聚体为主要成分，该类密封胶具有较高的拉伸强度，优良的弹性，但是耐候性、耐碱、耐水性差，不能长期耐热而且单组份胶储存稳定性受外界影响较大，高温热环境下使用可能产生气泡和裂纹。

硅烷改性聚醚密封胶（SMP）是以端硅烷基聚醚为基础聚合物制备而成的密封胶。该类产品具有弹性优良、污染性低等特点，与混凝土板、石材等建筑材料黏结效果良好。

我国建筑防水材料主要包括 SBS/APP 改性沥青防水卷材、高分子防水卷材、防水涂料、玻纤沥青瓦、自黏防水卷材等新型防水材料，以及以石油沥青纸胎油毡、沥青复合胎柔性防水卷材为主的沥青油毡类防水卷材等。

（1）沥青类防水材料。以天然沥青、石油沥青和煤沥青为主要原材料，制成的沥青油毡、纸胎沥青油毡、溶剂型和水乳型沥青类或沥青橡胶类涂料、油膏，具有良好的黏结性、塑性、抗水性、防腐性和耐久性。

（2）橡胶塑料类防水材料。以氯丁橡胶、丁基橡胶、三元乙丙橡胶、聚氯乙烯、聚异丁烯和聚氨酯等为原材料，可制成弹性无胎防水卷材、防水薄膜、防水涂料、涂膜材料及油膏、胶泥、止水带等密封材料，具有抗拉强度高，弹性和延伸率大，黏结性、抗水性和耐气候性好等特点，可以冷用，使用年限较长。

（3）水泥类防水材料。对水泥有促凝密实作用的外加剂，如防水剂、加气剂和膨胀剂等，可增强水泥砂浆和混凝土的憎水性和抗渗性；以水泥和硅酸钠为基料配置的促凝灰浆，可用于地下工程的堵漏防水。

（4）金属类防水材料。薄钢板、镀锌钢板、压型钢板、涂层钢板等可直接作为屋面板，用以防水。薄钢板用于地下室或地下构筑物的金属防水层。薄铜板、薄铝板、不锈钢板可制成建筑物变形缝的止水带。金属防水层的连接处要焊接，并涂刷防锈保护漆。

24.3 行业发展现状

防水材料更新换代速度越来越快，各种新材料质量不断提升，品种逐步增多，性能越来越好，防水系统更加可靠，使用寿命大大延长。防水材料的发展趋势主要体现在以下几个方面：

建筑防水材料多样化。无论哪一种防水材料都不会独霸市场、一统天下，现有的一些先进防水材料在不同国家及不同的防水工程上都可以得到应用。建筑防水仍以沥青基卷材为主。氧化沥青油屋面和地下防水膜呈下降趋势，改性沥青卷材在许多国家已上升为主导防水材料。高分子防水卷材占有十分重要的地位。EPDM（三元乙丙橡胶）、PVC（聚氯乙烯）、TPO（热塑性聚烯烃类防水卷材）等材料耐久性强、安全环保无污染，甚至可以重复使用，是未来防水材料发展的主流，市场需求会逐渐提高。

防水涂料向聚合物和渗透性方向发展。传统的沥青防水涂料性能欠佳，在屋面逐步被聚氨酯、丙烯酸等聚合物防水涂料取代。渗透性防水涂料渗入混凝土内与水反应形成晶体，堵塞孔隙以达到防水目的，在工程上得到极大的应用。

密封材料向弹性密封膏过渡。世界范围内，建筑密封材料用量持续增加，产品向高功能的弹性密封膏方向发展。喷涂聚氨酯泡沫受到青睐。喷涂聚氨酯泡沫屋面兼有防水和保温功能，又有利于保护环境和节能，是一种可持续发展的防水材料。

绿色防水材料提上议事日程。绿色防水材料对环境有利，对人体无害，有利于节能，是可节约资源和可再生利用并持久耐用的产品。水基、VOC（挥发性有机化合物）含量低的防水材料将会因其优异的环保性能而被广泛使用。

从技术创新角度来看，建筑防水施工技术必须将设计理念（构造）、不同防水材料的施工工法，结合具体工程实际以及外部环境，进行二次深化设计，才能产生实际效果。

在防水施工实践中，遵照施工程序、施工条件和成品保护三个基本要素进行实践创新，以保证防水施工质量。

传统的防水典型做法是三毡四油，早已被淘汰。防水材料已发生了很大变化。

一是沥青基防水材料已向橡胶基、树脂基和高聚物改性沥青发展；

二是油毡的胎体由纸胎向玻纤胎或化纤胎方向发展；

三是密封材料和防水涂料由低塑性向高弹性、高耐久性方向发展；

四是防水层的构造亦由多层向单层发展；

五是施工方法由热熔法向冷贴切法发展；

六是非沥青高分子自粘胶膜防水卷材。

24.4　典型企业

唐山德生防水股份有限公司（见19.4）

25　灯光设备部品体系厂商

25.1　相关生产规范、标准

《建筑照明设计标准》（GB 50034—2013）

《公共建筑节能设计标准》（GB 50189—2015）

《标准电压》（GB/T 156—2017）

《灯具　第1部分：一般要求与试验》（GB 7000.1—2015）

《投光灯具安全要求》（GB 7000.7—2005）

《灯具　第2—22部分：特殊要求　应急照明灯具》（GB 7000.2—2008）

《灯具　第2—12部分：特殊要求　电源插座安装的夜灯》（GB 7000.212—2008）

《灯具　第2—13部分：特殊要求　地面嵌入式灯具》（GB 7000.213—2008）

《灯具　第2—17部分：特殊要求　舞台灯光、电视、电影及摄影场所（室内外）用灯具》（GB 7000.217—2008 ）

《灯具　第2—18部分：特殊要求　游泳池和类似场所用灯具 》（GB 7000.218—2008 ）

《灯具　第2—19部分：特殊要求　通风式灯具 》（GB 7000.219—2008）

《灯具　第2—25部分：特殊要求　医院和康复大楼诊所用灯具》（GB 7000.225—2008 ）

《灯具　第2—6部分：特殊要求　带内装式钨丝灯变压器或转换器的灯具》（GB 7000.6—2008）

《灯具　第2—20部分：特殊要求　灯串》（GB 7000.9—2008）

《中小学校教室采光和照明卫生标准》（GB 7793—2010）

《通用用电设备配电设计规范》（GB 50055—2011）

《室内工作场所的照明》（GB/T 26189—2010）

《泛光照明指南》（GB/Z 26207—2010）

《室内电气照明系统的维护》（GB/Z 26210—2010）

《室内工作环境的不舒适眩光》（GB/Z 26211—2010）

《室内照明不舒适眩光》（GB/Z 26212—2010）

《室内照明计算基本方法》（GB/Z 26213—2010）

《高杆照明设施技术条件》（CJ/T 457—2014）

《城市照明自动控制系统技术规范》（CJJ/T 227—2014）

《室内灯具光分布分类和照明设计参数标准》（CECS 56—1994）

《建筑照明术语标准》（JGJ/T 119—2008）

《居住建筑节能检测标准》（JGJ/T 132—2009）

《体育场馆照明设计及检测标准》（JGJ 153—2016）

《民用建筑电气设计规范（附条文说明［另册]）》（JGJ 16—2008）

《城市夜景照明设计规范》（JGJ/T 163—2008）

《公共建筑节能改造技术规范》（JGJ 176—2009）

《公共建筑节能检测标准》（JGJ/T 177—2009）

《展览建筑设计规范》（JGJ 218—2010）

《民用建筑绿色设计规范》（JGJ/T 229—2010）

《住宅建筑电气设计规范》（JGJ 242—2011）

《交通建筑电气设计规范》（JGJ 243—2011）

《城市照明节能评价标准》（JGJ/T 307—2013）

《教育建筑电气设计规范》（JGJ 310—2013）

《医疗建筑电气设计规范》（JGJ 312—2013）

《体育建筑电气设计规范》（JGJ 354—2014）

《建筑采光设计标准》（GB 50033—2013）

《建筑照明设计标准》（GB 50034—2013）

《低压配电设计规范》（GB 50054—2011）

《建筑物防雷设计规范》（GB 50057—2010）

《城市配电网规划设计规范》（GB 50613—2010）

《建筑电气照明装置施工与验收规范》（GB 50617—2010）

《建筑工程绿色施工评价标准》（GB/T 50640—2010）

《节能建筑评价标准》（GB/T 50668—2011）

《供配电系统设计规范》（GB 50052—2009）

《电气装置安装工程接地装置施工及验收规范》（GB 50169—2016）

《博物馆照明设计规范》（GB/T 23863—2009）

《照明光源颜色的测量方法》（GB/T 7922—2008）

《照明测量方法》（GB/T 5700—2008）

《照明设备的锐边试验装置和试验程序　锐边试验》（GB/Z 34447—2017）

《固定式通用 LED 灯具性能要求》（GB/T 34446—2017）

《可移式通用 LED 灯具性能要求》（GB/T 34452—2017）

《反射型自镇流 LED 灯　性能要求》（GB/T 29296—2012）

《反射型自镇流 LED 灯性能测试方法》（GB/T 29295—2012）

《LED 筒灯性能要求》（GB/T 29294—2012）

《LED 筒灯性能测试方法》（GB/T 29293—2012）

《LED 灯具性能测试方法》（QB/T 5039—2017）

《灯的控制装置　第 4 部分：荧光灯用交流电子镇流器的特殊要求》（GB 19510.4—2009）

《灯的控制装置　第 9 部分：荧光灯用镇流器的特殊要求》（GB 19510.9—2009）

《普通照明用自镇流无极荧光灯　性能要求》（GB/T 21091—2007）

《普通照明用自镇流荧光灯能效限定值及能效等级》（GB 19044—2013）

《灯的控制装置　第 5 部分：普通照明用直流电子镇流器的特殊要求》（GB 19510.5—2005）

《灯的控制装置　第 8 部分：应急照明用直流电子镇流器的特殊要求》（GB 19510.8—2009）

《高压钠灯》（GB/T 13259—2005）

《双端荧光灯　安全要求》（GB 18774—2002）

25.2　相关产品分类

灯光设备按功能用途分类，主要有功能性灯具和装饰性灯具两大类。功能性灯具可分为筒灯射灯、地埋灯、灯带等；装饰性灯具可分为吊灯、台灯、落地灯等。各类型灯具产品如下：

筒灯射灯：具有较强的散光性及聚光性。一般来说，筒灯有内嵌式、明装式等安装类型，射灯有内嵌式、轨道式、点挂式等安装类型。筒灯与射灯相结合，可实现公共空间中的基础照明以及装饰画、背景墙等特定物体的重点照明。

地埋灯：具有一定的聚光性，一般有埋地式、侧壁嵌装式等安装类型，可为主题背景墙提供从下往上的照明方式，以丰富视觉效果。由于受到 IP 等级限制的缘故，价格相对较高。

灯带：灯带一般暗藏于天花板及墙体立面的灯槽中，为空间提供氛围照明。灯带价格低廉，应用灵活广泛，可裁剪、可调光、可变色、隐藏性好，极易营造空间层次和视觉氛围。

装饰灯具：灯具外观形式多样，且有不同的风格类型以配合空间的装饰风格，为空间提供环境光，营造灯光气氛。

灯光设备按光源分类主要有 LED（发光二极管）灯、荧光灯、金卤灯、卤素灯四大类，各类型灯具产品如下：

LED 灯：灯具采用 LED 光源，具有灯体小巧、外观精致等特点，在实现空间相同亮度情况下，LED 灯具消耗功率最小，也最节能。灯具使用寿命很长，可达 50000 小时。

荧光灯：灯具采用荧光灯管光源，出光柔和均匀。灯具具有发光效率高、灯具效率高、电源效率高、光源易于更换等优点。灯具使用寿命较长，可达 10000 小时。

金卤灯：灯具采用金卤光源，灯具具有发光效率高、显色性好、穿透力强等优点，在实现空间相同亮度情况下，金卤灯具消耗功率较大，由于其散热较多，故金卤灯相对较大，现多用于室外体育场馆等户外照明，灯具使用寿命较长，可达 10000 小时。

卤素灯：灯具采用卤素光源，卤素灯是白炽灯的改进，它保持了白炽灯所具有的优点：简单、成本低廉、亮度容易调整和控制、显色性好（Ra = 100）。但是，在实现空间相同亮度的情况下，卤素灯消耗功率依然较大。另外，卤素灯使用寿命较短，一般为 600 小时。

25.3 行业发展现状

1. 企业资质分类

照明工程设计专项资质设甲、乙两个级别。承担业务范围如下。

甲级：承担照明工程设计项目的类型和规模不受限制。

乙级：可承担中型以下规模的照明工程专项设计。

2. 行业发展状况

我国照明电器生产企业主要分布在东南沿海的江浙闽粤沪等省市，即长三角、珠三角、闽三角 3 个区域。而近年来由于土地、人工、物流等生产成本上升，产业转移需求和地方政策导向等因素，部分企业开始向中西部地区转移，如江西、安徽等地，预计未来这种趋势还会延续。

目前，国内生产企业主要呈现以下特点：数量多、规模小、民营为主。

我国照明设备产品构成主要有热辐射光源、气体放电光源以及固体光源三种。

传统照明产品中热辐射光源以白炽灯及卤素灯为代表。因全球节能减排大趋势的要求，国内自 2016 年 10 月 1 日起禁止进口和销售 15 瓦及以上普通照明用白炽灯，白炽灯逐步退出历史舞台；卤素灯由于具有优良的光色品质和相对白炽灯的高效，在欧美国家深受消费者欢迎，虽然也受到 LED 照明产品的影响，但是它在各类传统照明产品中下行最迟，也是下行较为平缓的。

气体放电光源主要以荧光灯和高强度气体放电（HID）灯为代表。紧凑型荧光灯和直管荧光灯近几年受市场上 LED 照明产品性价比不断提升的直接冲击，荧光灯产品自 2013 年起已度过其黄金时期进入逐年下降的阶段。强度气体放电（HID）灯中的高压汞灯和白炽灯类似，处于低效照明产品的逐步淘汰过程；高压钠灯近 3 年开始处于逐年下降趋势，而金属卤化物灯的各个应用领域受到 LED 照明产品的冲击更为直接，下降幅度比较明显，其中尤以陶瓷金卤灯为甚。

固态光源主要以 LED 照明和 OLED（有机发光器件）照明为代表。以 LED 照明为代表的新兴产品蒸蒸日上，其性价比不断提高的同时，市场替换需求也在逐步放大，市场前景可观。目前已向普通照明各个领域逐渐推广，其价格在快速下降的同时，性能也在不断提升，是目前市场上最重要的产品。性价比的提升使得 LED 照明产品在市场上逐步蚕食传统照明产品的原有份额。目前虽然市场主力依然还是光源替代类产品（Retrofit），如 LED 球泡、LED 灯管、射灯、PAR 灯（筒灯）以及灯丝灯等。另外，如平板灯、吸顶灯、高棚灯等一体化产品发展迅速。未来将会逐渐向全面一体化灯具结合智能家居的方向发展。OLED 照明虽然近年来技术也取得长足进步，但与 LED 相比，性能的提升速度较慢，价格昂贵，面光源的应用范围也相对狭窄，技术门槛较高。

LED 照明进入普通照明领域后使得光源与灯具的界限越加模糊，结合智能控制的一体化功能类灯具产品将是未来市场的主力，而装饰类灯具转型将需要一个过程。无论是固定式灯具（含嵌入式灯具）还是可移式灯具，都是近几年整个行业增长的推动力；玻璃件、金属件和塑料件等灯具零配件也都在以较高速度发展。

大型房地产开发商的精装房联合采购，酒店连锁品牌的集团化采购，国外大型连锁商超的集中标准品采购，景观亮化中城市管理部门的大项目统一招标等，这些大客户的采购正趋向于集约，而在这一供应链中，将形成标的规范、规模庞大、品牌集中、品类标准的新局面。

在这样的局面下，照明应用端也体现了较为明显的产业集约化趋势，在整体市场环境并不算突出的情况下，绝大多数大企业都保持了相当不错的增长业绩，排名前列的优质企业的营收占全行业比重与日俱增，而与之相对应的则是低端企业的"苟延残喘"，同时随着 LED 照明产品生产自动化进程的深化，这种市场洗牌引起两极分化直至优胜劣汰，将继续推进产业整合升级，从而利于整个行业的健康可持续发展。

25.4 典型企业

欧普照明股份有限公司

1. 公司介绍

公司名称：欧普照明股份有限公司。

经营范围：电光源、照明器具、电器开关的生产（限分支机构）、销售；照明线路系统设计，照明行业技术研发，城市及道路照明建设工程专业设施，从事货物与技术进出口业务。

公司类型：股份制上市公司。

企业简介：欧普照明始于 1996 年，是一家集研发、生产和销售于一体的综合型照明企业。历经 22 年的发展，公司现有员工 6000 多人，拥有上海总部及中山工业园、吴江工业园等多个生产基地；作为中国照明行业领先的整体照明解决方案提供者，欧普照明不仅致力于研究光的合理运用，提供贴心产品，还为消费者提供差异化整体照明解决方案等专业的配套服务，全面提升用户体验。

公司十分重视自主研发，每年投入的研发费用近亿元。目前，公司组建了由行业专家、高级工程师等领衔的数百名高级人才组成的研发团队，专利申请数量已超过 700 项；建立了 EMC（电磁敏感性）、分布光度等行业内较为领先的专业实验室；投建了行业内领先的产品生产线。

对销售渠道建设，公司积累了深厚优势。近年来，公司立足于国内外照明市场特点及用户购买习惯，建立了强大的营销队伍和完善的国内外营销网络。公司现在国内设有 31 个办事处，拥有各类渠道终端销售网点超过 30000 家。此外，公司积极拓展海外业务，在中东、南亚、南非等新兴市场树立了良好的品牌形象。

2009 年 9 月，欧普照明成为 2010 年上海（中国）世博会民企联合馆的参展企业，并为民企馆提供所有照明应用解决方案。2008—2012 年公司连续五年中标国家"绿色高效照明工程"。

公司以"用光创造价值"为使命，抱着"打造全球化照明企业，成为中国照明领袖品牌"的宏伟愿景，在努力塑造产品品牌和雇主品牌的同时，致力于创造绿色、和谐、低碳的新生活主张；通过"家居照明解决方案""电工电器整体解决方案"的研发和设计，为人们营造优质的光环境，点亮生活的每个细节。

专注光的价值，感受光的魅力，热情、敬业的员工，将继续为打造中国照明领袖品牌而努力。

2. 企业资质

营业执照，一般纳税人证明，CNAS（中国合格评定国家认可委员会）认证实验室，质量管理体系认证，环境管理体系认证，职业健康安全管理体系，社会责任标准，自主知识产权，高新技术企业。

3. 技术能力

欧普目前拥有一支由高级工程师、博士等领衔的近 300 名专业研发设计团队，8 个专业实验室和 1 个国家级实验室。每年投巨资用于技术研发，已申请专利技术 142 项。

产品标准：公司所有产品按国标 GB 7000.1 灯具的一般要求与实验执行。

工厂面积、生产设备：吴江研发生产基地占地 750 亩。

产能：年产能 60 亿元，如下表所示。

欧普照明股份有限公司产能

设备名称	数量	月生产能力
注塑机	38 台	1300 万部件
冲压设备	11 台	1040 万部件
SMT（表面粘装技术）	12 条线	1.2 亿点
SMT AI&RI	6 台	1200 万点
光源球泡线	22 条	570 万个
光源球泡自动线	1 条	51 万个
光源支架生产线	10 条	260 万支
电工生产线	10 条	300 万个

4. 可供货地区

全国范围内均可供货。

5. 产品报价

灯具报价会以具体项目及详细的灯具选型为依据，根据生产灯具中各材料的成本及加工工艺进行核算，核算后出具产品报价单。

开票种类及税点：增值税发票 17%。

6. 装配式项目案例

项目名称：苏州同里花间堂。

项目描述：苏州同里花间堂·丽则女学地处苏州东溪街。丽则女学的前身曾是民国初期名媛淑女教育启蒙之地，由退思园第二代传人任传薪于 1906 年在园中创办兴学，开古镇女子受教育的先河，后因女学声名鹊起，吴江名媛、新世代女性皆慕名前来。同里花间堂由古风园和丽则女学两个部分组成，以"名媛初长的旅程"为空间设计概念，带出穿越时代的体验经历；强调光影的应用映像出民国特有的中西风格。在这里可以沉思独语，细细品味青春，更可以群聚感受特有的空间规划，所有照明产品均由欧普照明提供。

项目经理：配合业主及各施工方的项目问题，并对现场施工人员针对灯具安装进行技术指导。

使用产品：灵昊系列，灵清系列。

开工时间：2015 年。

竣工时间：2016 年。

7. 其他

公司可委派技术人员对现场施工人员进行灯具安装技术指导。

8. 联系方式

公司名称：欧普照明股份有限公司

公司地址：江苏省苏州市吴江区汾湖开发区汾杨路欧普照明

公司电话：021－38550000

公司传真：021－33932370

26 新风设备部品体系厂商

26.1 相关生产规范、标准

《室内空气质量标准》（GB 18883—2002）

《民用建筑供暖通风与空气调节设计规范　附条文说明［另册］》（GB 50736—2012）

《通风与空调工程施工质量验收规范》（GB 50243—2016）

《空调通风系统运行管理规范》（GB 50365—2005）

《采暖通风与空气调节设备噪声声功率级的测定工程法》（GB/T 9068—1988）

《空气净化器》（GB/T 18801—2015）

《空气过滤器》（GB/T 14295—2008）

《室内空气中二氧化碳卫生标准》（GB/T 17094—1997）

《建筑通风效果测试与评价标准》（JGJ/T 309—2013）

《新风净化机》（T/CAQI 10—2016）

《商用空气净化器》（T/CAQI 9—2016）

《新风净化系统施工质量验收规范》（T/CAQI 25—2017）

《通风管道技术规程》（JGJ/T 141—2017）

《严寒和寒冷地区居住建筑节能设计标准》（JGJ 26—2018）

《风机包装　通用技术条件》（JB/T 6444—2004）

《居住建筑节能设计标准》（DB11/891—2012）

《建筑能源与室内空气质量》（BS ISO 17772 - 1—2017）

《通风与空调设备安装施工工艺标准》（QB - CNCEC J0804—2004）

《民用建筑新风系统工程技术规程》（CECS 439—2016）

《家用和类似用途的交流换气扇及其调速器》（GB/T 14806—2017）

《家用和类似用途固定式电气装置的开关　第 1 部分：通用要求》（GB 16915.1—

2014）

《声环境质量标准》（GB 3096—2008）

26.2　相关产品分类

新风系统大致可分为以下几类：半机械负压新风系统（单向）、全机械新风系统（双向）、多点机械正压送风系统等。

1. 半机械负压新风系统

半机械负压新风系统也被业内称作单向新风系统，它通过风机向外排风，使室内产生负压，带动室外空气经过起居室、客厅、卧室等的进风口缓慢流入室内，污浊的空气经卫生间等的排风口排出室外，达到改变室内空气质量的目的。其具有风管和动力最少、简洁、高效、舒适、经济、便于清洗、无二次污染的特点。适用于家庭、小型写字楼、公寓、宾馆客房、医院病房。

2. 全机械新风系统（双向）

全机械新风系统被业内称为双向新风系统，分为两种情况：一种带有冷热交换的节能型的全机械新风系统，大概可以回收70%的热量。另一种不带冷热交换的全机械新风系统，在进风口和排风口都有动力和管道，通过机械和管道往室内送风和排风，换风量大。适用于公共场合、人流聚集的地方。

3. 多点机械正压新风系统

整个系统只有进风口，也只在进风口安装风机，强行往屋内送风，形成正压，污浊的空气的流向不考虑，迫使污浊空气从窗缝、门缝等排出。

26.3　行业发展现状

1. 企业资质分类

机电设备安装工程专业承包企业资质等级标准是指对机电设备安装工程专业承包企业的资质进行评级的标准，分为一级、二级、三级。

一级企业：可承担各类一般工业和公共、民用建设项目的设备、线路、管道的安装，35千伏及以下变配电站工程，非标准钢构件的制作、安装。

二级企业：可承担投资额1500万元及以下的一般工业和公共、民用建设项目的设备、线路、管道的安装，10千伏及以下变配电站工程，非标准钢构件的制作、安装。

三级企业：可承担投资额800万元及以下的一般工业和公共、民用建设项目的设备、线路、管道的安装，非标准钢构件的制作、安装。

注：工程内容包括锅炉、通风空调、制冷、电气、仪表、电机、压缩机机组和广播电影、电视播控等设备。

建筑装修装饰工程专业承包企业资质等级标准是建筑行业的行业标准，分为一级、二级资质标准，由省住房和建设厅负责审批。

承包工程范围：

一级企业：可承担各类建筑装修装饰工程，以及与装修工程直接配套的其他工程的施工。

二级企业：可承担单项合同额2000万元以下的建筑装修装饰工程，以及与装修工程直接配套的其他工程的施工。

注：①与装修工程直接配套的其他工程是指在不改变主体结构的前提下的水、暖、电及非承重墙的改造。②建筑美术设计职称包括建筑学、环境艺术、室内设计、装潢设计、舞美设计、工业设计、雕塑等专业职称。

2. 行业发展状况

近年来随着空气质量的下降及消费者对环境意识的加强，新风系统行业也在飞速发展。新风产品因兼具换气与净化功能，也有相对出色的过滤细颗粒物（PM2.5）的功能，因而受到消费者的追捧，市场呈现爆发式增长。

新风系统是一个朝阳的行业，对整个暖风行业来说，新风就是最具备爆发性的行业，未来三年内中国新风市场容量将翻一番。消费者接受度越来越高，民用市场具有巨大潜力；房地产商的观念在转变，以前关注更多的是"送舒适"，现在是"送健康"，很多都会主动安装新风系统；公共场合空气质量改善需求提高，大型商场、医院、学校、银行网点等都希望改善室内的空气质量。

根据《2017中国新风行业研究报告》分析，2016年中国新风系统市场规模达到61亿元，2017年全年实现90亿元，同比增长近50%，相比家电市场中其他品类的同比增长情况，新风处于快速成长期，外部环境助力高速增长。

在新风系统产业链构成中，新风系统产业上游核心部件提供商相对稳定，但整机企业品牌众多，鱼龙混杂，发展尚不成熟。从销售渠道看，线下仍是主销渠道，专卖店占主导，线上仍需不断铺设。

随着渠道布局逐步完善、应用领域的逐步扩大以及技术的进步，到2020年新风市场规模将突破500亿元，复合增长率达到69%。行业发展空间大，中产阶级需求升级，企业多元化以及渠道的积极布局等，都将助推新风行业高速发展。

新风配套正在开启高增长模式，加速普及。2017年上半年新风配套率已经达到21%，进入二级配套，高于其他大家电，而电视、冰箱、洗衣机等主要针对高端楼盘，配套较少；从规模看，上半年新风配套8.6万套，同比增长40.3%，全年估计达到22.7万套，同比增长17.6%。总体来看，新风市场虽然刚刚起步，洗牌尚未开始，但工程市场已经开始体现品牌优势。

未来趋势：住宅精装项目供应趋向"平稳"。精装配套市场是企业实现增量市场非常重要的机会。同时，随着市场不断成熟，企业也需要做好准备，对配套部品企业提出更高要求，也就是面临精装修向产业化、标准化、集成化方向发展的影响。

在欧洲 20 世纪 70 年代已有 90% 以上家庭安装新风系统，并且强制安装措施已实施多年。2002 年 1 月 1 日室内空气污染控制规范《室内空气质量标准》诞生。2003 年"非典"、禽流感、肺结核等疾病的发生，使全世界对室内空气质量给予了高度的关注。有数据表明，截至 2013 年，中央新风系统在中国的市场普及率为 2%。

目前，新风系统已经逐渐进入人们的视野，逐渐被人们所接受，各类建筑都开始安装使用新风系统，新风系统已成为未来家居生活必备品。随着消费者对新风的认知度提高，新风系统的各种指标也将会被越来越多的人熟知，相关政策和法规应该也会随之改善，加上人们对健康标准和生活质量要求的逐渐提高，新风系统的净化效率要求也会逐渐变高。那些只具备初效和中效滤网，不具备消除 PM2.5 等其他污染物能力的低端产品注定会被市场所淘汰，紫外线杀菌、负离子技术等科技，将有可能成为新风系统的一部分。"十三五"期间，从中国制造到中国智造的转变，意味着未来的新风系统将具备更多的科技含量，智能操控将成为未来新风系统的一种趋势。

据《中国环境电器消费调查与发展前景分析报告》显示：国外已经普及的家庭新风系统在中国家庭还未出现，我国北京、上海、广州、深圳等一些大城市普及率还不到 15%，一些省会、二三线城市普及率还不到 10%，而农村几乎还是一片空白，但经过相关机构和媒体的宣传引导，现在已经处于市场导入的最佳时机。

据悉，新风系统在我国民用市场潜力至少在 1.68 亿台以上。业内人士介绍，新风系统在欧美家庭普及率已经高达 96.56%，中国潜在的消费规模高达 17000 亿元。

尽管全球的新风市场已处于飞速发展时期，但目前新风行业在我国还未真正起步。在未来几年内，我国的新风系统产业将处于快速成长期。

目前就国内新风市场而言，产品适应性不完善，中国南北气候差异较大，建筑属性和人们生活习惯也不相同，因而新风产品不能一成不变，否则难以适应不同项目需求。全流程服务体系仍有待提供，新风产品虽然属于机电专业中的暖通产品，但是系统设计、实施、安装与建筑、结构、强弱电、精装修专业都有密切联系，因此不能简单视之为家电品类。

正是由于目前新风市场存在这些不足，才需要专业的有责任心的厂家带着系统思维方式，从全流程解决方案出发，把新风系统与建筑真正地融合到一起，并有专业的服务体系做保障，确保新风系统达到预期设计效果。

26.4　典型企业

26.4.1　第一摩码人居环境科技（北京）股份有限公司

1. 企业介绍

公司名称：第一摩码人居环境科技（北京）股份有限公司。

经营范围：绿色建筑节能的技术开发、技术转让、技术咨询、技术服务、技术推广；销售自行开发的产品、机械设备、建筑材料、电子产品、五金交电、家用电器；机械设备维修；环境监测；产品设计；技术进出口、代理进出口；专业承包。

经济性质：其他股份有限公司（非上市）。

企业历史及荣誉：公司成立于 2014 年 12 月，前身为当代节能置业股份有限公司绿建节能事业部，2018 年 1 月 29 日正式获得新三板挂牌函，股票代码为 872701。公司秉承"绿色科技＋舒适节能＋数字互联的全生命周期生活家园"的绿色建筑理念，为地产开发商及个人客户提供全过程的建筑人工环境综合技术咨询服务，并不断根据市场需求研发适用于改善人居环境的设备，结合移动互联的终端技术不断积累用户数据，挖掘数据价值，更好地服务于民，为打造健康舒适的室内人居环境生态圈而不懈努力。

第一摩码人居环境科技（北京）股份有限公司的设备生产企业，是一家致力打造新风领域的专业化企业，是行业内一家集研发、生产、销售为一体，拥有多项自主知识产权和荣获多项国家专利的领军企业，并获得新风行业联盟理事单位、中国房地产创新项目、房地产精瑞科学技术奖、中小学新风团体标准起草单位、全国净化行业突出贡献企业等行业内重要奖项，目前主要负责生产本公司的专利产品，如恐龙一号工装机、恐龙一号 mini 新风壁挂机、恐龙一号全热交换净化设备等多个型号，满足客户在不同环境下的需求，年生产能力在 15 万台以上。

2. 企业资质

拥有二级装修资质和三级机电安装资质。

3. 技术能力

产品标准：国家标准、行业标准。

工厂面积：10000 平方米。

生产设备：数码折弯机 3 台，注塑机 7 台，激光切割机 2 台，数码剪板机 3 台，数控冲床 2 台，普通冲床 18 台。

产能：日产 800 台。

深化设计能力（资质、人员）：目前第一人居核心专业技术人员 30 余人，可为业主提供从模拟优化、系统方案设计、图纸深化、机电施工与安装、调试、审计全过程机电设计与咨询服务以及能源托管服务。

4. 可供货地区

全国范围。

5. 项目案例

项目名称：上海当代万国府。

项目概况：该项目位于上海市闵行区颛桥镇，居住用地，建筑面积128796.87 平方米，其中住宅面积85918.17 平方米，单体装配预制率约为 20%。本工程包含的预制构件有：预制飘窗板、预制阳台板、预制空调板、预制外墙围护构件（含框架叠合梁）、预制隔墙、预制楼梯。外墙窗框、门框等均在工厂预埋，栏杆由现场后安装。

新风应用介绍：该项目成功应用型号为 KL（I）－220G－B1 的吊顶式恐龙一号新风滤清系统 266 台，穿墙过梁孔洞在装配预制构件中预留，通风管路由安装精装造型布置，末端风口由精装专业确认。

工期：装配式建筑施工工期 120 天，新风设备安装工期 30 天。

6. 其他

（1）可提供的附加服务；

（2）配合设计院深化图纸；

（3）指导设备安装；

（4）协助售楼处营销展示；

（5）操作培训。

7. 联系方式

联系人：邵兵华

联系方式：13581575604

26.4.2　北京朗适新风技术有限公司

1. 企业介绍

北京朗适新风技术有限公司携手德国朗适（LUNOS）集团于 2000 年进入中国，是德国（LUNOS）集团在中国的唯一授权合作伙伴，被授权使用德国（LUNOS）集团的商标、名称以及宣传品，全面负责在中国的业务。同时也是朗适在全球唯一的海外组装工厂，被授权使用德国（LUNOS）研发的核心技术部件，装配德国（LUNOS）的产品，在中国地区销售德国（LUNOS）的产品并提供售前、售后服务。北京朗适新风技术有限公司在 17 年的发展过程中，获得的行业内部奖无数，其中比较有代表性的包括"中国新风系统十大品牌""业主最喜爱的舒适系统品牌""中国新风行业辛勤耕耘金奖"等。为新风行业在中国的发展做出了积极贡献，对于新风的认识也是行业的领导者。作为一家有历史有内涵的新风企业，北京朗适新风拥有自己的核心技术以及成熟的通风理念。

2. 企业资质

北京朗适新风技术有限公司成立于 2000 年，2006 年成为第一批获得中国"国家康居示范工程选用部品与产品"的新风品牌，并为诸多国家康居示范工程提供新风产品，并在 2010 年第一批通过了国家康居质量管理体系认证。作为中国第一批从事新风行业的新风企业，北京朗适新风技术有限公司为新风在中国的发展做出了突出的贡献。发展过程中参与编写《住宅新风系统技术规程》等标准，同时还是住建部被动式低能耗建筑产业技术创新联盟、住建部绿色农房产业联盟等联盟的理事单位。

3. 技术能力

产品标准：DIN 1946—6、GB 50736—2012。

工厂面积：作业面积 10000 平方米。

生产设备：3 条生产线，2 个仓库，一个风洞检测设备。

产能：50000 台/年。

4. 可供货地区

全国范围。

5. 联系方式

地址：北京市朝阳区樱花东街 5 号新化信大厦 623 室

电话：010 – 64452057　400 – 065 – 0663

传真：010 – 64452056

官方网站：www. lunos. cn

26.4.3　北京王府科技有限公司

1. 企业介绍

公司名称：北京王府科技有限公司。

经营范围：针对前装市场的高可靠性有线智能家居系统、装配式建筑领域智能家居、智能新风系统的设计、研发、施工、运营维护。

经济性质：有限公司（非公有制）。

企业历史及荣誉：北京王府科技有限公司成立于 2016 年，拥有多名行业一流人才，结合物联网、云计算、边缘计算、人工智能及算法等技术，开发出先进的建筑室内智能环境系统及平台。该系统目前可实现空气净化、新风系统、净水处理、温湿度恒温控制、智能防盗防灾、智能照明及窗帘控制、智能声控、智能环境音乐、健康生态疗养等诸多功能。可广泛用于普通住宅、商业建筑及公寓、医疗及高端养老行业等，是未来产业升级和消费升级的发展方向。

作为中关村高新技术企业，公司拥有专利 13 项。同多家高校及研究院、地产商、互联网家装公司等建立战略合作伙伴关系。目前，公司已建立了线上线下营销体系，并建立多家体验中心，在产品、市场、服务上形成三位一体的核心竞争力。

2. 企业资质

国家高新技术企业。

3. 技术能力

（1）产品标准：王府科技主要有系统总控、环境控制系统、智能安防、智能防灾、智能灯光控制、智能窗帘控制、智能家电系统、智能云端系统、智能办公系统等产品。

（2）工厂面积、生产设备。

加工基地面积：25000 平方米。

加工基地设备：①电气特性检验设备；②化学特料检验设备；③物理特性检验设备；④落地特性试验设备；⑤温度特性检查设备；⑥震动特性试验设备；⑦耐压特性试验设备；⑧寿命特性试验设备；⑨环境试验设备。

（3）产能（加工基地产能）：50 万套/年。

（4）深化设计能力（资质、人员）。

北京王府科技有限公司拥有专业的深化设计能力，目前拥有将近 30 人的设计团队。在空间及视觉设计方面、技术搭建设计方面、产品设计升级方面拥有强大的实力。公司同人民大学环境学院、清华大学自动化系、北京物联网中心三家分别合作组建开发实验室。不断创新和发展物联网、计算机、人工智能等在智能家居领域的应用，并以用户体验为核心，不断深化智能家居在与"人""家庭"及"户外"等的交互能力，提升智能家居的体验性。

①空间及视觉设计等：北京王府科技有限公司拥有独立的设计团队，团队中包括多位资深设计师和行业翘楚。专业领域包括工业设计、平面设计、空间设计、建筑设计、室内设计、景观设计、网页设计、系统设计、品牌设计等。

涉及的岗位有：

A. 工业设计师：主要负责公司的设备设计。

B. UI 设计师：主要负责公司移动 App 设计。

C. 网页设计师：主要负责公司网站及公司产品线上呈现。

D. 建筑设计师：主要负责公司大型项目，如建筑中智能系统预留口的设计，全楼智能系统安装在建筑上的要求设计等。

E. 空间、室内、景观设计师：主要负责智能系统接入后的用户体验分析，配合建筑及系统设计师合理设计室内外智能系统设计硬件接入。

F. 系统设计师：公司智能系统设计，包括硬件及线路设计。

G. 品牌及平面设计：负责公司视觉及 VI 等管理及制作。

此外，公司还设立有美术指导、品牌总监等岗位，充分保证企业在产品及服务上的高标准、高质量。

②技术搭建设计：北京王府科技有限公司除董事会外，还单独设立技术委员会，致力于突破及创新公司技术。同时，技术委员会成员分布在全球不同国家和地区，不断将先进的理念和技术注入公司产品。

4. 可供货地区

全国可供货，可实施项目。

5. 装配式项目案例

（1）北京创客小镇 7000 平方米智能新风净化、智能温控、智慧办公系统。

（2）安徽淮南龙湖别墅 500 平方米智能新风净化、智能家居项目。

（3）山西晋城泰富新区 200 平方米智能新风净化、智能家居项目。

（4）湖北武汉千百炼装饰装修公司 200 平方米智能新风净化、智能办公项目。

（5）中关村创业大赛办公 600 平方米智能新风净化项目。

（6）清华大学自动化系 60 平方米智能新风净化、智能温湿度控制项目。

（7）北京融科橄榄城公寓 140 平方米智能新风净化、智能家居项目。

6. 其他

王府科技能够提供完善的售后服务，包括智能系统维护、智能新风清洁维护、智能家居系统远程监控监测。

7. 联系方式

联系人：冯清生

电话：400 - 879 - 9902

邮箱：wangfu@ wangfurobots. com

27 装配式建筑排水管道系统

27.1 相关生产规范、标准

《排水用柔性接口铸铁管、管件及附件》（GB/T 12772—2016）

《建筑排水用硬聚氯乙烯（PVC－U）管材》（GB/T 5836.1—2006）

《建筑排水用硬聚氯乙烯（PVC－U）管件》（GB/T 5836.2—2006）

《建筑排水用高密度聚乙烯（HDPE）管材及管件》（CJT 250—2007）

《地漏》（CJ/T 186—2018）

《冷热水用聚丙烯管道系统 第1部分：总则》（GB/T 18742.1—2017）

《冷热水用聚丙烯管道系统 第2部分：管材》（GB/T 18742.2—2017）

《冷热水用聚丙烯管道系统 第3部分：管件》（GB/T 18742.3—2017）

《建筑给水排水设计规范（2009年版)》（GB 50015—2003）

《建筑排水用硬聚氯乙烯（PVC－U）管材》（GB/T 5836.1—2018）

《聚乙烯塑钢缠绕排水管及连接件》（CJ/T 270—2017）

《建筑排水用硬聚氯乙烯（PVC－U）结构壁管材》（GB/T 33608—2017）

《排水用柔性接口铸铁管、管件及附件》（GB/T 12772—2016）

《建筑排水钢塑复合短螺距内螺旋管材》（CJ/T 488—2016）

《内衬PVC片材混凝土和钢筋混凝土排水管》（JC/T 2280—2014）

《建筑屋面雨水排水系统技术规程》（CJJ 142—2014）

《建筑同层检修（WAB）排水系统技术规程》（CECS 363—2014）

《建筑排水复合管道工程技术规程》（CJJ/T 165—2011）

《排水用螺纹钢管》（CJ/T 0431—2013）

《建筑排水低噪声硬聚氯乙烯（PVC－U）管材》（CJ/T 442—2013）

《建筑排水塑料管道安装》（10S406）

《建筑排水用柔性接口承插式铸铁管及管件》（CJ/T 178—2013）

《聚丙烯静音排水管材及管件》（CJ/T 273—2012）

《埋地塑料排水管道施工》（04S520）

《埋地排水用硬聚氯乙烯（PVC–U）结构壁管道系统　第 2 部分：加筋管材》（GB/T 18477.2—2011）

《球墨铸铁给排水管道工程施工及验收规范技术要求》（T/CFA 02010202–3—2013）

《建筑排水塑料管道工程技术规程》（CJJ/T 29—2010）

《建筑排水管道系统噪声测试方法》（CJ/T 312—2009）

《建筑同层排水部件》（CJ/T 363—2011）

《埋地排水用钢带增强聚乙烯（PE）螺旋波纹管》（CJ/T 225—2011）

《AD 型特殊单立管排水系统技术规程（2011 年版)》（CECS 232—2007）

《埋地双平壁钢塑复合缠绕排水管》（CJ/T 329—2010）

《建筑给水排水薄壁不锈钢管连接技术规程》（CECS 277—2010）

《埋地塑料排水管道工程技术规程》（CJJ 143—2010）

《排水用柔性接口铸铁管、管件及附件》（GB/T 12772—2016）

《建筑排水金属管道工程技术规程》（CJJ 127—2009）

《建筑排水用聚丙烯（PP）管材和管件》（CJ/T 278—2008）

《排水用芯层发泡硬聚氯乙烯（PVC–U）管材》（GB/T 16800—2008）

《建筑物内排污、废水（高、低温）用氯化聚氯乙烯（PVC–C）管材和管件》（GB/T 24452—2009）

《聚丙烯静音排水管材及管件》（CJ/T 273—2012）

《建筑排水塑料管道安装》（10S406）

《防水套管》（02S404）

《室内管道支架及吊架》（03S402）

27.2　相关产品分类

目前，我国常见的建筑排水管管材有三种：建筑排水塑料管、建筑排水金属管、建筑排水复合管。

其中，建筑排水塑料管以 PVC–U 为主。PVC–U 管道是以卫生级聚氯乙烯（PVC）树脂为主要原料，加入适量的稳定剂、润滑剂、填充剂、增色剂等经塑料挤出机挤出成型和注塑机注塑成型，通过冷却、固化、定型、检验、包装等工序以完成管材、管件的生产。物化性能优良，耐化学腐蚀，抗冲强度高，流体阻力小，较同口径铸铁管流量提高 30%，耐老化，使用寿命长，使用年限不低于 50 年，是建筑给排水的理想材料。质轻耐用，安装方便，有力地加快了工程进度。节约建筑费用，相对于相同规格的铸铁管，可大大降低施工费用。

金属管以铸铁管为主。可分为普通排水铸铁承插管及管件，柔性抗震接口排水铸铁管。此类铸铁管采用橡胶圈密封、螺栓紧固，在内水压下具有良好的挠曲性、伸缩性。能适应较大的轴向位移和横向由挠变形，适用于高层建筑室内排水管，对地震区尤为合适。从接口形式看可分为：W 型柔性铸铁排水管，B 型柔性铸铁排水管，A 型柔性铸铁排水管。

复合管以钢塑复合管为主。钢塑复合管，产品以无缝钢管、焊接钢管为基管，内壁涂装高附着力、防腐、食品级卫生型的聚乙烯粉末涂料或环氧树脂涂料。采用前处理、预热、内涂装、流平、后处理工艺制成的给水镀锌内涂塑复合钢管，是传统镀锌管的升级型产品，钢塑复合管一般用螺纹连接。

27.3　行业发展现状

预制式装配式住宅的排水系统设计，最重要的工作是将施工阶段的问题提前至设计阶段解决。在给水排水设计中应尽量减少管道穿梁、穿楼板留洞，减少预埋件，如采用同层排水、减少支管长度等。

装配式卫生间管道墙系统技术采用同层排水的方式，将卫生洁具和管道按设计要求，预制集成到钢结构支架上形成管道墙系统，定位准确，安装方便，具有整体设计、工厂生产、现场装配和维修方便等优点。装配式卫生间管道墙系统是卫生间排水系统中的一个新颖技术，排水管道在本层内敷设，采用了一个共用的水封管配件代替诸多的存水弯，一旦发生堵塞，本层内就能清理、疏通。用户可以根据自己的爱好和意愿，个性化地摆布卫生间洁具的位置。

装配式排水无论采用异层排水或同层排水，主要采用 3D 参数建模设计，在工厂进行模块化生产排水的主要构件，人性化可调支架，运送到工地现场集成拼装完成整个系统，使之成为高品质商务楼、住房、学校、别墅、商场等。目前，装配式排水以其高效、节能、环保等优势已在建筑行业中被逐渐推广运用，并已进入产业化阶段。

工业化装配式排水系统设计在试点工程中成功应用，缩短了设计、施工周期，节约了综合成本，减少了建筑垃圾和噪声环境污染；有利于设计的规范化、标准化，为进一步发展高品质建筑提供了借鉴。

目前我国排水管材主要有以下几种：UPVC 管、HDPE 塑钢缠绕管、3S 聚丙烯静音排水管。

中央绿色建筑发展战略白皮书明确指出绿色排水管材应采用：环保、可回收循环再利用的 PP 聚丙烯、HDPE 高密度聚乙烯及其他新型高分子复合材料。

装配式建筑备受政府和行业关注，相关政策不断出台，各地全面推进，作为建筑产业化重要载体的装配式给排水将全面进入新的发展期。

目前，装配式排水最理想的连接方式：插拔式连接、热熔承插连接、法兰式承插连接。其中，法兰式承插连接管道系统具有可靠的连接、抗地震性能以及降噪性能。

产业化装配式建筑排水系统在日本及其他先进工业化国家已经盛行多年，他们研究时间长，经验相对丰富。而在国内，产业化装配式建筑排水系统才刚刚起步，需要加快步伐，不懈努力。

27.4 典型企业

27.4.1 昆明群之英科技有限公司

1. 企业介绍

昆明群之英科技有限公司成立于 2010 年 6 月，公司于 2012 年被认定为高新技术企业，公司秉持以技术开拓市场、以技术占领市场、以科技谋求发展的理念，自成立以来研发了具有完全自主知识产权的不降板同层排水系统，并已逐步大量应用于工程项目中。目前，拥有 40 多项国家专利，先后参与十多项国家标准和行业标准的编制修订工作，全国建筑同层排水技术中心设立在公司。

经济性质：有限责任公司。

企业主营业务：同层排水管道及卫浴系统的生产和销售，公司目前主要产品有PVC（聚氯乙烯）材质不降板同层排水管道系统（主要包括排水汇集器、L 形侧排水地漏、地漏调节器），铸铁材质不降板同层排水管道系统，不降板装配式整体卫浴。

2. 企业资质

获得荣誉和认证：国家高新技术企业、国家科技型中小企业、昆明市创新型试点企业、云南省重点新产品、全国建筑同层排水技术中心、工程建设推荐产品认证、绿色建筑节能推荐产品认证、ISO 质量管理体系认证、低碳环保标杆企业、福建省科技成果推广认证、全国建筑给水排水行业名牌、全国建筑给水排水突出贡献企业、中国建筑学会科技进步奖、康居产品认证证书、重庆市建设领域新技术认证。

3. 技术能力

提供不降板同层排水整体技术方案和装配式整体卫浴解决方案。

4. 可供货地区

全国范围。

5. 联系方式

地址：昆明市盘龙区穿金路 188 号金尚国际 A 座 30 楼

电话：0871 – 67270113　　18288773670

网站：www.qzykj.com

27.4.2 上海白蝶管业科技股份有限公司

1. 企业介绍

公司名称：上海白蝶管业科技股份有限公司。

经营范围：新型塑料管材、管件及其配套产品的生产、销售、技术服务，塑料原料、塑料模具、塑料机械的开发、生产、销售，经营本企业自产产品的出口业务和本企业所需的机械设备、零配件、原辅材料的进口业务，但国家限定公司经营或禁止进出口的商品及技术除外，管道工程（除特种设备），建筑装潢工程，水电安装（依法须经批准的项目，经相关部门批准后方可开展经营活动）。

经济性质：股份有限公司（国有控股）。

企业历史及荣誉：公司成立于 2001 年 4 月 29 日，是以发起方式设立的股份有限公司，前身为上海建筑材料厂，公司控股股东为大型国有企业上海建材（集团）有限公司。

企业累计业务：塑料管道的制造与销售，公司目前主要产品有 PP－R 管、PP－R 稳态复合管、PE－RT 管、PE 给水管、PE 地源热泵专用管、PB 管、βPP－R 管、3S 聚丙烯静音排水管、PVC－U 排水管、PVC－U 电工套管、HDPE 排水管道（HDPE 同层排水、HDPE 虹吸排水等）。

获得上海市著名商标；上海市高新技术企业认定；上海名牌产品；上海市守合同重信用企业（五连冠），上海市守合同重信用等级为 AAA 级（五连冠）；行业领军金奖；上海装饰材料市场管材管件产品十大畅销品牌；上海装饰材料市场消费者满意产品等多项荣誉。

2. 技术能力

工厂面积、生产设备：占地面积 71280 平方米。公司拥有德国进口克劳斯玛菲、奥地利辛辛那提 3 层共挤、巴顿菲尔等具有全自动在线检测功能的管材挤出生产线和众多的注塑设备，并配备有多台进口管件焊制设备及检测试验设备，可生产多种压力等级的管材和相配套的管配件。

产能：5 万吨。

深化设计能力：大专以上科学技术人员占 30%。企业长期从事塑料管道的生产、销售，在生产塑料管道方面有数十多年的历史。

3. 可供货地区

全国范围。

4. 项目案例

上海迪士尼、上海虹桥枢纽、上海世博美国馆、德国馆等。

5. 联系方式

全国售后服务热线：800－820－0166

27.4.3　上海深海宏添建材有限公司

1. 企业介绍

上海深海宏添建材有限公司成立于1996年。集产品研发、3D打印、排水系统性能实验、智能生产、仓储物流等多项业务，360多个点构建全球营销网络，是静音排水系统龙头企业。以HTPP/HDPE为材料载体构建绿色装配式排水系统；年销售塑料管道系统3300吨。荣获高新技术企业、上海名牌等荣誉证书。

主要产品：①HDPE/HTPP装配式静音排水系统；②HDPE/HTPP装配式静音单立管排水系统；③HDPE/HTPP装配式静音同层排水系统；④HDPE/HTPP化工管道排水系统；⑤HDPE屋面虹吸雨水系统。

2. 技术能力

产品标准：产品严格执行标准化生产，DIN德国标准、EN欧洲标准、ISO国际标准、GB国家标准以及CJ行业标准。

工厂面积、生产设备：先进的制造设备。

产能：年销售塑料管道系统3300吨。

深化设计能力（资质、人员）：专业的设计师做深化图纸。

3. 可供货地区

全国范围。

4. 装配式项目案例

项目地点：北京。

2015年，建筑面积12万平方米，5300个卫生间，装配式结构及产业化内装共计装配率81.3%。

结构土建总包：北京城建。

产业化内装总包：北京和能。

甲方要求：预制＋叠合楼板、预制墙面、预制阳台、预制楼梯、产业化内装、装配式给排水2.0系统。

5. 联系方式

网址：www.hopelook.com.cn

地址：上海奉贤区庄行姚新路128号

固话：021-57460011

手机：13901780280

28　太阳能系统厂商

28.1　相关生产规范、标准

《民用建筑太阳能热水系统评价标准》（GB/T 50604—2010）

《海南省太阳能热水系统与建筑一体化设计施工及验收标准》（DBJ 46—012—2017）

《建筑用太阳能光伏夹层玻璃》（GB 29551—2013）

《太阳能热水系统安装及验收技术规程》（DB37/T 5069—2016）

《太阳能光伏照明装置总技术规范》（GB 24460—2009）

《建筑用太阳能光伏中空玻璃》（GB/T 29759—2013）

《太阳能光伏玻璃幕墙电气设计规范》（JGJ/T 365—2015）

《湖南省太阳能热水系统与建筑一体化应用技术导则》（2013 年）

《民用建筑太阳能空调工程技术规范》（GB 50787—2012）

28.2　相关产品分类

直接利用太阳能还处于初级阶段，主要有太阳能集热、太阳能热水系统、太阳能暖房、太阳能发电、太阳能无线监控等方式。

28.3　行业发展现状

1. 企业资质分类

机电设备安装工程专业承包企业资质等级标准是指对机电设备安装工程专业承包企业的资质进行的评级标准，分为一级、二级、三级。

一级企业：可承担各类一般工业和公共、民用建设项目的设备、线路、管道的安装，35千伏及以下变配电站工程，非标准钢构件的制作、安装。

二级企业：可承担投资额1500万元及以下的一般工业和公共、民用建设项目的设备、线路、管道的安装，10千伏及以下变配电站工程，非标准钢构件的制作、安装。

三级企业：可承担投资额800万元及以下的一般工业和公共、民用建设项目的设备、线路、管道的安装，非标准钢构件的制作、安装。

注：工程内容包括锅炉、通风空调、制冷、电气、仪表、电机、压缩机机组和广播电影、电视播控等设备。

2. 行业发展状况

"十二五"时期，国务院发布了《国务院关于促进光伏产业健康发展的若干意见》（国发〔2013〕24号），光伏产业政策体系逐步完善，光伏技术取得显著进步，市场规模快速扩大。太阳能热发电技术和装备实现突破，首座商业化运营的电站投入运行，产业链初步建立。太阳能热利用持续稳定发展，并向供暖、制冷及工农业供热等领域扩展。

（1）光伏发电规模快速扩大，市场应用逐步多元化。全国光伏发电累计装机和年度新增装机均居全球首位。其应用逐渐形成东中西部共同发展、集中式和分布式并举格局。光伏发电与农业、养殖业、生态治理等各种产业融合发展模式不断创新，已进入多元化、规模化发展的新阶段。

（2）光伏制造产业化水平不断提高，国际竞争力继续巩固和增强。光伏产业表现出强大的发展新动能。我国光伏产品的国际市场不断拓展，在传统欧美市场与新兴市场均占主导地位。大部分关键设备已实现本土化并逐步推行智能制造，在世界上处于领先水平。

（3）光伏发电技术进步迅速，成本和价格不断下降。我国企业已掌握万吨级改良西门子法多晶硅生产工艺，流化床法多晶硅开始产业化生产。

（4）光伏产业政策体系基本建立，发展环境逐步优化。在《可再生能源法》基础上，国务院于2013年发布《国务院关于促进光伏产业健康发展的若干意见》，进一步从价格、补贴、税收、并网等多个层面明确了光伏发电的政策框架，地方政府相继制定了支持光伏发电应用的政策措施。光伏产业领域中相关材料、光伏组件、光伏发电系统等标准不断完善，产业检测认证体系逐步建立，具备全产业链检测能力。我国已初步形成光伏产业人才培养体系，光伏领域的技术和经营管理能力显著提高。

（5）太阳能热发电实现较大突破，初步具备产业化发展基础。"十二五"时期，我国太阳能热发电技术和装备实现较大突破。在太阳能热发电的理论研究、技术开发、设备研制和工程建设运行方面积累了一定的经验，产业链初步形成，具备一定的产业化能力。

（6）太阳能热利用规模持续扩大，应用范围不断拓展。太阳能热利用行业形成了材料、产品、工艺、装备和制造全产业链。太阳能供热、制冷及工农业等领域应用技术取得突破，应用范围由生活热水向多元化生产领域扩展。

后　记

基于目前装配式发展现状及读者需求，本书针对装配式建筑进行研究，并且侧重于钢筋混凝土构件装配，未特殊说明时，特指装配式混凝土结构。

为更好地使用本书，简要介绍本书逻辑思路如下：

上篇技术概述：通过对相关概念的介绍梳理，让读者认识装配式建筑，熟悉装配式建筑及相关概念，通过相关政策文件的介绍，明确装配式建筑的重要意义。上篇产业链描述：让读者了解装配式建筑产业链分工及其与传统建筑在实施过程中的不同点。下篇典型企业案例：产业链细分行业的标准规范、发展现状、典型企业介绍，主要是帮助读者了解产业链细分行业的发展现状，以便在装配式建筑项目实施过程中能够根据自身项目定位，选择相应档次的产品（服务），并提供部分企业介绍供读者参考。

本书定位是一本特色明显的装配式建筑行业的项目实施指南、手册，不求大而全。首要目的是为建设单位提供实施参考，关于技术性、项目管理部分的内容力求指出要点，希望读者结合传统项目的经验，对项目实施能很快有一个整体的方向认识，并且可以找到产业链相关企业去组织实施；而具体深入的技术细节，读者可以去做相关的拓展学习和实践。同时希望本书对装配式建筑产业链中的生产、供应、施工、设计咨询等企业有一定的介绍推广作用，因为从反馈来看，这也是许多建设单位在装配式建筑工程建设的招标采购和产品技术咨询环节所需要的，而从产业发展角度来看，供需更好链接是产业链健康协调发展的基础。希望本书能够为装配式建筑的实施提供一定的参考，能够通过对产业链中各细分行业和相关企业的介绍，为装配式产业链的健全和发展尽一分力。

因时间仓促，且政策、行业技术发展更新较快，本书疏漏与不足在所难免，请读者批评指正；对各细分行业的企业收集不够，希望能在后续版本中予以充实完善。同时，本书编写过程中采用了相关标准规范、书籍和网络上的一些内容和图片，在此予以声明和感谢。

编委会

2018 年 6 月